ANOMALOCARIS PALAEONTOLOGY FIRST EDITION

アノマロカリス解体新書

土屋 健

絵 かわさきしゅんいち

監修 田中源吾（金沢大学）

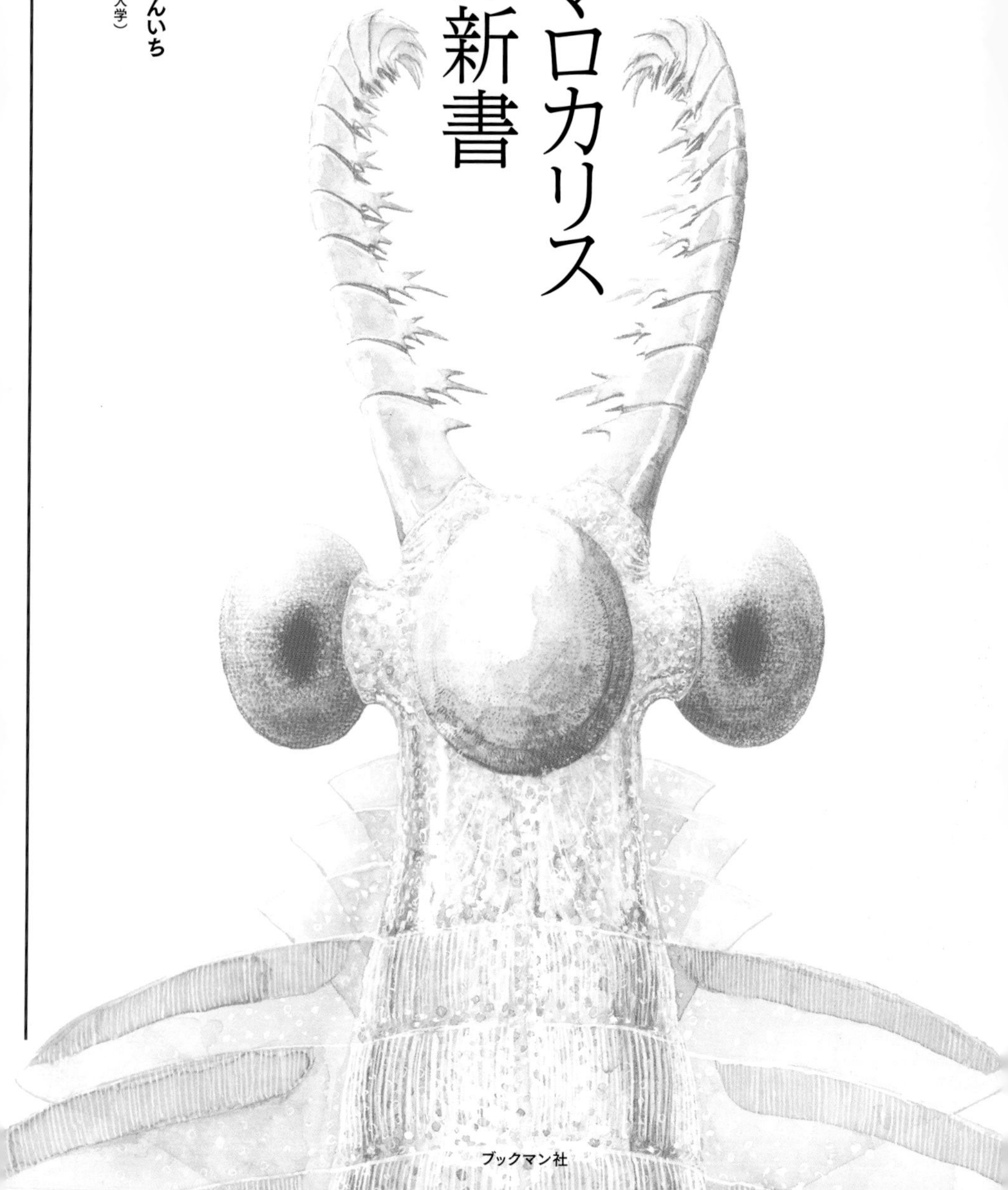

ブックマン社

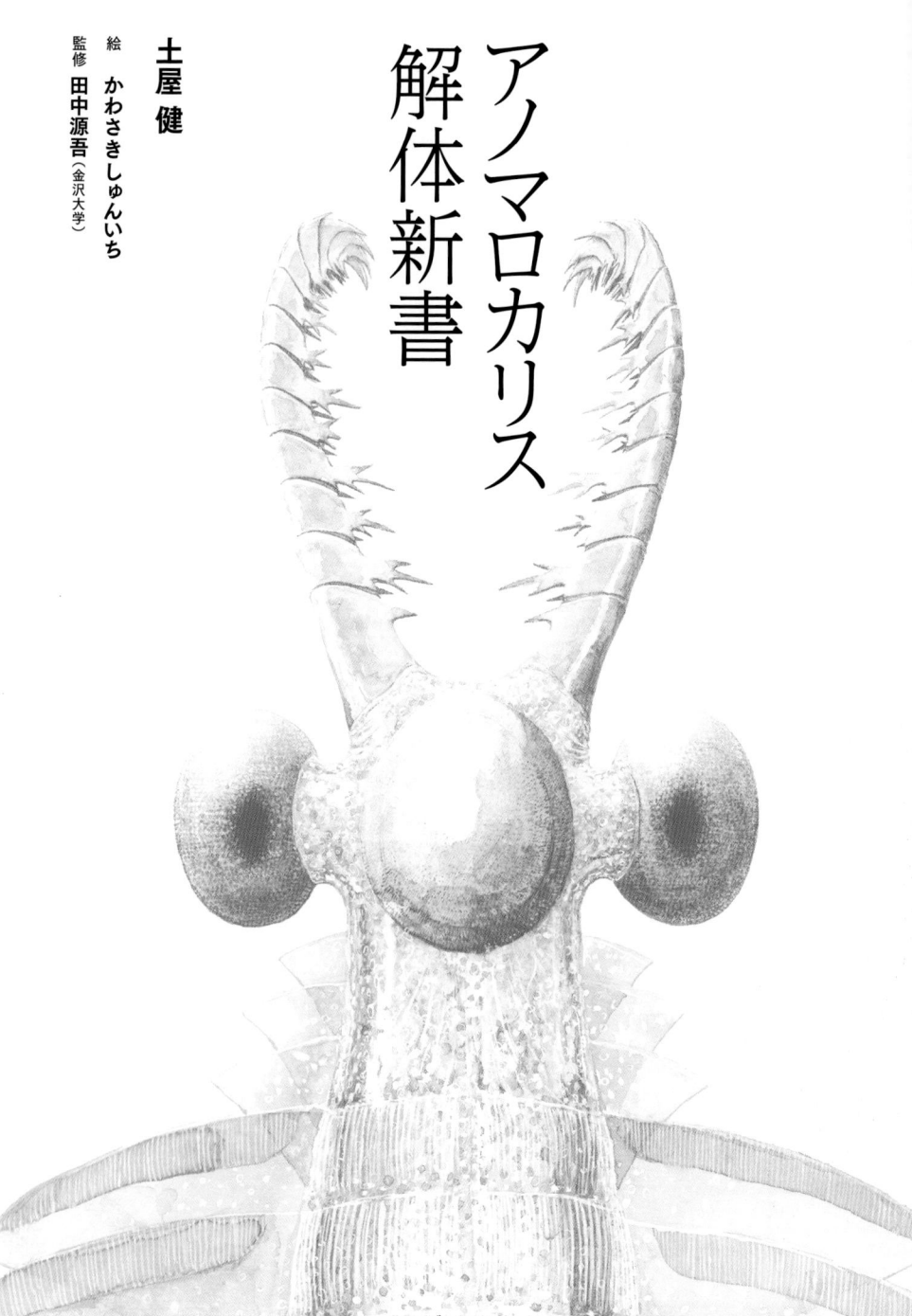

アノマロカリス・カナデンシスの命名に用いられた正基準標本（標本長76mm）。下段は命名当時のラベル。

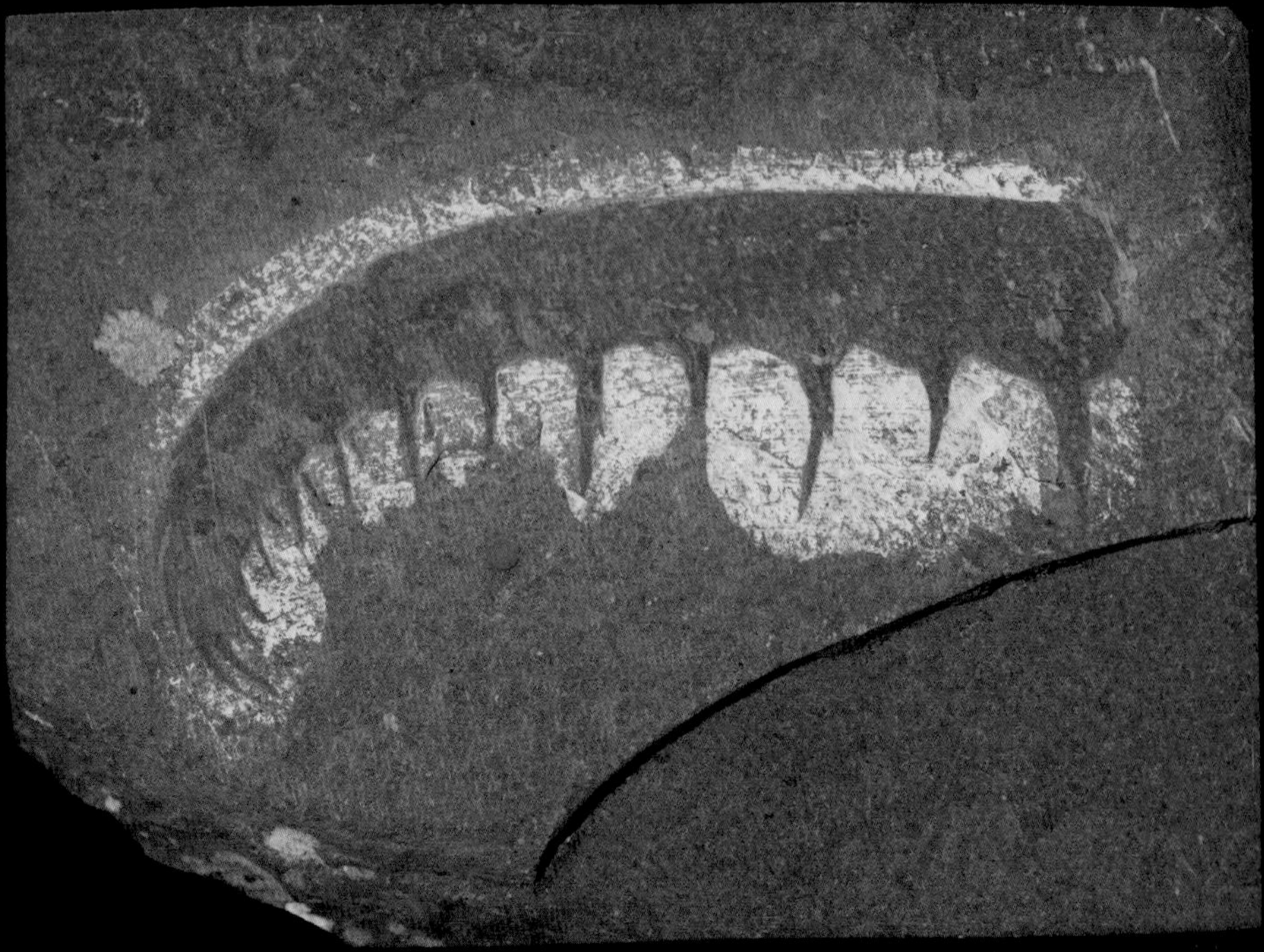

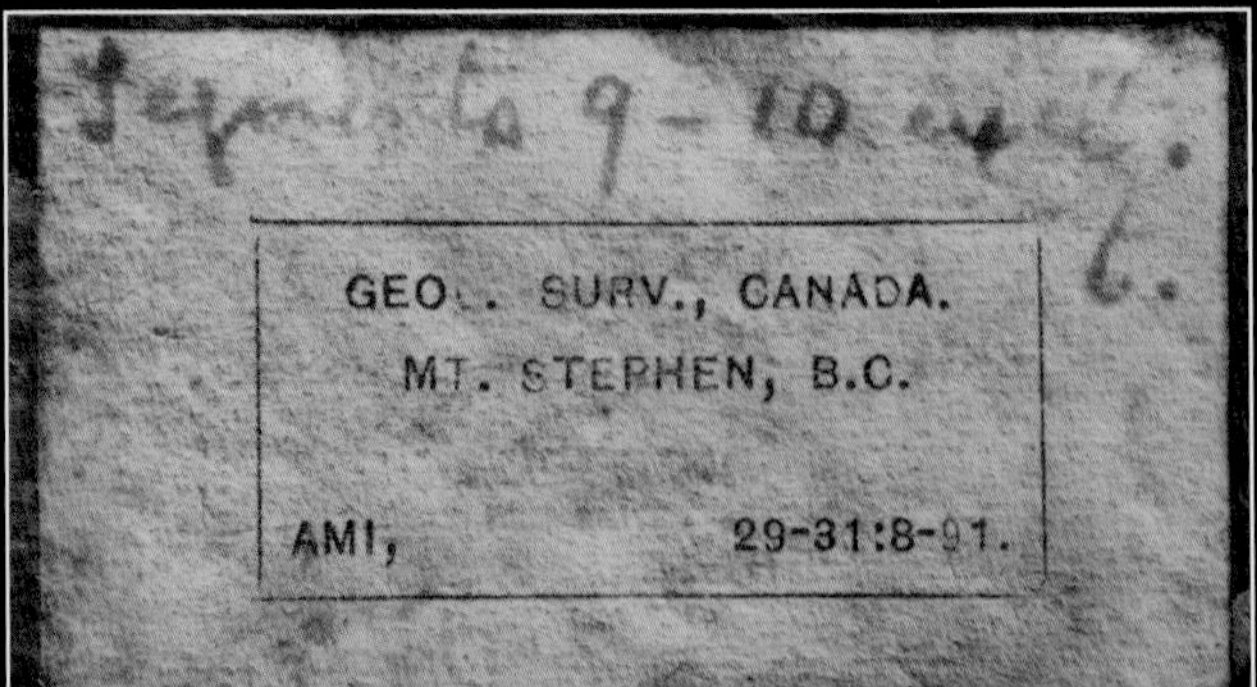

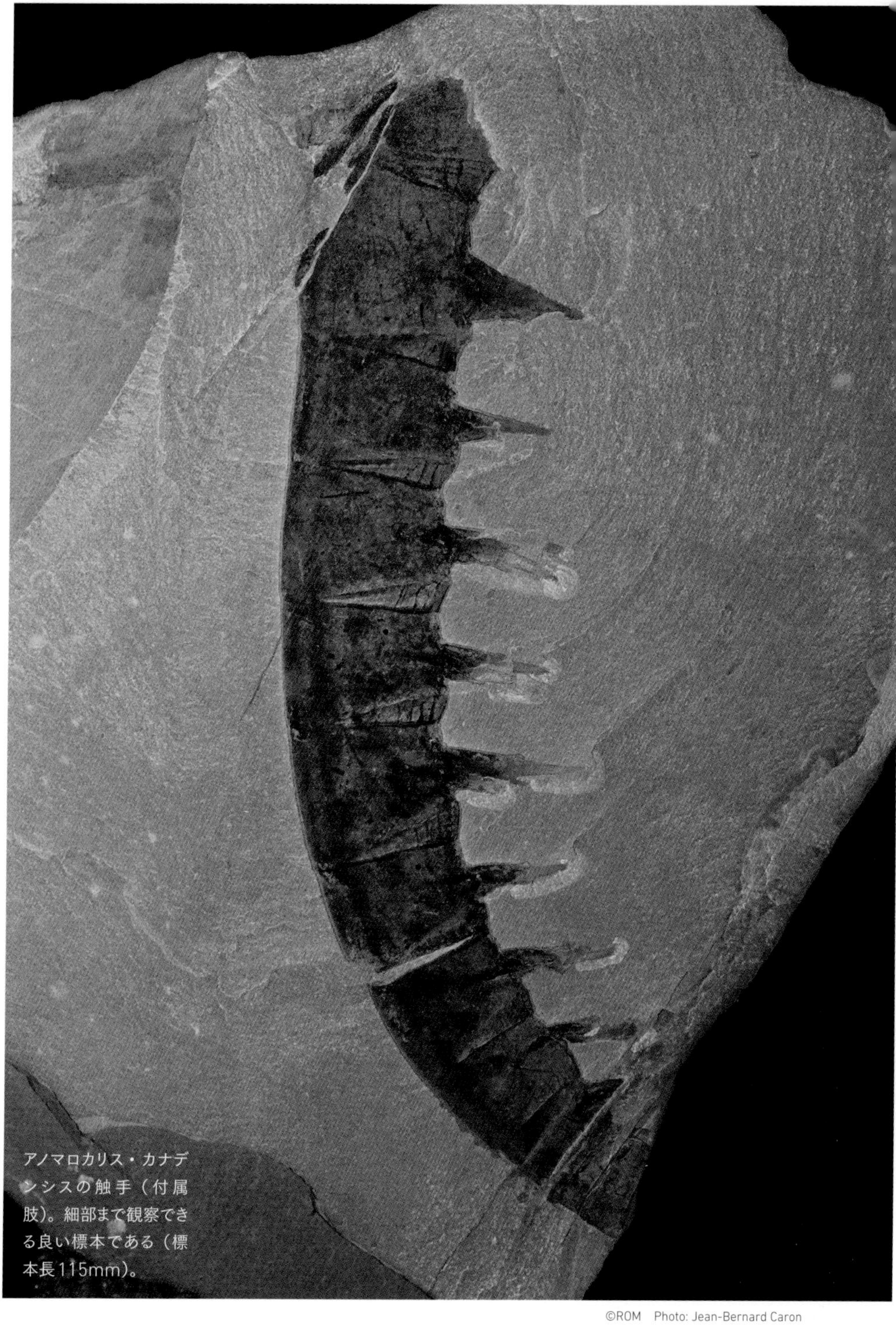
アノマロカリス・カナデンシスの触手（付属肢）。細部まで観察できる良い標本である（標本長115mm）。

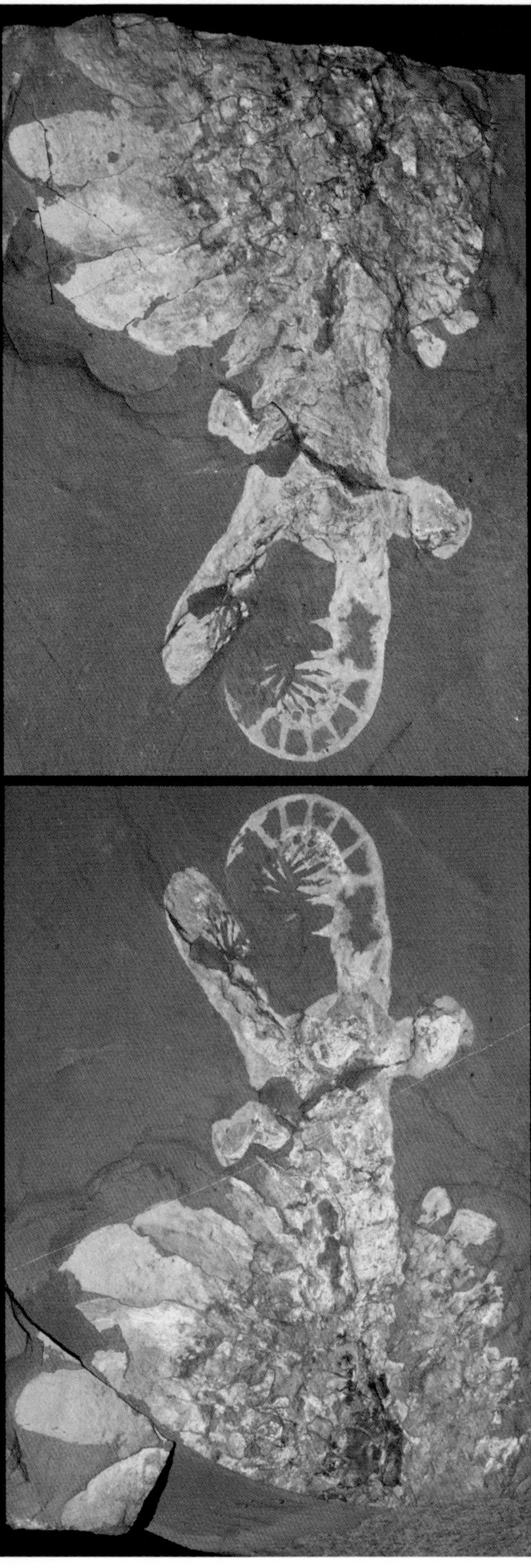

アノマロカリス・カナデンシスの前半身。上下の標本は、雄型・雌型の関係にある（標本長166mm）。

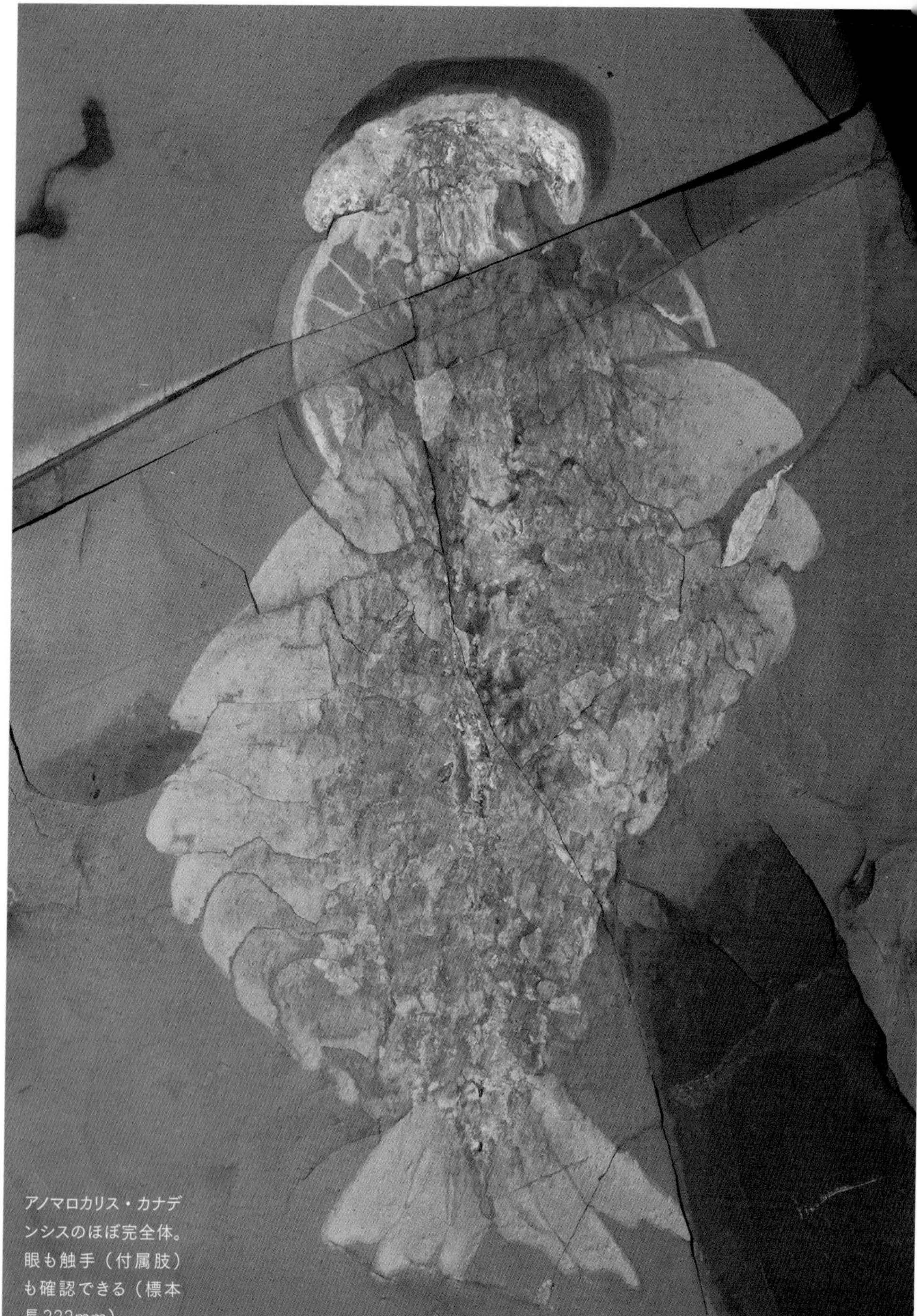

アノマロカリス・カナデンシスのほぼ完全体。眼も触手（付属肢）も確認できる（標本長222mm）。

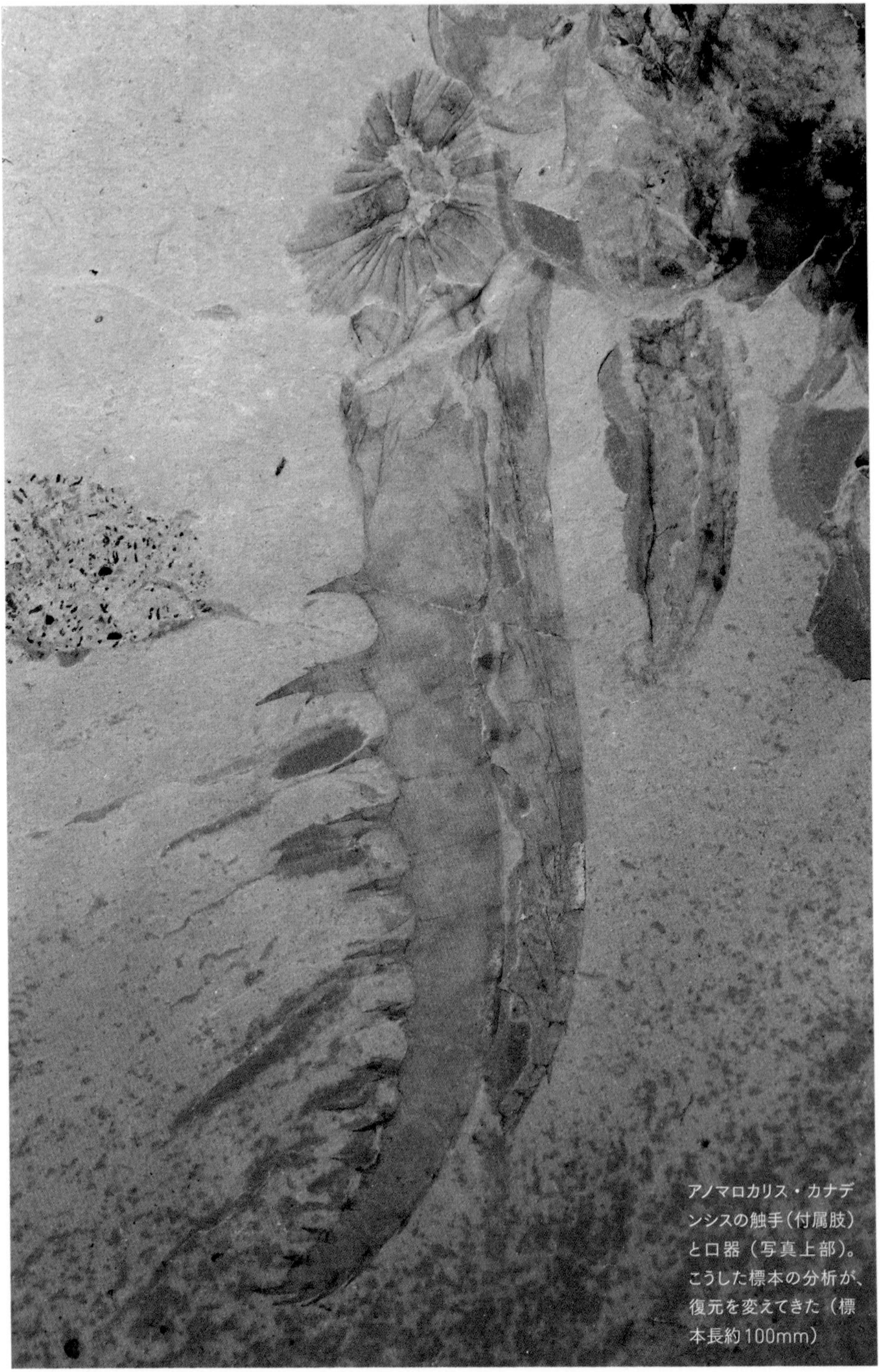

アノマロカリス・カナデンシスの触手（付属肢）と口器（写真上部）。こうした標本の分析が、復元を変えてきた（標本長約100mm）

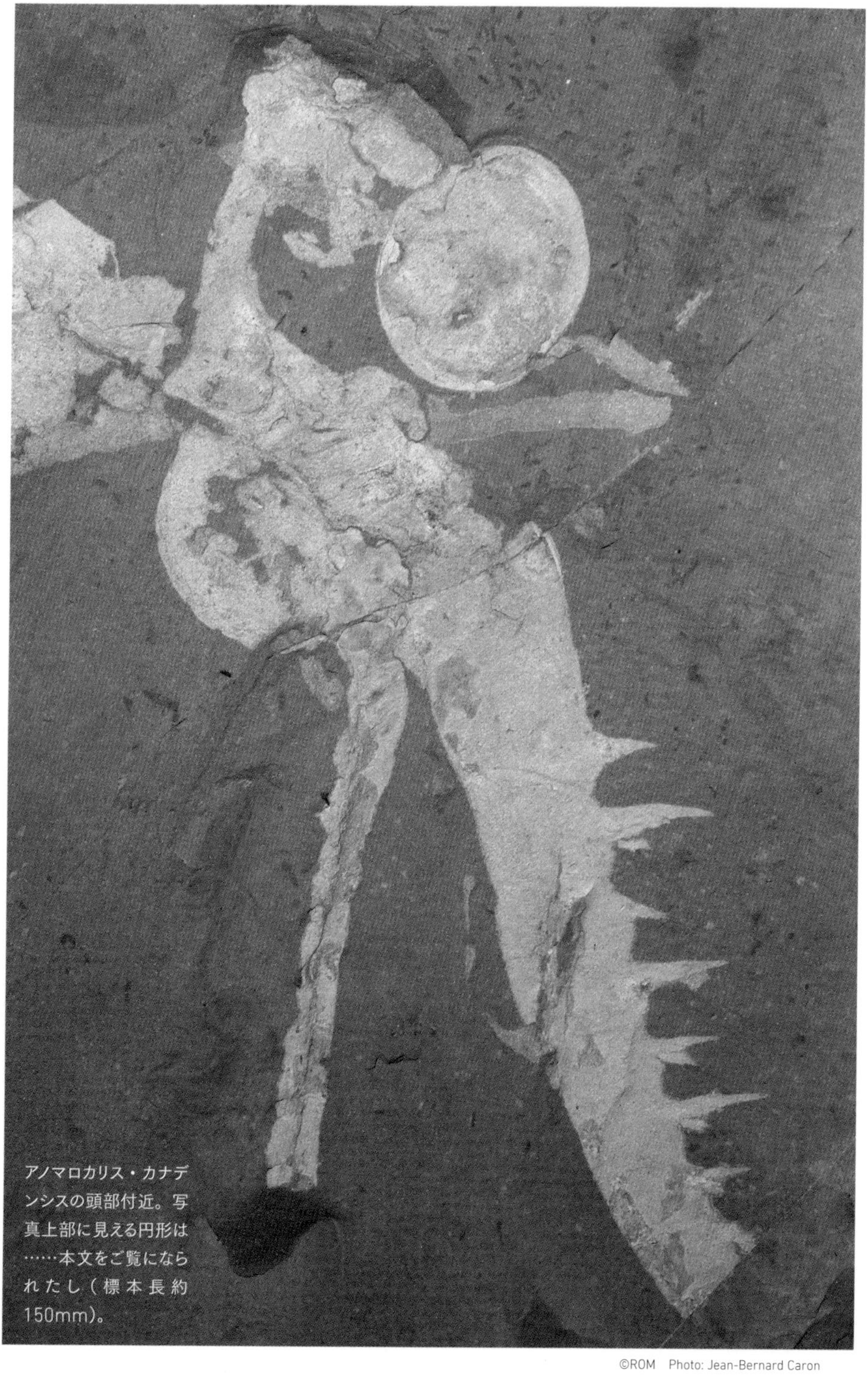

アノマロカリス・カナデンシスの頭部付近。写真上部に見える円形は……本文をご覧になられたし（標本長約150mm）。

アノマロカリスARの楽しみ方

本書では、スマートフォンアプリを使ったアノマロカリス・カナデンシスのAR（拡張現実）をお楽しみいただけます。

STEP 1

AppStoreまたはGooglePlayで**「COCOAR2」**を検索、または右のQRコードから、アプリをダウンロードしてください。

STEP 2

本の外カバーをはずし、マーカーを用意します。

※カバーをはずした本の表紙がマーカーになります。

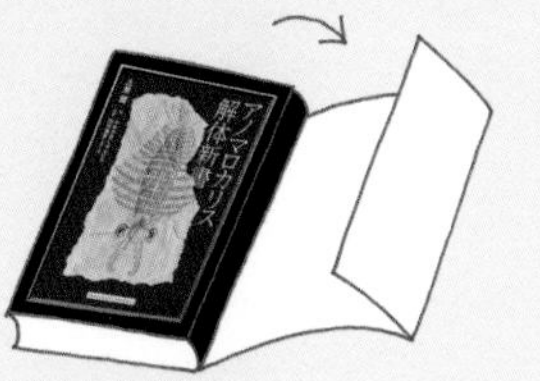

STEP 3

アプリを起動し、スキャン画面になったら、枠の中に本の表紙（マーカー）全体が入るようにスマートフォンをかざします。

※「スキャン完了！」と表示されるまでしばらくお待ちください。

※スキャン画面が表示されないときは、左下の「スキャン」ボタンをタップしてください。

STEP 4

スマートフォンの画面にアノマロカリスが出現します。獲物を見つけ、捕食するまでの動きを再現しています。

※スキャンしたARは保存され、マーカーがなくても「履歴」から呼び出すことができます。

ARモデル
デザイン：かわさきしゅんいち
監修：田中源吾

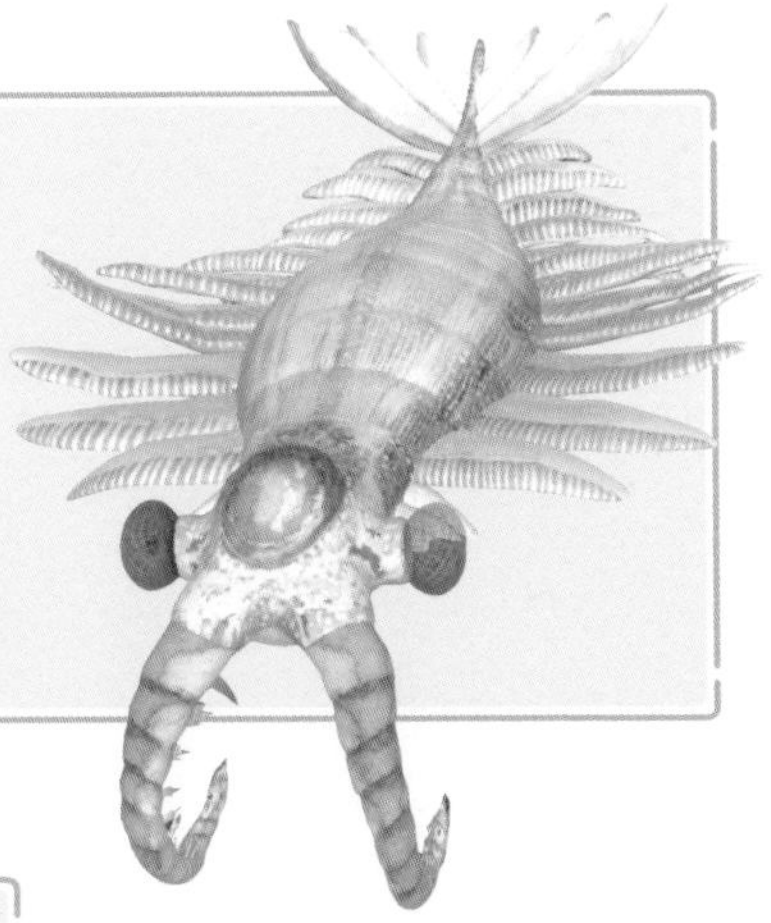

STEP 5

大きさや向きを変えて観察しましょう（1本指で向きの変更、2本指で移動、2本の指で広げると拡大できます）。静止画や動画を撮影することもできます。

＊「COCOAR2」は、STARTIA LAB INC. が開発するクラウド型ARアプリケーションサービスです。

＊アプリの動作確認端末及びその他「COCOAR2」の詳細については、App Store、GooglePlayのアプリページをご確認ください。

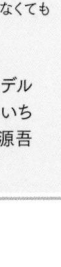

はじめに

～アノマロカリスを愛する人と、初めて知る人へ～

人類は、2種類に分けることができるでしょう。
アノマロカリスを知る人と、アノマロカリスを知らない人です。

これが、かの暴君竜ティラノサウルスであれば、おそらく「知っている人」の方が圧倒的多数でしょう。恐竜に興味のない人でも「ティラノサウルス」という言葉を聞けば、そのおよその姿を思い浮かべることができるはず。彼は、恐竜時代で知られる中生代白亜紀の陸上世界に君臨していた王者です。

では、アノマロカリスはどうでしょうか？
そもそもアノマロカリスとは、何なのでしょうか？

誤解を恐れずに一言で書いてしまえば、アノマロカリスは「生命史上最初の覇者」です。

今から、約5億2000万年前の古生代カンブリア紀、喰う・喰われるという生存競争が初めて本格化した時代に、その生態系の頂点にいた動物です。「時代の覇者」という点では、アノマロカリスはティラノサウルスと同等の存在といえます。

しかし、アノマロカリスにはまだ、ティラノサウルスほどの知名度はない、と言わざるを得ません。

アノマロカリスは、1892年に初めてその化石が報告され、紆余曲折を経て、1980年代から90年代にかけての研究でその姿が明らかにされてきました。

日本においては、1994年に放送されたNHKの特別番組で大きな人気を得て、その後、多数の作品に登場するようになりました。こうした作品に触れる機会があった人々は、「アノマロカリスを知る人」となっていると思います。

アノマロカリスに関する研究が、1990年代で完結したわけではありません。

化石を研究する古生物学は、新たな化石の発見や分析技術の進歩などで時に大きく進展します。アノマロカリスに関しては、とくに2010年代の研究によって、飛躍的に情報が増加しました。その姿も変わりましたし、生態についても、進化についても、新たなことがわかってきました。多くの近縁種も報告されています。

本書は、こうしたアノマロカリスに関する情報を集約させ、一般向けにまとめた一冊です(専門書ではありません)。執筆を始めた2019年春までの情報を基準とし、同年夏に発表された近縁の新種にも触れています。

アノマロカリスを知るあなたにとって、情報の整理と更新のお役に立てることでしょう。そして、「アノマロカリスって知ってる?」という〝布教〟にぜひ、ご利用ください。

アノマロカリスを初めて知るあなたには、まさに本書で、この愛すべき古生物が、いかに魅力的で、いかにおもしろく、そして楽しい存在であるかを知っていただけると思います。

アノマロカリス。もっと多くの人に親しまれて良い存在のはず。

本書は、金沢大学の田中源吾博士にご監修いただきました。お忙しい中、細部までご確認いただき、感謝いたします。また、第2部のアノマロカリスに関する文化史の制作にあたり、蒲郡《がまごおり》市生命《いのち》の海科学館館長の山中敦子さん、筆者の古巣である株式会社ニュートンプレスの編集部をはじめ、各出版社の編集部のみなさん、折紙恐竜造形家のまつもとかずやさん、バンダイナムコアーツの有澤亮哉さんにご協力いただきました。

本書には、AR（拡張現実）のアノマロカリスがついています。これは、スターティアラボ株式会社と株式会社メルタの制作によるものです。企画発足初期にスターティアラボの社員として担当してくれた星詩織さんには、その後も折に触れてお世話になりました。そして、この企画のモニターとして、カンブリ屋さん、黒丸さん、澁谷平さん、白瀧千夏子さん、髙橋明夏さん、武井春樹さん、武井裕美さん、藤井敬子さん、西澤瑞恵さんにご協力いただきました。

みなさん、お忙しい中、本当にありがとうございます。

素晴らしいイラストは、かわさきしゅんいちさんの作品です。デザインは、GRiDの釜内由紀江さん、井上大輔さんによるもの。妻（土屋香）には、執筆段階でさまざまな指摘をもらいました。編集はブックマン社の藤本淳子さんという陣容でお送りしています。

この本を手にとってくださったあなたに特大の感謝を。

本当にありがとうございます。

本書で、この魅惑的な古生物を楽しんでいただければ幸いです。

2020年1月　土屋健（サイエンスライター）

もくじ

はじめに……1

第1部 アノマロカリス・カナデンシス、かくありき

第1章 その姿はいかにして解き明かされたのか……12
史上最初の覇者／最初の論文／付属肢、クラゲ、ナマコ／付属肢F／ナトルストアイ／幕間／さよなら、ナトルストアイ／「口」が変わる／新たなカナデンシス

第2章 何を食べ、いかに動き、そして結局……ナニモノだったのか……56
圧倒的巨体／〝優しい巨人〟か、それとも〝死神〟か／硬い獲物はニガテ？／高速の捕食者？／節足動物なのか？

第2部 アノマロカリスは、如此く愛された

第1章 はじまりの『ワンダフル・ライフ』、そして『NHK生命40億年はるかな旅』……78

世界は『ワンダフル・ライフ』に魅了された／日本人の記憶に残る『NHKスペシャル 生命40億年はるかな旅』

第2章 本が伝えたアノマロカリス……87

科学雑誌は、いかに報じてきたのか／ドラえもんとアノマロカリス／学習図鑑とアノマロカリス／〝古生物の黒本〟と〝古生物の料理本〟の表紙を飾る／漫画に〝イケメン〟として載る！

第3章 文化に溶け込んだアノマロカリス……109

蒲郡でアノマロカリスへの〝愛〟を叫ぶ／科博の古生物企画展に登場する／アノマロカリス、〝立体物〟となる／花札になったアノマロカリス／そして、〝普通のアニメ〟に登場したアノマロカリス

第3部 それはアノマロカリスの時代だった

第1章 古生代カンブリア紀 …… 130
化石の時代／一つの超大陸と三つの島大陸／特殊な海洋環境／生態系は〝ほぼ〟完成

第2章 バージェスと澄江 …… 145
はじまりの地の〝お隣〟で発見／〝同期の仲間〟たち／もう一つの大産地／澄江の動物たち

第4部 アノマロカリスとともにあらんことを

第0章 彼らを「ラディオドンタ類」と呼ぶ …… 168
多様な近縁種／グループの創設／近縁種たちの〝再分類〟

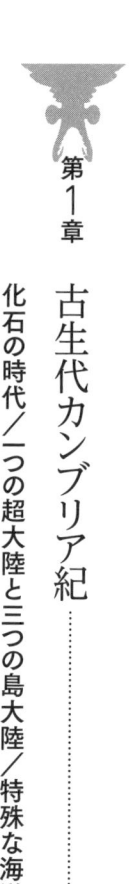

第1章　カンブリア紀の仲間たち……183
第1節　澄江の狩人　アムプレクトベルア……183
中国のシムブラキアタ／カナダのステフェネンシス
第2節　幼いころからプレデター　ライララパックス……189
脳構造が残るウングイスピナス／シンプルなトリロボス
第3節　サスペンションフィーダー　タミシオカリス……194
網をもつボレアリス
第4節　ジェネラリスト　フルディア……197
大きな頭部のヴィクトリアとトライアングラ／複雑な来歴のもち主
第5節　かつての代表　ペイトイア……203
悠然遊泳のナトルストアイ
第6節　アイシェアイアとスタンレイカリス……207
ヒルペクスの悩ましき仲間？
第7節　〝曲がらない〟カリョシントリプス……212
まっすぐ3種

第8節　他にもいろいろ。カンブリア紀の仲間たち …… 216
キメラ・ラディオドンタ／さらに細かい獲物を／フルディア類の異端児？／
フルディア類の〝ファルコン号〟／まだまだいろいろ。ラディオドンタ類

第2章　オルドビス紀へ紡がれた命 …… 227

第1節　移りゆく世界 …… 227
大放散事変／新たな生物たちの台頭

第2節　2列ひれのエーギロカシス …… 233
近年注目のフェゾウアタ／大きな頭部のベンモウラエ／
上下2列のひれが意味すること

第3章　デボン紀に生きた末裔 …… 240

第1節　変わる世界 …… 240
〝主役〟は魚たちへ／甲冑魚たち

第2節　末裔　シンダーハンネス …… 246
黒い地層／小さな狩人　バルテルスアイ／ラディオドンタ類

第5部 アノマロカリスとその仲間をめぐる悩ましい問題

第1章 オパビニアという〝親戚〟……258
五つ眼で一つノズル／注目される「えら付きひれ」と「あし」／節足動物誕生の鍵を握る……かもしれない

第2章 さらなる〝親戚〟たち……265
〝一つ前〟のパンブデルリオン／〝もう一つ前〟のケリグマケラ／〝一つ先？〟のディアニア

第3章 高まるラディオドンタ類の「重要性」……273
シンダーハンネス問題／ラディオドンタ類と節足動物の誕生

参考資料……282

索引……291

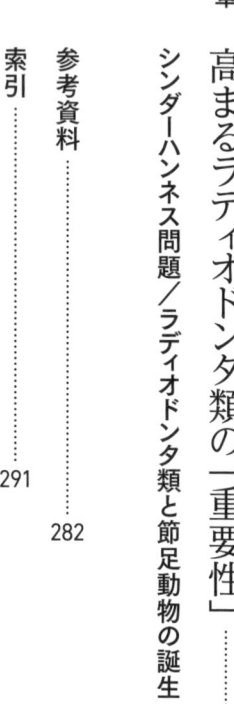

第1部

アノマロカリス・カナデンシス、かくありき

第1章 その姿はいかにして解き明かされたのか

史上最初の覇者

地球最初の生命はどのような姿をしていたのか？

この問いに対する明確な回答は、今のところ存在していない。

そもそも地球は、今から約46億年前に誕生した。

そして、約39億5000万年前につくられた岩石からは、生命活動の結果としてつくられたとみられる、ある種の炭素《グラファイト》が発見されている。生命の存在を示す証拠としては、本書執筆時点ではこれが最も古い。ただし、これはある種の炭素にみられる〝化学的痕跡〟であり、生物の姿が残された「化石」ではない。

したがって、約39億5000万年前にいたとされる生命がどのくらいの大きさで、どんな姿をしていたのかはわからない。

知られている限り最も古い化石は、西オーストラリアのピルバラから発見されている約35億年前のものだ。

その化石は、顕微鏡がなければ確認できないほど小さなもので、やや形の崩れたビーズを連ねたような姿をしていた。

その後、長い間、一部の例外をのぞき、生命は顕微鏡サイズを超えることはなかった。

肉眼ではっきりと確認できる生命が出現するのは、今から約5億5700万年前のこと。ただし、このとき出現した海棲生物群に関しては、正体がわかっていないものがほとんどだ。そして、この生物群は硬い殻をもたず、ひれやあしなどの移動手段を発達させず、トゲなどの武装もない。眼も確認されておらず、口がどこにあったのかもよくわからないものばかりである。

この生物群においては、まだ本格的な喰う・喰われるの生存競争が始まっていなかったとみられている。ゆるやかで、平和な時代だった。

この不可思議な生物たちは、約5億4100万年前までに滅んだ。

地球史において、地球が誕生した約46億年前から約5億4100万年前までの期間を「先カンブリア時代」と呼ぶ。

そして、約5億4100万年前から現在までの期間は「顕生累代《けんせいるいだい》」あるいは「顕生代」と呼ばれる。「生物が顕れる」という文字が示すように、地層から生命の痕跡たる化石が多産する時代である。〝平和〟だった先カンブリア時代とは異なり、顕生累代には多くの生物が出現し、種の存続をかけた喰う・喰われるの生存競争が展開された。

顕生累代は、三つの「代」に分けられている。古い方から、「古生代」「中生代」「新生代」だ。「中生代」がいわゆる「恐竜時代」に相当し、その年代値は約2億5200万年前から約6600万年前となる。

前恐竜時代にあたる「古生代」は、さらに六つの紀に分けられる。この六つの紀の最初の時代が「カンブリア紀」だ。

カンブリア紀は、約5億4100万年前から約4億8500万年前までの5600万年間。古生代最初の時代であり、顕生累代最初の時代でもある。

つまり、本格的な生存競争が展開されるようになった最初の時代である。

ただし、カンブリア紀の生存競争を想像する際に、たとえば恐竜たちが地響きを立てながらせめぎ合っているような、そんな光景を思い浮かべたなら、それはちょっと違う。

まず第一に、このときの生命圏はほとんど海中に限定されていた。陸上における生存競争は、まだ開幕していない。

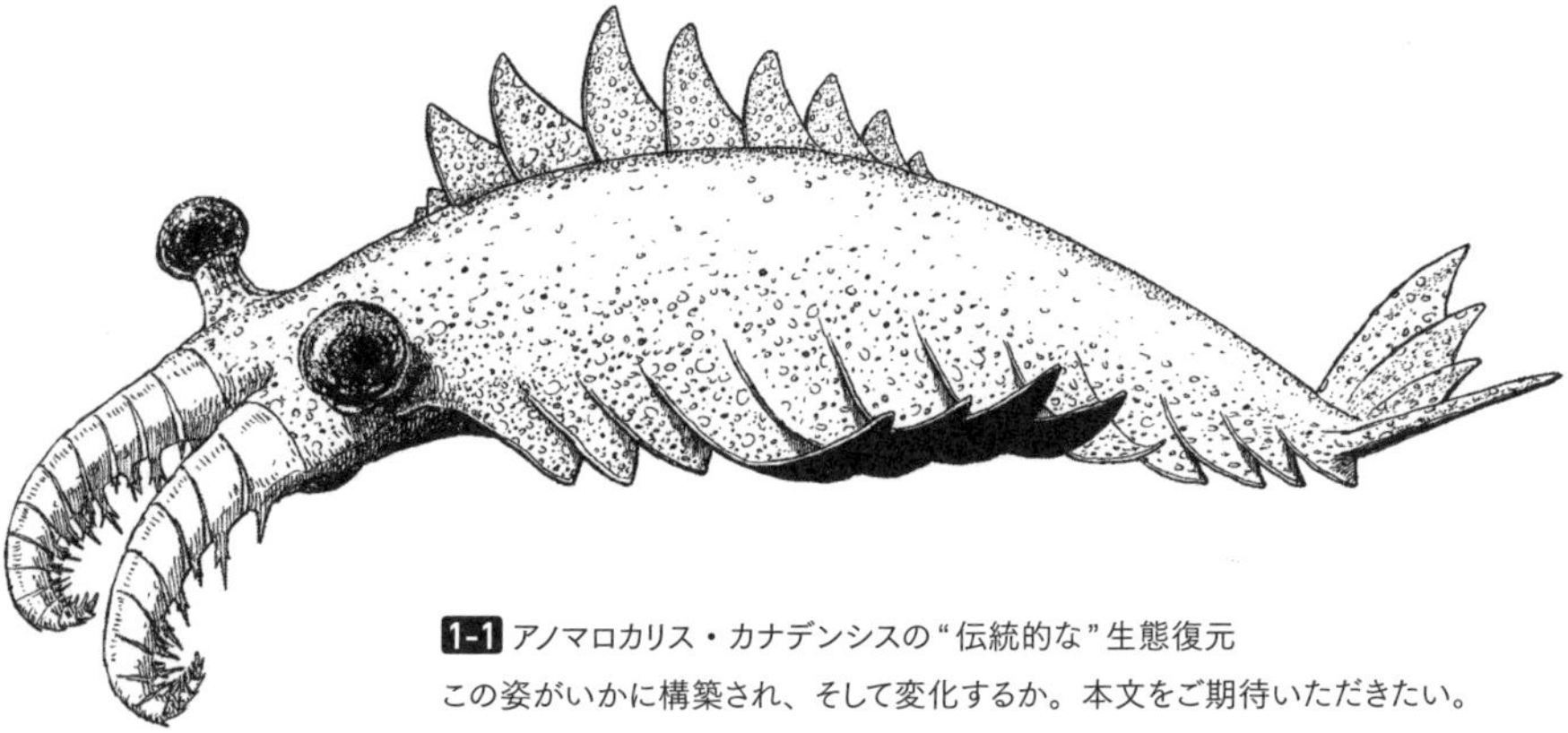

1-1 アノマロカリス・カナデンシスの“伝統的な”生態復元
この姿がいかに構築され、そして変化するか。本文をご期待いただきたい。

第二に、恐竜たちとはまったくスケールが異なる。カンブリア紀の海にいたほとんどの生物は、全長10センチメートル以下だった。あなたの手のひらの上に収まるサイズのものが多く、比較的大きなものでも両手を広げればその上に乗るものばかりだ。

そんな〝小さき海洋生物の世界〟に、桁外れの大きさをもつ動物がいた。

この動物こそが、「アノマロカリス・カナデンシス（*Anomalocaris canadensis*）」。本書の主役である **1-1**。

アノマロカリス・カナデンシスの大きさは、最大で全長1メートルに達した。現在の海に暮らすサバ2匹分のサイズ。当時、並ぶ者のいない巨体だった。

その姿は実に形容し難い。現在の地球には、似た姿の動物がいないのだ。

よく知られているアノマロカリス・カナデンシスは、

ナマコのような平たく細長いからだをもち、頭部の先端からは2本の大きな触手が伸びている。この触手は内側に鋭いトゲが並ぶ明らかな〝肉食仕様〟。頭部上面の両端には短いけれども太い柄が2本あり、大きな眼がその先についている。頭部の底には多数のトゲのある細長いプレートが円形に並んで口をつくり、からだの両側にはひれが11枚ずつ。そして、後端近くに左右3枚ずつの尾びれがある。

トゲのある触手とトゲのある口。攻撃的なそのパーツは、この動物が捕食者である可能性が極めて高いことを物語る。そのため、アノマロカリス・カナデンシスは、生命史上初の本格的なハンターであり、そしてトップ・プレデターだったと考えられている。

アノマロカリス・カナデンシスは、その姿が判明するまでに紆余曲折あったことが知られている。世界を代表するような古生物学者たちが試行錯誤を繰り返して、先ほど描写したような姿に落ち着いたのだ。

20世紀に活躍した古生物学者、スティーヴン・ジェイ・グールドは、1989年に著した『ワンダフル・ライフ』（邦訳版は1993年に早川書房より刊行）で、アノマロカリス・カナデンシスの復元史について、次のように書いている。

「それはユーモア、勘ちがい、葛藤、挫折、そしてまたしても勘ちがいがなされた末に、びっくり仰天するような解決を見た物語である」

グールドがここまで書いた物語とはどのようなものなのか。

アノマロカリス・カナデンシスの姿をめぐる、1世紀超の物語に注目してみよう。

最初の論文

19世紀、カナダでは大西洋側の4州と太平洋側の各地域をつなげるための大事業が進められていた。この事業の一つとして進行したプロジェクトが、カナダ太平洋鉄道である。

鉄道工事というものは、ただ単純に平地に線路を置けば良いというものではない。線路を敷く場所がどのような地質であり、重い車両がその上を通過しても大丈夫なのか、あるいは、鉄道周辺に有用な地下資源が眠っていないか、といったさまざまなことが事前に調べられる。そのため、敷設予定地域には地質学者が派遣され、綿密な地質調査が行われる。

1886年、ブリティッシュコロンビア州にある標高3185メートルのスティーブン山で、鉄道敷設にともなうホテルの工事にあたっていた大工が化石を見つけ、それを現地の地質調査を担当していたカナダ地質調査所に届け出た。

地質調査所の調査官だったリチャード・マッコネルは、その化石の重要性に気づき、スティーブン山の地質調査を実行。

そして、山の南斜面の中腹で、樹木がなくなったその先に、幅80メートルにわたって風化が進み、表層がボロボロとなりつつある緑色の岩石でできた地層を発見する。そこには、三葉虫を中心とした多くの化石が密集して埋まっていたのだった。

その地層から見つかる三葉虫の化石は、大きなもので全長13センチメートルほど。わらじのような形でわらじのように平たく、頭部と胸部、尾部はほとんど同じ長さで、同じ幅だった。そして、胸部には多数の節が並んでいた 1-2。1887年、この三葉虫は「オギギア（*Ogygia*）」属の新種、「オギギア・クロツアイ（*Ogygia klotzi*）」として学会に報告された。そして1889年になり、オギギア属のものとするには独自の特徴が多いことから、新たに「オギゴプシス（*Ogygopsis*）」属がつくられ、「オギゴプシス・ク

1-2 オギゴプシス・クロツアイの化石

ロイヤル・オンタリオ博物館のWEBサイトを参考に作図。

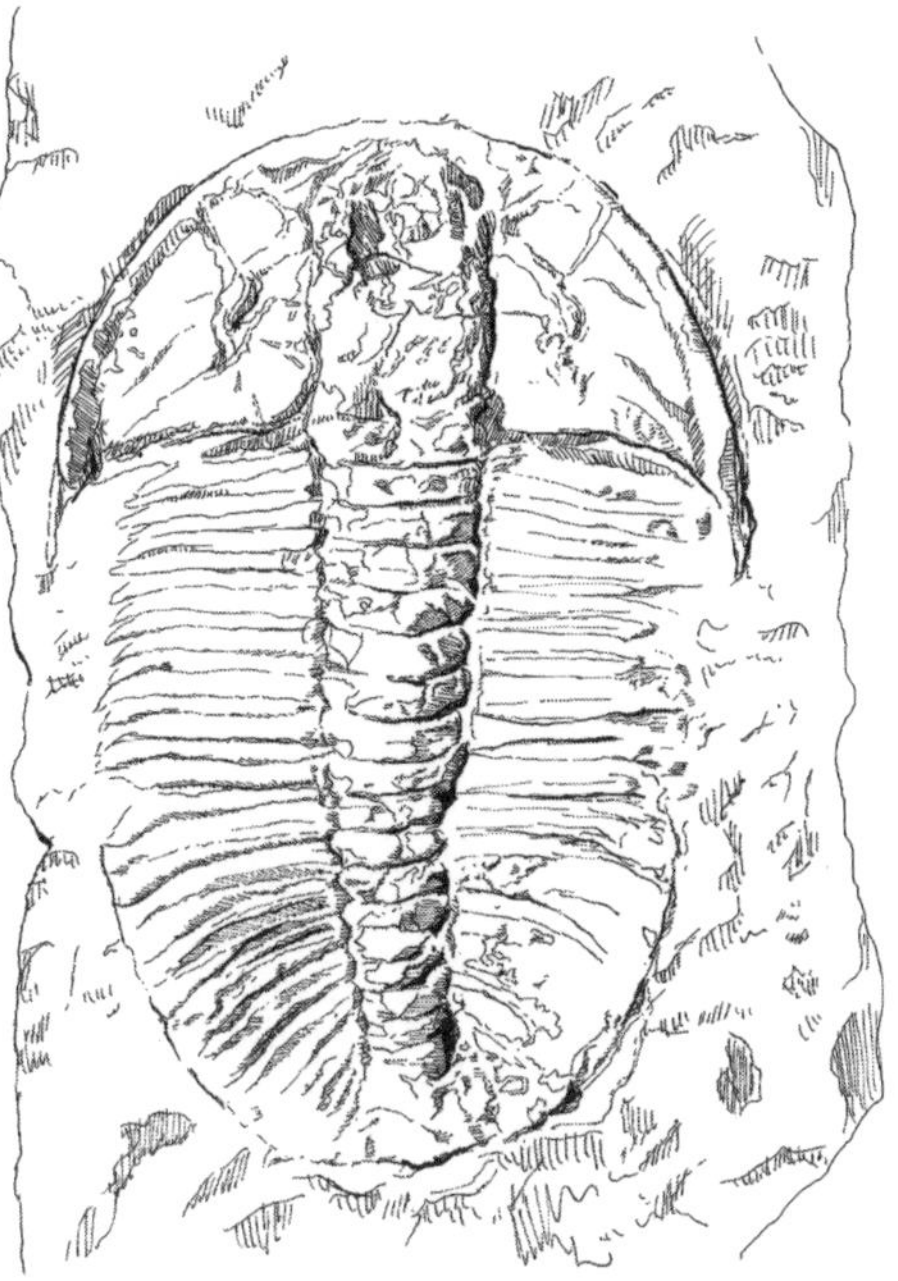

ロツアイ」と改名された。

オギゴプシスなどの化石が密集していた地層は、頁岩《けつがん》でできていた。「頁岩」は、泥が固まってできる岩石の一つだ。基本的には硬い岩石だけれども、「頁（ページ）」の文字が示唆するように、水平方向に薄く割れる。オギゴプシスの化石が多数見つかる頁岩ということで、この地層は「オギゴプシス頁岩」と名づけられた。なお、オギゴプシス頁岩の発見史はいささか不確実で、発見者はマッコネルではなく、天文学者のオットー・クロツだったという記録もある。天文学者がなぜ地層を、と思われるかもしれないが、天文学の知識と技術は、鉄道線路の高度を決めることに役立つ。ちなみに、この人物はオギゴプシス・クロツアイの「クロツ」でもある（「アイ」は、属名が男性名詞であることを意味する語尾だ）。

いずれにしろ、アノマロカリス・カナデンシスの最初の化石は、このオギゴプシス頁岩で見つかった。

アノマロカリス・カナデンシスを初めて報告した論文は、1892年10月に刊行された『THE CANADIAN RECORD OF SCIENCE』に掲載されている。4ページほどの短い論文で、手書きの図版が一つ。タイトルは、『DESCRIPTION OF A NEW GENUS AND SPECIES OF PHYLLOCARID CRUSTACEA FROM THE MIDDLE CAMBRIAN OF MOUNT STEPHEN, B.C.』（ブリティッシュコロンビア州にあるステファン山のカンブリア紀中期の地層から甲殻亜門コノハエビ類の新属新種の記載）という。報告者は、カナダ地質調査所のヨセフ・F・ファイティーブスだ。

このタイトルが示すように、ファイティーブスはその化石を甲殻類、つまり、エビに似た動物として報告した。複数の標本にもとづくその大きさは、長さ9～10センチメートルほど。すべての標本が岩石の表面に張りつくように平たくなっていた。

ファイティーブスによると、それは頭部を欠く胴体部分のみであり、9～13の節に分かれているという。それぞれの節の内側には長さ12ミリメートルから17ミリメートルの細い付属肢（いわゆる「あし」）が2本1組となって並び、胴体の末端にもトゲがあるとまとめられている 1-3。

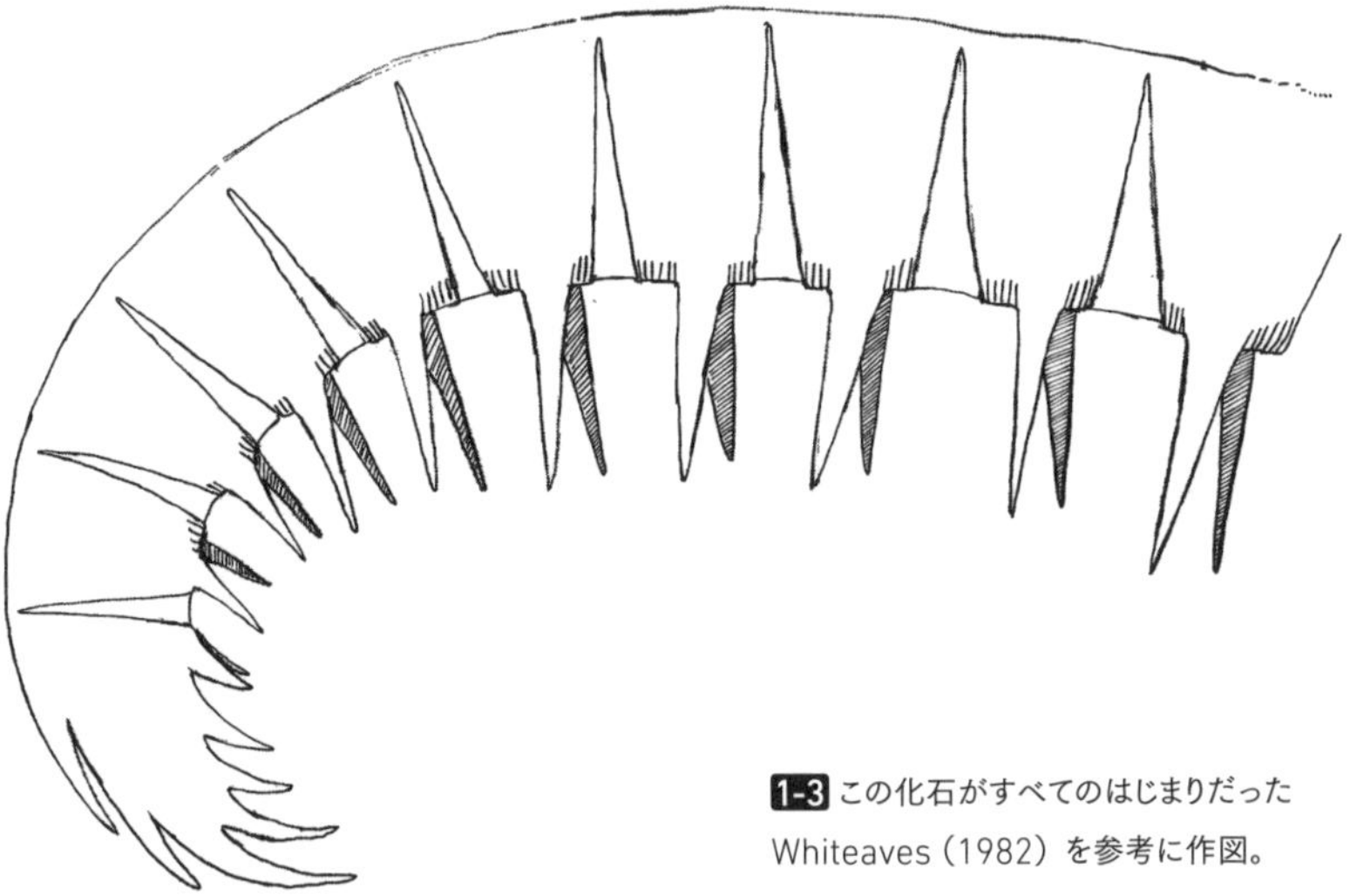

1-3 この化石がすべてのはじまりだった
Whiteaves（1982）を参考に作図。

ファイティーブスはこの珍妙な特徴をもつ甲殻類に対して、「奇妙な」を意味するギリシア語の「anomoios」と「エビ」を意味するラテン語の「caris」を組み合わせ、「奇妙なエビ」という意味で「アノマロカリス（*Anomalocaris*）」と名づけた。この論文では、「カナデンシス（*canadensis*）」という種小名を使用していながらも、その由来については言及されていないが、これは一般的に「カナダ産」を意味する単語として使用される。

ちなみに、1892年というタイミングは、「バージェス頁岩」として知られることになる地層の発見よりも17年も早い。今日の「カンブリア紀世界に関する知見」は、バージェス頁岩の発見後に構築されたものだ。バージェス頁岩の発見によって、カンブリア紀の海に多様な生物が存在し、その頂点にアノマロカリス・カナデンシスが君臨していたということが明らかになる。しかし、1892年時点では、カンブリア紀に多様な動物がいたとは考えられていなかった。

アノマロカリス・カナデンシスは、そんな〝貧弱なカンブリア紀の動物群〟における珍しい存在として、認知されることになったのである。

❁付属肢、クラゲ、ナマコ

結論から言ってしまえば、ファイティーブスが「頭部を欠く胴体部分」と認識した化石は、現在知られているアノマロカリス・カナデンシス像の頭部先端の底から伸びる大きな〝触手〟……付属肢である。ただし、そう認識されるまでには、ここから長い道のりがあった。

1909年にアメリカの古生物学者、チャールズ・ドゥーリトル・ウォルコットがオギゴプシス頁岩のすぐ近くでバージェス頁岩を発見し、その翌年から彼と彼の家族による本格的な発掘が進められた。この発掘によって、それまで誰も予想していなかったさまざまな生物の化石が続々と報告されるようになる。

1911年、ウォルコットは、自身が勤務するスミソニアン協会発行の『SMITHONIAN MISCELLANEOUS COLLECTIONS』にいくつかの論文を寄稿した。

その一つに「シドネイア・インエクスペクタンス（*Sidneyia inexpectans*）」に関するものがあった。

シドネイアは、幅広の頭部と幅広で多数の節をもつ胸部、そして節の少ない細い尾部で構成され、頭部の両脇には小さな眼が一つずつ、尾部の先端にはエビの尻尾のような尾びれをもつ。特筆すべきはその大きさで、大きな個体は全長16センチメートルにもなった。このサイズは、バージェス頁岩から発見される動物化石としては、大きな部類に入る。

そしてウォルコットはこの動物の頭部から伸びる付属肢として、太く、多数の節が並び、各節の内側にノコギリのような形をした細く薄い板が伸びる構造体を報告した1-4。

実際にこの付属肢がシドネイアの頭部にくっついている標本が発見されていたわけではなかった。

しかしウォルコットは、その形から、この構造体は付属肢に間違いないと考えた。そして、7センチメートル近くもの長さがあるこの付属肢にふさわしい大きなからだをもつ動物といえば、当時はシドネイアしか考えられなかったのである。

ウォルコットの論文には復元図は掲載されなかったが、のちに1917年になってランカスター・D・バーリングの手により、その姿が描かれている1-5。ちなみに、「シドネイア

1-4 シドネイアの付属肢として報告された化石
Walcott (1911) を参考に作図。

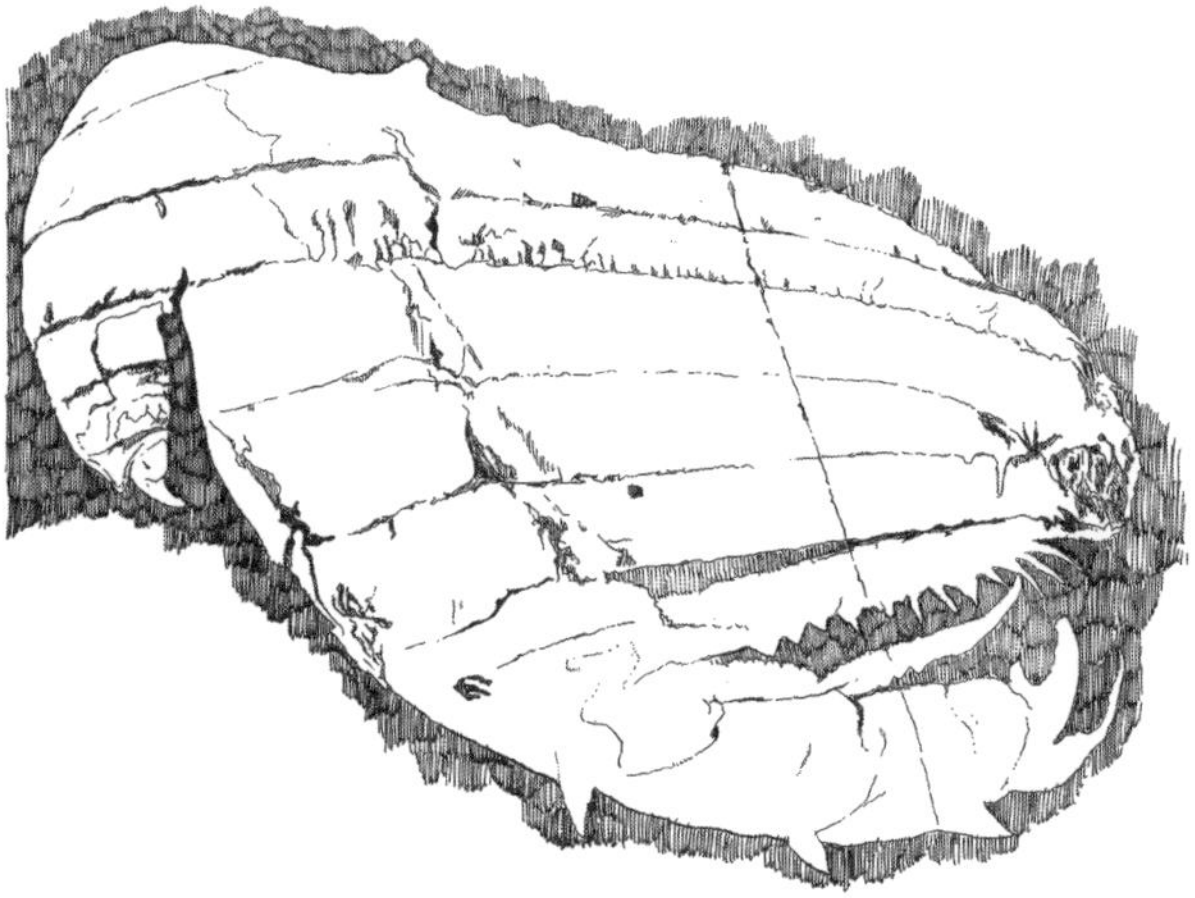

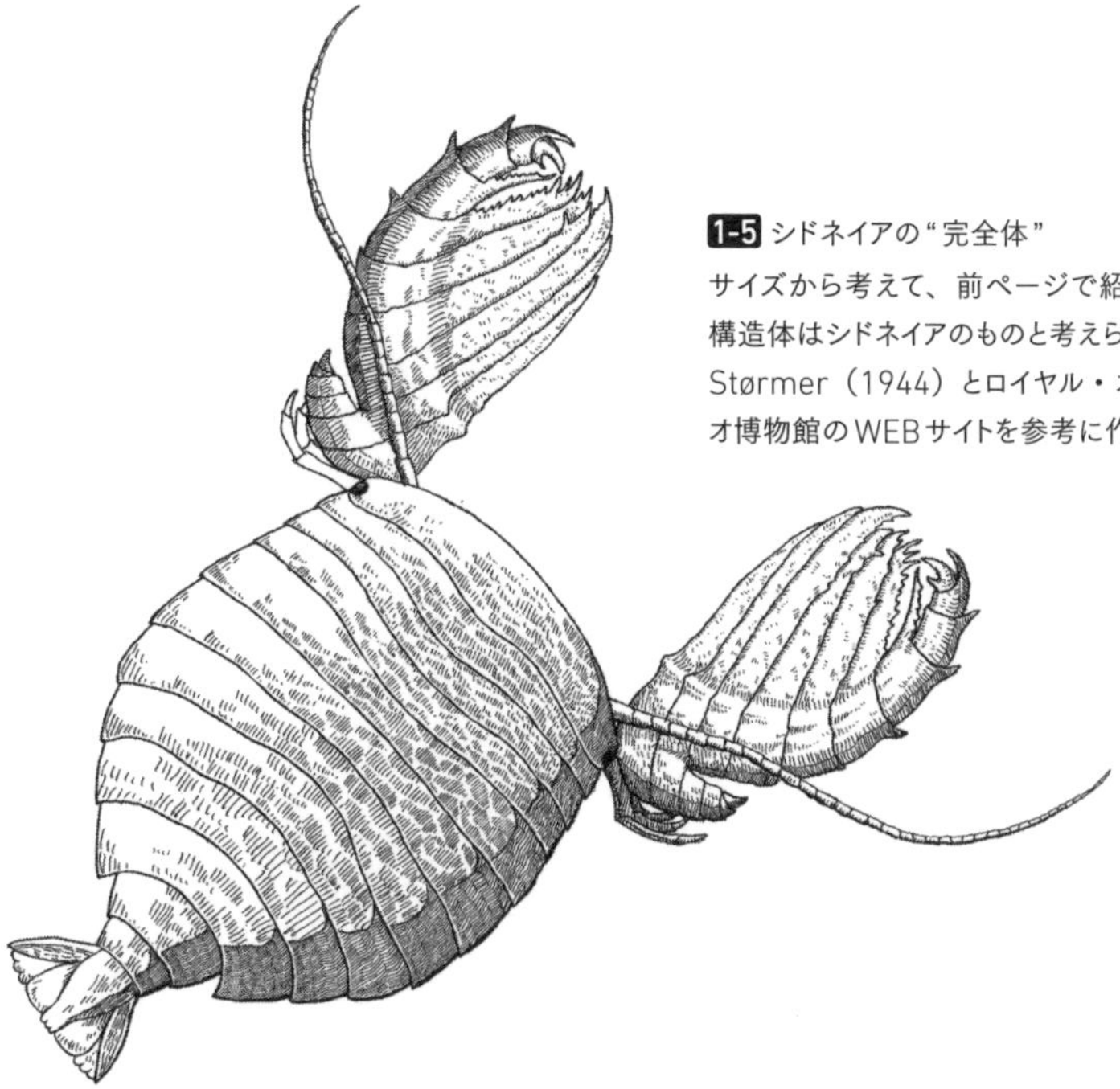

1-5 シドネイアの“完全体”
サイズから考えて、前ページで紹介した構造体はシドネイアのものと考えられた。Størmer（1944）とロイヤル・オンタリオ博物館のWEBサイトを参考に作図。

（*Sidneyia*）」とは、この化石を発見したシドニー（ウォルコットの息子）に由来する名前で、「インエクスペクタンス（*inexpectans*）」には「予測不能」という意味がある。

シドネイアの報告と同じ年、ウォルコットは32枚の細長いプレートがぐるりと楕円状に並んだ長径6センチメートルほどの化石を発見し、それをクラゲの一種であると考えて、「ペイトイア・ナトルストアイ（*Peytoia nathorsti*）」と名づけた。名前の由来は命名した論文では言及されていないが、種小名についてはスウェーデンの古生物学者、ナトルスト博士にちなんだものとされている。クラゲとして見たときのペイトイアの最大の特徴は、その中央部にぽっかりと穴が開いており、その縁にトゲのようなつくりがあることだった。ちょっと不思議なクラゲではあるけれど、そもそもバージェス頁岩から見つかる動物化石は不思議なものばかりともいえるので、その不思議さは特筆に値しないかもしれない。

また、ウォルコットは10センチメートル

1-6 “クラゲ”のペイトイアの化石（下）と、“ナマコ”のラッガニアの化石（左）
Walcott（1911）を参考に作図。

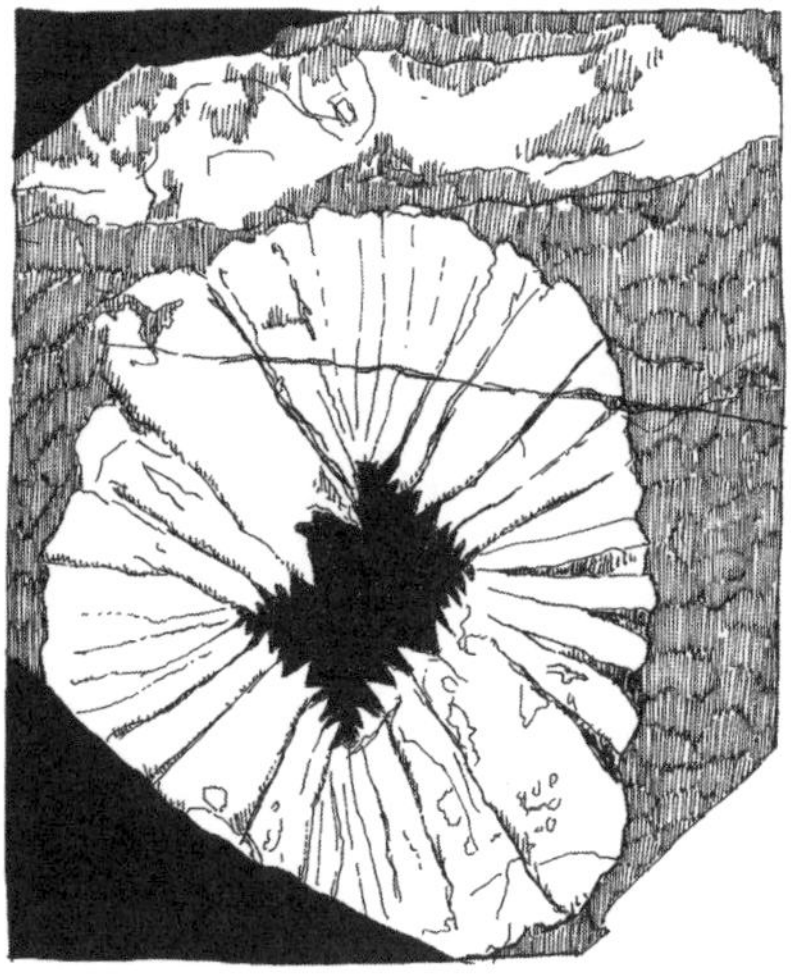

ほどの大きさの角のとれた長方形生物の化石を発見し、それをナマコの仲間と考えた。そして、カナダ太平洋鉄道の駅の一つである「ラガン」にちなんで、「ラッガニア・カンブリア（*Laggania cambria*）」と名づけている 1-6。

アノマロカリスの新種もウォルコットは報告している。その名も「アノマロカリス・ギガンティア（*Anomalocaris gigantea*）」。ウォルコットによると、アノマロカリス・ギガンティアはアノマロカリス・カナデンシスよりも大きく、〝腹部〟の節が密であるという 1-7。ただし、のちにこれは、アノマロカリス・カナデンシスの大きな個体（の付属肢）にすぎないとわかる。一つ確かなことは、ウォルコットも論文中で「腹部（abdomen）」という単語を用いているということだ。つまり、ファイティーブスによる「アノマロカリスは、エビ状生物の頭部を欠く胴体部分」という見解を、彼は支持していた（とくに否定していなかった）のである。

ウォルコットが報告したシドネイア、ペイトイア、そしてラッガニア。この3種の古生物は、その後、数奇な運命をたどること

1-7 アノマロカリス・ギガンティアの化石　Walcott（1912）を参考に作図。

になる。

一方、アノマロカリス・カナデンシスに関しては、1928年に一つの進展をみる。カンブリア紀の海洋生態系の解明に大いに貢献し、稀代の古生物学者として名を残したウォルコットが没してから1年後のことだ。

1928年になると、ウォルコットが発見していた「ツゾイア（*Tuzoia*）」という生物の殻の端に、アノマロカリス・カナデンシスをくっつけた復元が、デンマークの古生物学者、カイ・ルドヴィック・ヘンドリクセンによって発表された 1-8。この復元はある程度の支持を得て、著名なイラストレーターであるチャールズ・ナイトによって復元画が描かれ、1942年の『National Geographic』誌に掲載されている。

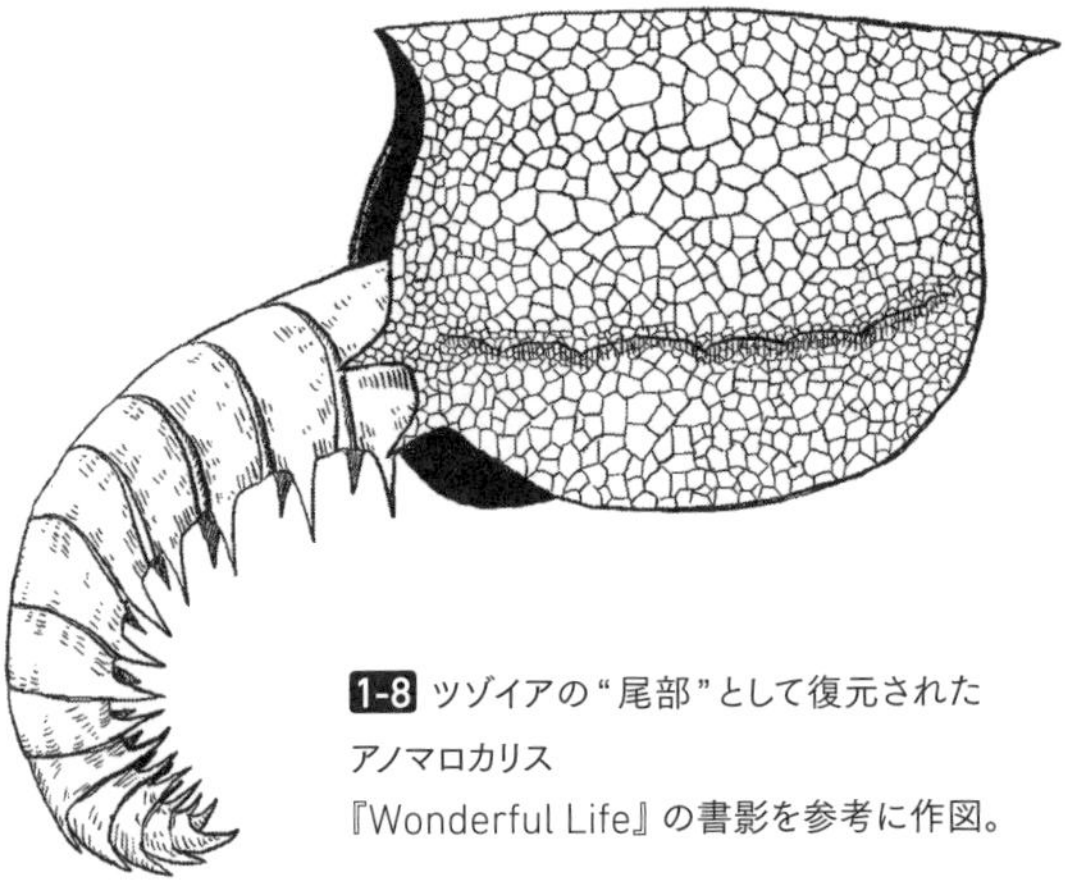

1-8 ツゾイアの“尾部”として復元されたアノマロカリス
『Wonderful Life』の書影を参考に作図。

ヘンドリクセンの提案した復元モデルは、ファイティーブスの「エビ状生物の頭部を欠く胴体部分」という見解と大きな変更があるわけではない。ファイティーブスが「欠けている頭部」としていた部分こそがツゾイアではないか、と考えたのである。ただしこれも、ツゾイアとアノマロカリス・カナデンシスがそのように接続した確かな化石が発見されたわけではなかった。

付属肢F

多くのカンブリア生物を報告したウォルコットの死後、この分野の研究速度は格段に低下した。ウォルコットの3番目の妻が、ウォルコット一家が採掘した6万5000点にもおよぶ標本を公開することを嫌ったからと伝えられる。

アノマロカリス・カナデンシスに限らず、バージェス頁岩から発見された生物群の研究が再び活性化するのは、ウォルコットの死から30年以上の歳月が経過してからだ。

1960年代になると、カナダ地質調査所がアルバータ州とブリティッシュコロンビア州のカナディアン・ロッキーの地質図再作成に乗り出した。地質図は、一度作って終わりというわけではなく、調査技術の進歩や新たに地質が露出している場所が生まれることで、アップデートされていく。

この地質図再作成にともない、イギリスのハーバード大学に籍を置いていたハリー・ウィッティントンによってバージェス頁岩の調査が行われた。ウィッティントンは、三葉虫研究の権威として知られる古生物学者である。

ウィッティントンはバージェス頁岩の綿密な調査をし、採掘を行って多くの標本を得ることに成功した。また、この間に自身はハーバード大学からケンブリッジ大学へと所属を変えている。

ウィッティントンの研究手法は、それまでの研究者が採用したことがないものだった。歯科用ドリルを改造したオリジナルの道具を手にとり、顕微鏡で標本を観察しながら、薄皮を剥ぐように化石やその周囲の岩石を削っていったのである。

アノマロカリス・カナデンシスが最初に発見されたオギゴプシス頁岩も、ウォルコットが研究したバージェス頁岩も、化石はその岩石に張りつくように残された二次元のものだった。強い圧力によってぺしゃんこにされていたのである。

しかしウィッティントンが採用した手法で化石表面を剥がすと、その内部に別の構造が確認できた。たとえば、殻を剥がせば、その下には口器が見えた、という具合である。つまり、二次元的な化石でありながらも、三次元的な情報がしっかりと残っていたのだ。

こうして、バージェス頁岩産の多くの動物化石が再分析されていく。

１９７０年代になると、この研究にデレック・ブリッグスとサイモン・コンウェイ・モリスが加わった。二人は当時、大学院生だったが、のちに世界の古生物学を牽引する研究者となる。ウィッティントンとブリッグス、コンウェイ・モリスの3人による研究は、「ケンブリッジ・プロジェクト」と呼ばれている。

そして、このプロジェクトによって、カンブリア生物の研究速度のギアが数段上がる。アノマロカリスに関する情報のアップデートは、1979年に再開された。この年、ブリッグスが『ANOMALOCARIS, THE LARGEST KNOWN CAMBRIAN ARTHROPOD』（アノマロカリス、カンブリア紀最大の節足動物）と題した論文を発表したのだ。

この論文では、まず、アノマロカリス属の〝再整理〟が行われている。

実は、アノマロカリス・カナデンシスとアノマロカリス・ギガンティアのほかにも、「アノマロカリス・ファイティーブスアイ（*Anomalocaris whiteavesi*）」「アノマロカリス・クランブロッケンシス（*Anomalocaris cranbrookensis*）」「アノマロカリス・ココモエンシス（*Anomalocaris kokomoensis*）」「アノマロカリス・エッモンスアイ（*Anomalocaris emmonsi*）」「アノマロカリス・リネアタ（*Anomalocaris lineata*）」「アノマロカリス・ペンシルヴァニカ（*Anomalocaris pennsylvanica*）」といったさまざまなアノマロカリスがこのときまでに報告されていた。

ブリッグスは、これらのアノマロカリスを検証し、アノマロカリス・ギガンティアとアノマロカリス・ファイティーブスアイは、アノマロカリス・カナデンシスと同じ種であることを指摘した。こうした場合は「シノニム」もしくは「同物異名」と呼ばれ、最初の学名、つまり、「アノマロカリス・カナデンシス」に統一される。

そして、残りのアノマロカリスのうち、アノマロカリス・ペンシルヴァニカ以外は、アノマロカリス属のものではないとした。

アノマロカリス・ペンシルヴァニカは、その名の通りアメリカのペンシルヴァニア州から化石が発見されたもので、１９２９年に報告されていた。ブリッグスは、アノマロカリス・ペンシルヴァニカはアノマロカリス・カナデンシスに極めて似ているとしながらも、標本の内側に並ぶトゲがやや長いことなどから独立した種とした。不完全な標本から推測されるそのサイズは、最大で約25センチメートルになると見積もられている。かなりデカイ。

そして、アノマロカリス・カナデンシスに関しても再分析がなされ、ファイティーブスの「エビ状生物の頭部を欠く胴体部分」という見解が否定されることになった。

もしもアノマロカリス・カナデンシスが胴体部分であるのなら、消化管などの体内構造が確認されて然るべきだった。しかし、ブリッグスが１００を超える標本をどんなに探しても、そうした痕跡を見つけることができなかったのだ。また、節の内側にある付属肢とみられていた構造は、その中ほどで三又に分かれたトゲであることが明らかになった。

アノマロカリス・カナデンシスが「頭部を欠く胴体部分」ではなく、「内側に三又のトゲが並ぶ付属肢」であることが示されたのだ 1-9。このことは、同じアノマロカリス属であるアノマロカリス・ペンシルヴァニカも付属肢であることを意味している。

この論文でブリッグスは、〝シドネイアの付属肢〟にも注目している。合体した標本が発見されていないにもかかわらず、ウォルコットが一つにまとめたあの付属肢である。

ブリッグスは、この付属肢がアノマロカリス・カナデンシスとどことなく似ていることに注目し、基本的には同じ構造体であると考えた。そして、シドネイアのものではないとして、「付属肢F」と名づけたのである 1-10。「F」は「摂食（Feeding）」にちなむもので、ブリッグスによるとこれは歩行用ではなく摂食用の付属肢であるという。そしてブリッグスは、付属肢Fをアノマロカリス属に「?」付きで分類した。

ここまででも相当な量の新知見だが、ブリッグスは

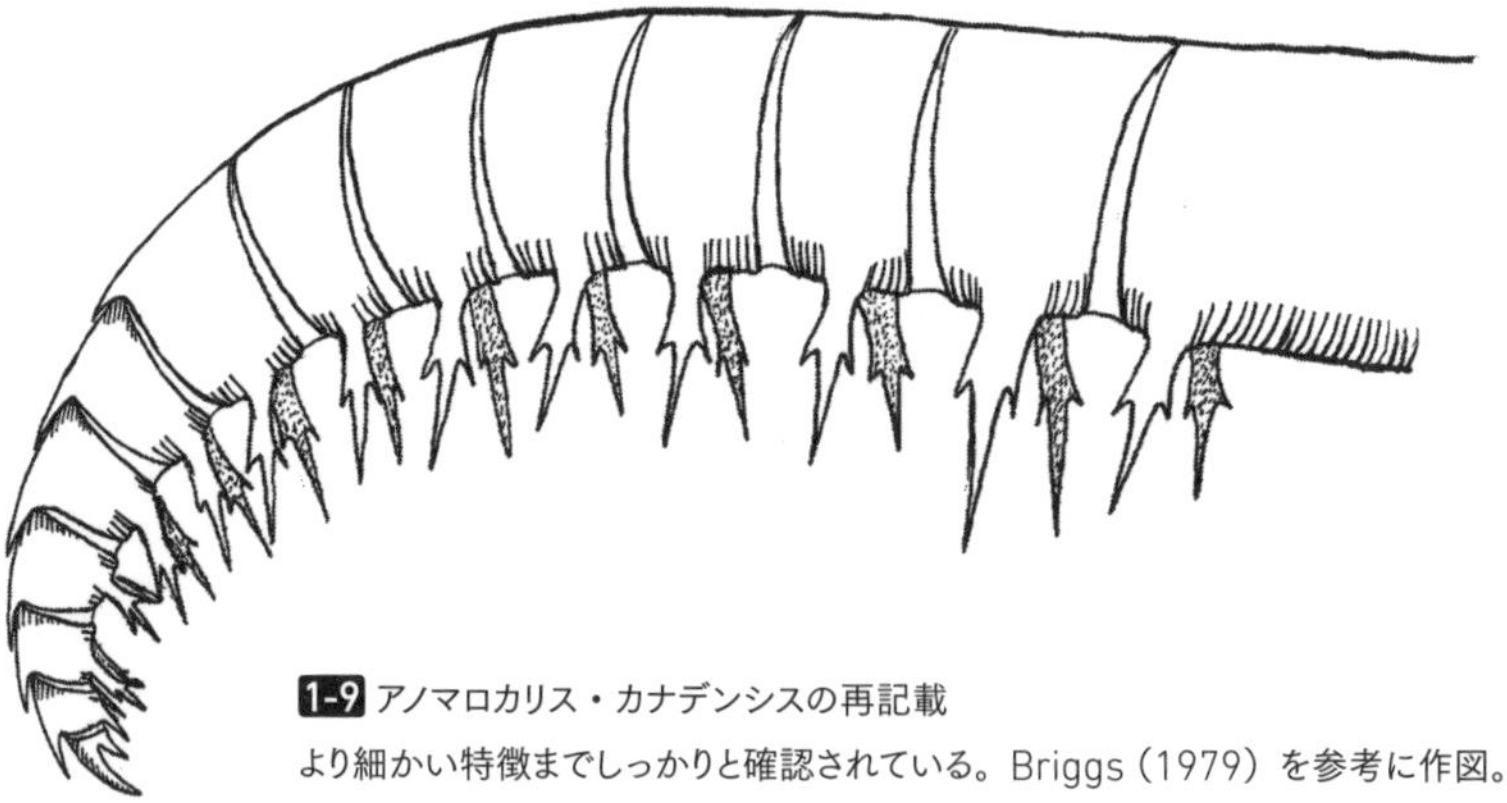

1-9 アノマロカリス・カナデンシスの再記載
より細かい特徴までしっかりと確認されている。Briggs（1979）を参考に作図。

さらに踏み込んだ。

アノマロカリス・カナデンシスと付属肢Fは、同じ動物か、少なくとも近縁の動物のものであると考えたのだ。つまり、アノマロカリス・カナデンシスの付属肢も、付属肢Fと同様、その動物（あるいは近縁種）の摂食用の付属肢と考えたのである。

アノマロカリス・カナデンシスも付属肢Fも、その標本は、ともに10センチメートル級のサイズである。それだけ巨大な付属肢をもつのであれば、〝まだ見ぬ胴体部分〟は、1メートル以上の大きさがあるのではないか、とブリッグスは予想した。

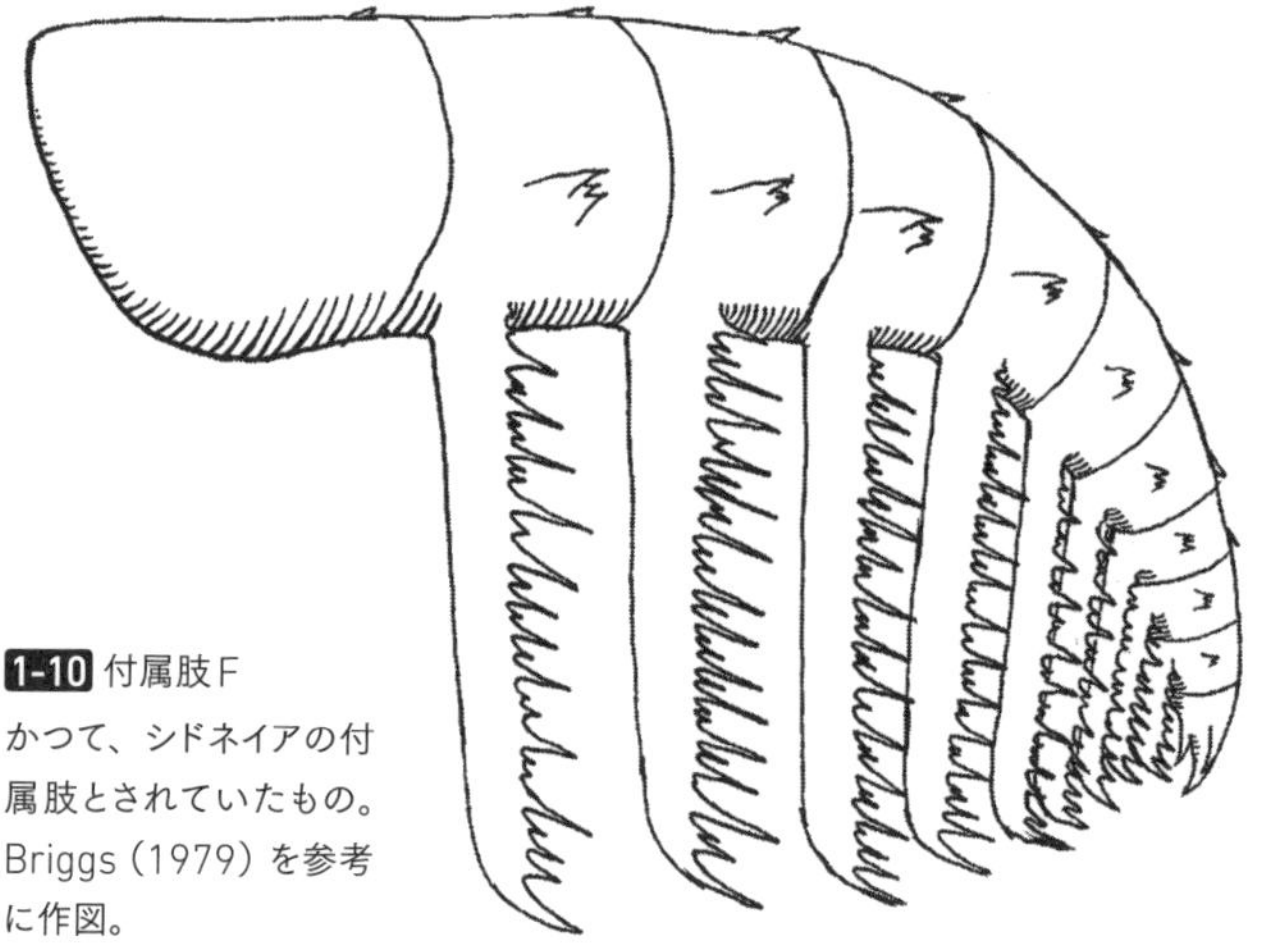

1-10 付属肢F
かつて、シドネイアの付属肢とされていたもの。Briggs（1979）を参考に作図。

✺ナトルストアイ

ケンブリッジ・プロジェクトの経緯は、『ワンダフル・ライフ』やコンウェイ・モリスが日本向けに著した『カンブリア紀の怪物たち』（講談社新書）に詳しく書かれている。本書でも、この2冊を主軸の資料としつつ、各種論文を参考に話を進めていくとしよう。

プロジェクトは、ウォルコットがナマコと考えたラッガニア・カンブリアの再分析にも着手した。

1970年代末、コンウェイ・モリスはあるラッガニア・カンブリアの標本に、ウォルコットがクラゲと考えたペイトイア・ナトルストアイが重なっていることに気づく。しかし、この時点ではコンウェイ・モリスは「二つの標本が偶然重なったもの」と判断した。ちなみに、コンウェイ・モリスは、ラッガニア・カンブリアをナマコではなく、カイメンではないか、とも考えていた。そして、ペイトイア・ナトルストアイがクラゲではない可能性にも言及している。

その後、ラッガニア・カンブリアの一部に、付属肢Fの一部が重なった標本が発見された。こうした研究を踏まえ、アノマロカリスをめぐる〝大規模アップデート〟が1985年に行われることになる。ウィッティントンとブリッグスが『THE LARGEST CAMBRIAN ANIMAL, *ANOMALOCARIS*, BURGESS SHALE, BRITISH COLUMBIA』（ブリティッシュコロンビア州のバージェス頁岩から産したカンブリア紀最大の動物、アノマロカリス）と題した論文を発表したのだ。

この論文は、50ページを超える長大なものとなった。そして、その中で、ウィッティントンとブリッグスは、付属肢F、ラッガニア・カンブリア、ペイトイア・ナトルストアイが1つの動物のものであると指摘したのである。

1979年の時点で、ブリッグスは、付属肢Fとアノマロカリス・カナデンシスが同じ動物のものであるという可能性に言及していた。しかし、この1985年の論文でそれは否定され、付属肢Fとアノマロカリス・カナデンシスは別種とされた。ただし、付属肢Fが摂食用付属肢であるという見方に変更はない。

ラッガニア・カンブリアはこの動物の胴体とみなされた。また、ペイトイア・ナトルストアイはこの動物の摂食器官……つまり口であるとされた。

さらにこの動物は、胴体の腹側から左右に向かって伸びる10枚以上のひれをもち、そのひれは前後のものと少しずつ重なっていること、頭部には1対の大きな眼があることも明らかになった 1-11 。

付属肢F、ラッガニア・カンブリア、ペイトイア・ナトルストアイの中で、最初に報告された標本は付属肢Fだ。報告当時、付属肢Fはシドネイアのものとされていたけれども、ブリッグスが1979年の論文で付属肢Fをアノマロカリス属のものであると指摘していた。また、ラッガニア・カンブリア、ペイトイア・ナトルストアイでは、ペイトイア・ナトルストアイ

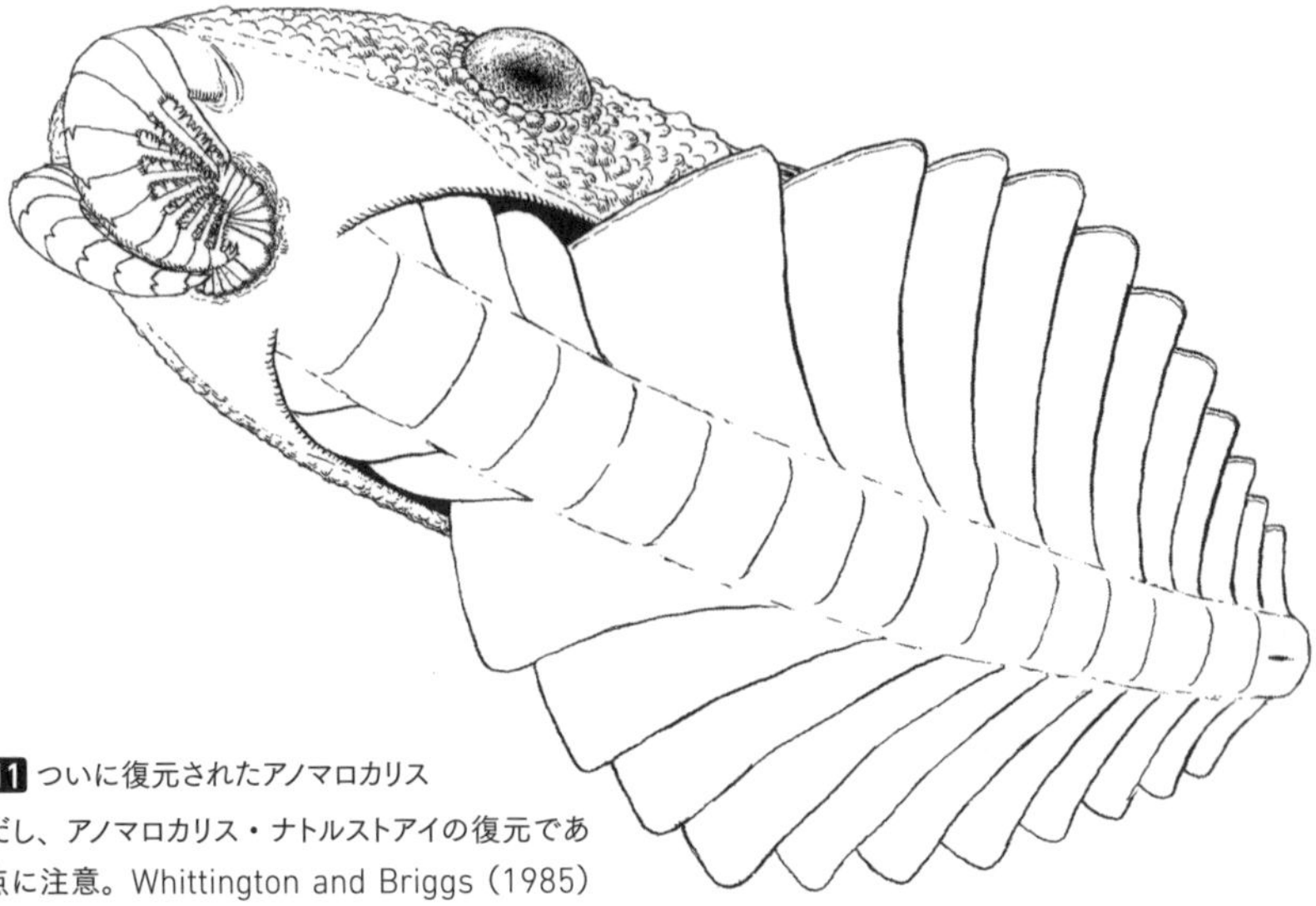

1-11 ついに復元されたアノマロカリス
ただし、アノマロカリス・ナトルストアイの復元である点に注意。Whittington and Briggs (1985)を参考に作図。

の方が命名順は先だった。これらの経緯を背景に、付属肢F、ラッガニア・カンブリア、ペイトイア・ナトルストアイをもつこの動物は、「アノマロカリス・ナトルストアイ（*Anomalocaris nathorsti*）」と名づけられることとなった。ブリッグスが予想したほどの巨体ではないけれども、全長50センチメートルの大型種として報告されている。

本書を執筆している2019年現在では、「アノマロカリスといえば、カナデンシス」が一般的な解釈となっている。ただし、先に全身復元に〝成功した〟のは「アノマロカリス・ナトルストアイ」だったのである。

この論文では、アノマロカリス・ナトル

ストアイについては細かな復元がなされているけれども、アノマロカリス・カナデンシスについてはそれがない。しかし、カナデンシスに関してもナトルストアイと同様に付属肢（つまり、アノマロカリス・カナデンシスとして記載された付属肢）とラッガニア・カンブリアのような胴体、ペイトイア・ナトルストアイのような口をともなった標本の写真が論文に収録されており、その標本にもとづいて、カナデンシスはナトルストアイとよく似た胴体、よく似た口をもち、付属肢の形状が異なる別種の動物であるとされた。

幕間

冒頭からここまで、いっきに書き進めてきた。ファイティーブスに始まる研究者たちの試行錯誤の物語、いかがだっただろうか。

1985年のウィッティントンとブリッグスの論文によって、ついにアノマロカリス・ナトルストアイがその姿を現した。

さあ、これで完成だ……というわけではない。

アノマロカリスをめぐる復元研究の歴史は、まだ道半ばである。そもそも今、あなたが読んでいるこのセクションのタイトルは、「第1部　アノマロカリス・カナデンシス、かくありき」だ。「アノマロカリス・ナトルストアイ、かくありき」ではない。

これからいよいよ、アノマロカリス・カナデンシスの復元史の核心に迫っていくわけだが、ここで一つ、休憩をとろう。ここまで、いっきに読み進めてきた方は、コーヒーブレイク、トイレ休憩、その他諸々のタイミングとしてご利用いただきたい。

幕間として、改めてグールドの『ワンダフル・ライフ』に触れておこう。

同書は、バージェス頁岩動物群の〝奇天烈なおもしろさ〟を世界に知らしめた一冊である。一定以上の世代の人々にとって、カンブリア紀にたくさんの〝おもしろ生物〟がいたことを知る「最初の一冊」となったのではないだろうか。実際、筆者がまさにそうだった。〝恐竜で古生物のおもしろさにハマった身〟にとって、恐竜以外の古生物への「知的好奇心」に火をつけてくれた最初の一冊だった。当時、ワクワクしながらページをめくったものだし、今でもこうして資料として手にとると、思わず資料外のページまで読み進めている自分がいる。未読の方は、ぜひ、本書のあとにでも手にとってみて欲しい。

『ワンダフル・ライフ』邦訳版は１９９３年に初版が刊行されたが、当然のことながら原著はもう少し古く、１９８９年に刊行されている。執筆にかかった時間などを考慮すると、内容的にはちょうど１９８５年のウィッティントンとブリッグスの論文あたりまでが、アノマロカリスに関する当時の最新情報となっている。

『ワンダフル・ライフ』全体を見渡すと、刊行以降に情報が更新された種もあれば、未だ情報更新ならず、という種もある。アノマロカリス・カナデンシスやアノマロカリス・ナトルストアイに関しては、前者に入る……というよりも、前者の代表ともいえるのが、アノマロカリス・カナデンシスであり、アノマロカリス・ナトルストアイである。

さて、物語に戻るとしよう。

2020年を生きる私たちにとっては、ここからがむしろ、アノマロカリス・カナデンシスをめぐる復元史の本番である。

かつて、グールドは『ワンダフル・ライフ』の中で、アノマロカリスの復元史について、「それはユーモア、勘ちがい、葛藤、挫折、そしてまたしても勘ちがいがなされた末に、びっくり仰天するような解決を見た物語である」と過去形で書いた。

しかし物語は終わっていなかった。グールドが『ワンダフル・ライフ』を著したときよりも、さらにアクロバティックな展開をみせることになる。

さよなら、ナトルストアイ

1985年のウィッティントンとブリッグスの論文によって、アノマロカリス・カナデンシスとアノマロカリス・ナトルストアイが復元された。このうち、より重視されたのはアノマロカリス・ナトルストアイの方で、付属肢F、ラッガニア・カンブリア、ペイトイア・ナトルストアイをもつものとされた。アノマロカリス・カナデンシスは、ざっくりと言ってしまえば、アノマロカリス・ナトルストアイと「よく似た姿をしている一方で、摂食用付属肢の形が異なる別種」という扱いだった。

事態が大きく動くのは、1990年代になってからである。バージェス頁岩の〝お膝元〟であるカナダのロイヤル・オンタリオ博物館がバージェス頁岩の再発掘を進め、アノマロカリス・カナデンシスの良質な標本をいくつも入手したのだ 1-12。

1996年、そうした新標本をもとに、ロイヤル・オンタリオ博物館のデスモンド・コリンズが『THE “EVOLUTION” OF *ANOMALOCARIS* AND ITS CLASSIFICATION IN THE ARTHROPOD CLASS DINOCARIDA (NOV) AND ORDER RADIODONTA (NOV)』（アノマロカリスの〝進化〟とその分類。ダイノカリダ綱とラディオドンタ目の創設）と題した論文を発表した。

ダイノカリダとラディオドンタという二つの単語に関しては、のちに頁を割くとして、ここでは、「アノマロカリスの〝進化〟」に注目しよう。なお、この場合の〝進化〟は、復元のアッ

1-12 新標本の報告によって、アノマロカリス・カナデンシスの復元はアップデートされた

A「完全」と呼ばれる標本、B 前半身がよくわかる標本、C 付属肢がよくわかる標本、D A と同じレベルの“完全標本”。Collins（1996）を参考に作図。

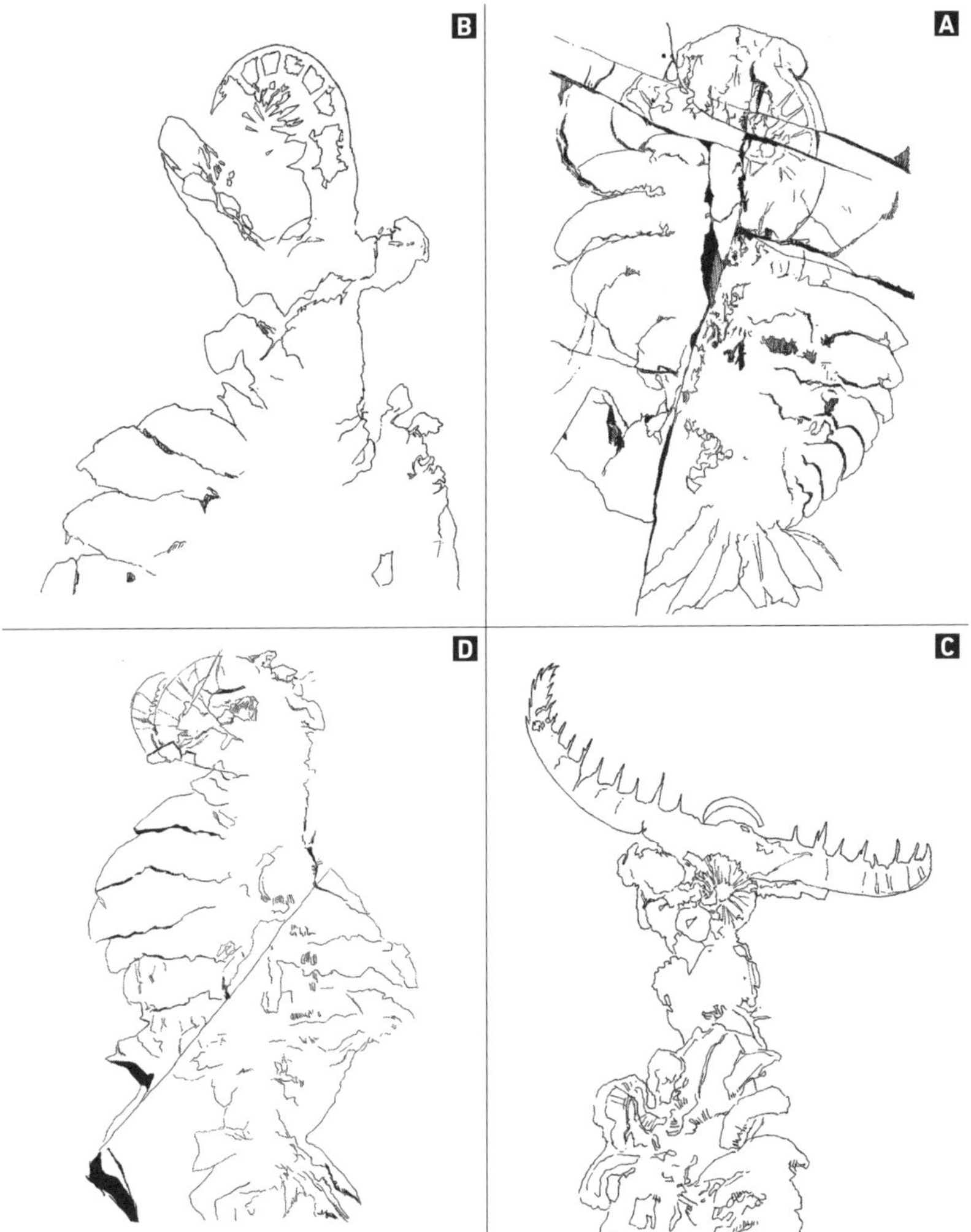

プデートに対する比喩である（野暮なことだけれど、念のため）。

この論文で、ついにアノマロカリス・カナデンシスが復元された。

その姿は、確かにアノマロカリス・ナトルストアイと似ているものの、全体的により細身だった。両眼は太い柄の先にあり、その柄はより頭部先端に近い場所に位置するものとされた。頭部は柔軟性に富み、胴体の後端に左右3枚ずつの尾びれがあることも新たに示されたのである。

すなわち、本章冒頭で紹介したようなアノマロカリス・カナデンシスの姿が、このとき明らかになった 1-13。

そして、その口は、頂点の丸まったひし形に近いものと判明し、そこには多数の小さなプレートと4枚の大きなプレートが並んでいることも示された。それぞれのプレートには、大小のトゲが内側に向かって並ぶ。4枚の大きなプレートは、前後左右の直角となる位置にあるとし、コリンズは、この口器こそ、ウォルコットがペイトイア・ナトルストアイと呼んだものと判断した。

そしてコリンズは、アノマロカリス・ナトルストアイも再分析した。その結果、その口器

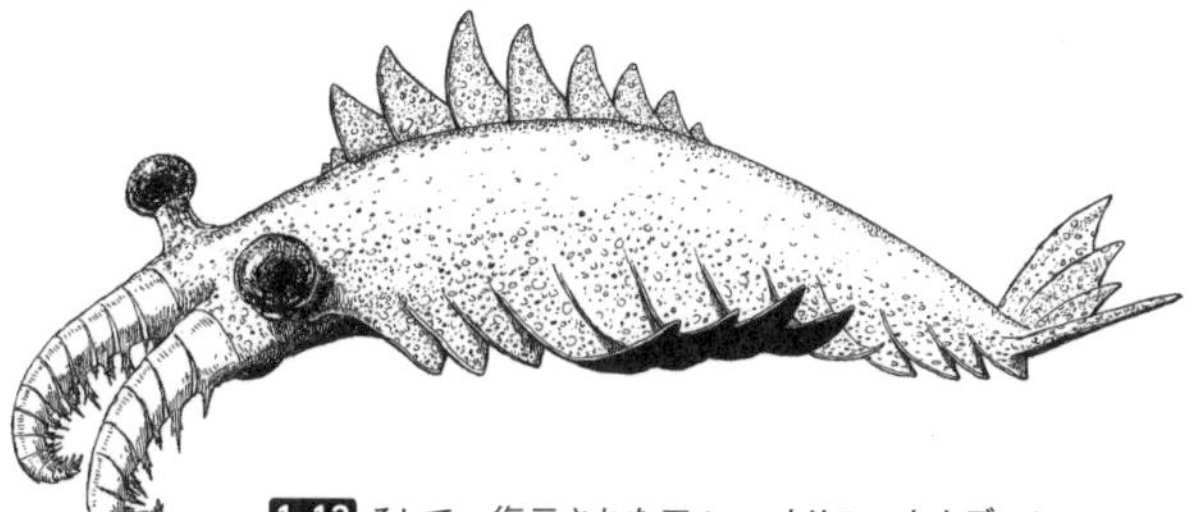

1-13 そして、復元されたアノマロカリス・カナデンシス
Collins (1996) を参考に作図。

はペイトイア・ナトルストアイのものとは少し形状が異なると指摘した。アノマロカリス・ナトルストアイの口器をペイトイア・ナトルストアイとするには、全体的に丸みがすぎるのだという。

そのため、コリンズは、ウォルコットがペイトイア・ナトルストアイと呼んだものは、アノマロカリス・ナトルストアイのものではなく、アノマロカリス・カナデンシスのものだったと考えたのである。

さて、ここでややこしいのは、その名前である。

第一に、アノマロカリス・カナデンシスとアノマロカリス・ナトルストアイは、同じアノマロカリス属とするには随分と姿が異なることが明らかになった。そうなると、「アノマロカリス」の名を冠して良いのは先に名づけられたアノマロカリス・カナデンシスの方であり、アノマロカリス・ナトルストアイは属名を変更しなければならない。

また、アノマロカリス・ナトルストアイの「ナトルストアイ」は、そもそも「ペイトイア・ナトルストアイ」にちなむものだった。

しかしペイトイア・ナトルストアイは、この研究でアノマロカリス・カナデンシスに〝吸収〟された。

では、アノマロカリス・ナトルストアイの名前をどのようにすれば良いのだろうか。

アノマロカリス・ナトルストアイの〝構成要素〟を思い出して欲しい。付属肢F、ペイトイア・ナトルストアイ、そしてラッガニア・カンブリアである。

そう、この動物には、もう一つ、ウォルコットが発見した部品が使われていた。そこで、その部品の名前が復活することとなり、アノマロカリス・ナトルストアイは「ラッガニア・カンブリア」と名前を改めることになったのだ。

学名の変更は、その後の〝メディア露出〟に大きな影響を与えることになる。

1996年まで、アノマロカリスといえば、アノマロカリス・ナトルストアイか、もしくは、アノマロカリス・ナトルストアイをベースに復元されたアノマロカリス・カナデンシスだった。

しかし1996年の論文発表以降、アノマロカリスの名前をもたなくなった旧アノマロカリス・ナトルストアイこと、ラッガニア・カンブリアは「アノマロカリスのイメージ」から外され、アノマロカリス・カナデンシスが「アノマロカリスのイメージ」を牽引していくことになる。

ただし、コリンズによる1996年の復元が、アノマロカリス・カナデンシスの〝最終形〟ではなかった。

「口」が変わる

1996年のコリンズの論文以降、アノマロカリス・カナデンシスの姿は〝安定〟していた。メディアに登場する復元画の多くは、1996年のコリンズの論文で示されたものをベースとしていた。しかし、それも2012年までだ。

2012年、大英自然史博物館のアリソン・C・ダレイと、スウェーデン自然史博物館のジャン・ベルグストロームが『The oral cone of *Anomalocaris* is not a classic "peytoia"』（アノマロカリスの口器は、古典的な〝ペイトイア〟にあらず）と題した論文を発表したのである。コリンズの研究が再検証された、と言い換えても良いかもしれない。

そもそもウォルコットが「ペイトイア・ナトルストアイ」と名づけたものは、32枚の細長いプレートがぐるりと楕円状に並んでいて、そのうちの前後左右にある4枚のプレートは大きくなっているというものだった 1-14。

注目すべきは、口器をつくる「大きなプレート」だ。ペイトイア・ナトルストアイのそれは、

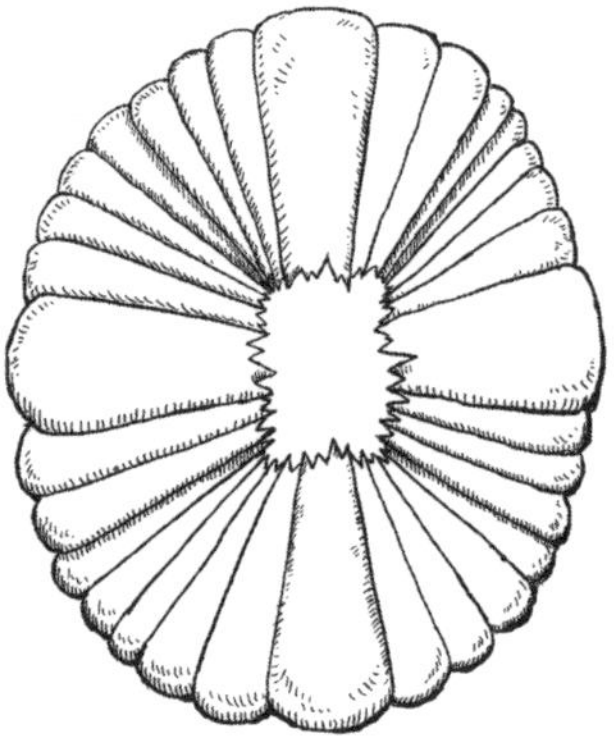

1-14「ペイトイア・ナトルストアイ」と名づけられた口器
Daley and Bergström（2012）を参考に作図。

前後左右の4枚である。コリンズは、「ROM 51215」と呼ばれる標本を一つの根拠として、ペイトイア・ナトルストアイをアノマロカリス・カナデンシスのものであるとしていた。ROM51215はアノマロカリス・カナデンシスの付属肢と口器が一体となり、しかもその細部の特徴が観察できるという化石だった 1-15。つまり、「アノマロカリス・カナデンシスの口器はこの形である」といえる数少ない標本である。ただし、ROM51215の口器は少しひしゃげていて、不完全だった。コリンズはこの変形した口器を〝復元〟し、ペイトイア・ナトルストアイと特定していたのである。

ダレイとベルグストロームは、ロイヤル・オンタリオ博物館とカナダ地質調査所、スミソニアン自然史博物館に保管されているアノマロカリス・カナデンシスおよび、その口器とされる標本を40個以上調査した。

その結果、意外な事実が明らかとなる。

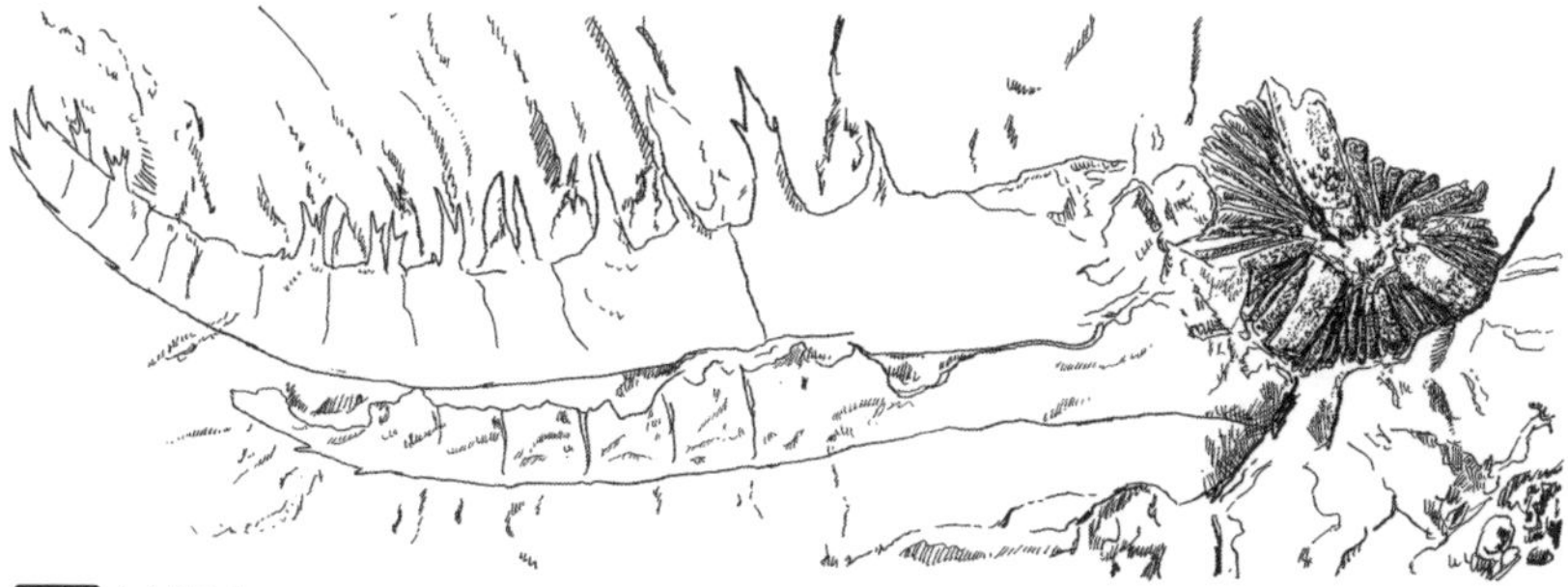

1-15 よく見ると……

標本番号ROM51215。口器の形がペイトイアと異なる。Daley and Bergström (2012) を参考に作図。

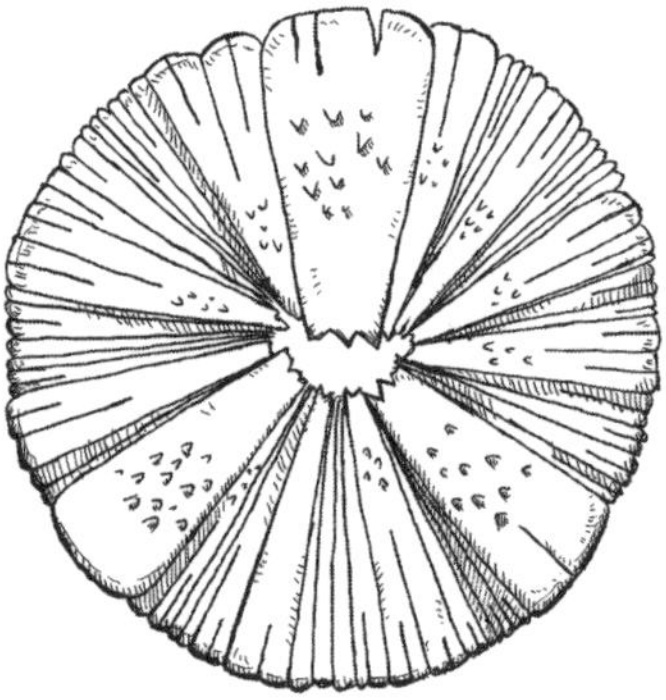

1-16 アノマロカリス・カナデンシスの口器
Daley and Bergström (2012) を参考に作図。

どうやら〝不完全な状態〟こそが、アノマロカリス・カナデンシスの口器の形だったのである。

すなわち、アノマロカリス・カナデンシスの口器とは、「大きなプレート」は3枚しかなく、その表面には多数の小さな突起があるというものだった 1-16。

論文のタイトルにあるように、もはやそれはペイトイア・ナトルストアイとはいえない。アノマロカリス・カナデンシスは、「独自の形状の口器」をもっていたということになる。

では、ペイトイア・ナトルストアイとは何だったのだろうか。

ダレイとベルグストロームは、ラッガニア・カンブリアの口器こそが、実はペイトイア・ナトルストアイであると指摘している。

確かに1996年のコリンズの研究では、ラッガニア・カンブリアの口器はペイトイア・ナトルストアイではないとされている。

しかし実は、ラッガニア・カンブリアの口器は32枚のプレートで構成されているし、よく見ると4枚の大きなプレートもある。コリンズが指摘したペイトイア・ナトルストアイとの違いは、丸みがどの程度なのかといった概形しかないのである。言い換えれば、アノマロカリス・カナデンシスの口器よりも、ラッガニア・カンブリアの口器の方が、よほどペイトイア・ナトルストアイに近い。そのため、ダレイとベルグストロームは、こうした概形の違いは、ペイトイア・ナトルストアイのバリエーションにすぎないと判断した。

この指摘が正しいのであれば、かつてウィッティントンとブリッグスが復元したように、ラッガニア・カンブリアとペイトイア・ナトルストアイは同一の動物のものとなる。ただし、アノマロカリス・ナトルストアイの学名を〝復活〟させることはふさわしくない。旧アノマロカリス・ナトルストアイ（つまり、ラッガニア・カンブリア）は、アノマロカリス・カナデンシスとかなり異なる風貌をもっていたことがすでに明らかにされているからだ。

それでは、というわけで、ラッガニア・カンブリアとペイトイア・ナトルストアイの間でシノニムとしての優先権が検討され、「ラッガニア・カンブリア」の名称は、「ペイトイア・ナトルストアイ」に修正されるべき、ということになった。

アノマロカリス・ナトルストアイからラッガニア・カンブリアへ、ラッガニア・カンブリアからペイトイア・ナトルストアイへ。ウォルコットの時代から、各パーツの名前をくっつけたり戻したりしながら、この動物の名前は大きく変わってきた。研究の進展を象徴しているという意味では、出世魚のようなものなのかもしれない。

新たなカナデンシス

アノマロカリス・カナデンシスにおけるアップデートは、口器だけではなかった。ダレイがイギリスのブリストル大学に所属するグレゴリー・D・エジコムベとともに、新たな論文を２０１４年に発表したのだ。

その論文のタイトルは、『MORPHOLOGY OF ANOMALOCARIS CANADENSIS FROM THE BURGESS SHALE』（バージェス頁岩から産したアノマロカリス・カナデンシスの形態学）という。ダレイとエジコムベが導入した研究手法は、簡単にいえば「画像解析」だ。60を超えるバージェス頁岩産のアノマロカリス・カナデンシス標本をデジタルカメラで撮影し、その際に、標本を乾燥状態のままにしたり、濡らしたり、あらゆる方向から光をあてたりして標本の微細構造をとらえ、それをコンピューター上で解析した。

その結果、それまで考えられていたアノマロカリス・カナデンシスの姿は、修正を迫られることになる。

百聞は一見にしかず。

資料と本書監修者である金沢大学の田中源吾さんの指導のもとに、かわさきしゅんいちさんが描いたその姿を先にご覧いただきたい 1-17。

1-17 アノマロカリス・カナデンシスの“新復元”

Daley and Edgecombe（2014）を参考に作図したアロマロカリスの生態復元（右）と背面図（左）。
詳細は本文にて。

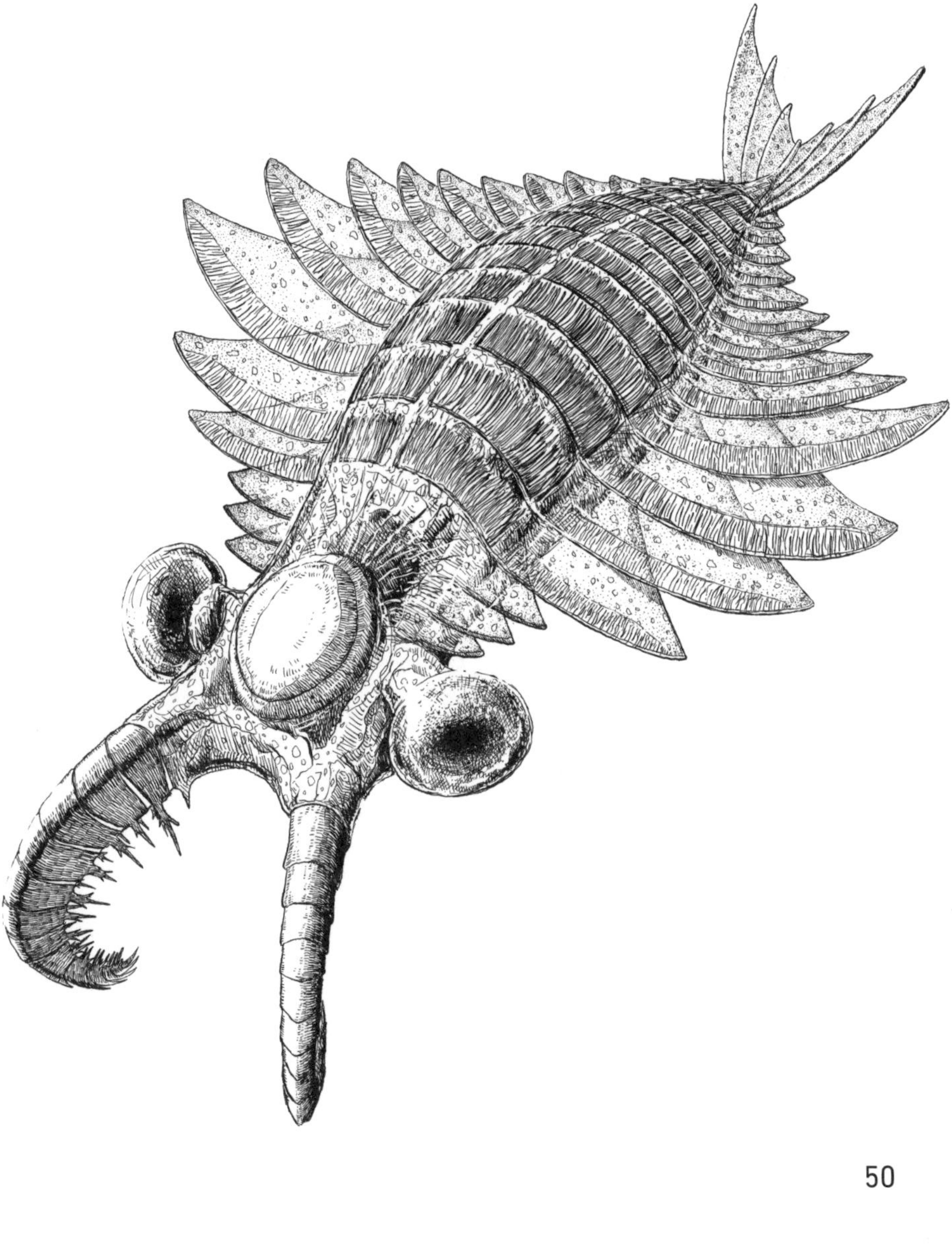

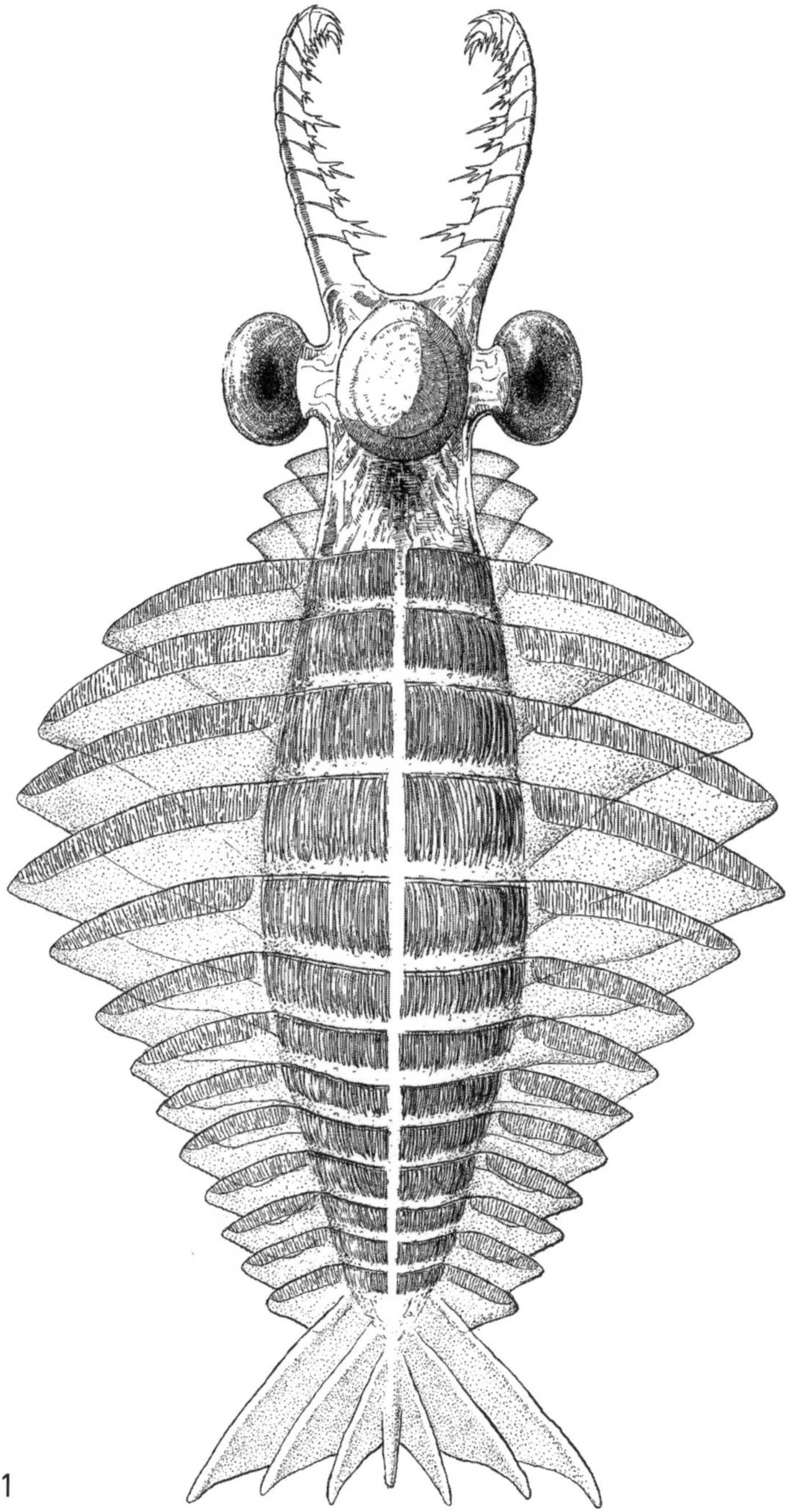

頭部から詳しく見ていこう。

まずは付属肢だ。1対2本の付属肢は、基本的なつくりに変更はないものの、それまで考えられていたものよりも厚みがないことが指摘された。

頭頂部は、この論文によるアップデートを象徴する。そこには楕円状の〝甲皮〟が復元されたのだ。この甲皮のおかげで、どことなく新復元のアノマロカリス・カナデンシスは河童のような印象を与える（日本人にしかわからない比喩だろうが）。

そして、その甲皮の下から眼を支える太い柄が伸びている。

眼に関する微細構造は、アノマロカリス・カナデンシスに関していえば、今なお不明である。しかし、2011年に報告されたオーストラリア産のアノマロカリス（種不明）の眼は、1万6000個以上のレンズが並ぶ複眼だった。アノマロカリス・カナデンシスの眼も似たようなつくりだった可能性は高い。

胴体の両側には、左右13枚ずつの大きなひれ。それぞれのひれの一部は前後に重なる。後端には3組の尾びれがある。このあたりは従来の復元と大きな変更はない。しかし、大きなひれの先頭の1組の前に、小さなひれが3組存在した。また、後端の尾びれの間にも、突起があった。

背中とひれには、繊維状構造が確認された。この繊維状構造は、アノマロカリス・カナデンシスとしては初確認になる。しかし実は、近縁の別種において「えら」として報告されていたものと同じだ。ちなみに、胴体の内部構造はほぼ消化管とえらであり、より重要な内臓は確認されなかった。重要な内臓は頭部もしくは頭部の周辺にあった可能性が高いことが示唆されている。頭部に内臓が集中する構造は、三葉虫類などと同じである。

こうして示された新たなアノマロカリス・カナデンシス像に関しては、ダレイとエジコムベが論文を発表して5年以上の歳月を経た現在でもとくに目立った反論が提案されていない。古生物の復元が大胆に変わったとき、その復元に対する反論は数年以内に提案されることが多い。5年以上にわたって目立った反対論文が提出されていないということは、少なくとも2019年の本書執筆時点において、多くの研究者の間で受け入れられていると考えて良いだろう。

ファイティーブスの1892年の論文に始まるアノマロカリス・カナデンシスの復元史は、122年の歳月を経て、ここまで到達したことになる。この変化は、「それはユーモア、勘ちがい、葛藤、挫折、そしてまたしても勘ちがいがなされた末に、びっくり仰天するような解決を見た物語である」と書いたグールドも予想していなかったに違いない。彼は2002年に没しているが、ここまでの変化を知ったら、『ワンダフル・ライフ』の続編を執筆していただろうか。

筆者としては、これほどの変遷を見てきたあとでは、２０１４年のこの復元が〝確定モデル〟であると断言することはできない。新標本や新技術、新視点などによって、さらに情報がアップデートされ、「びっくり仰天する物語」がまだ続く可能性があると期待したいところである。

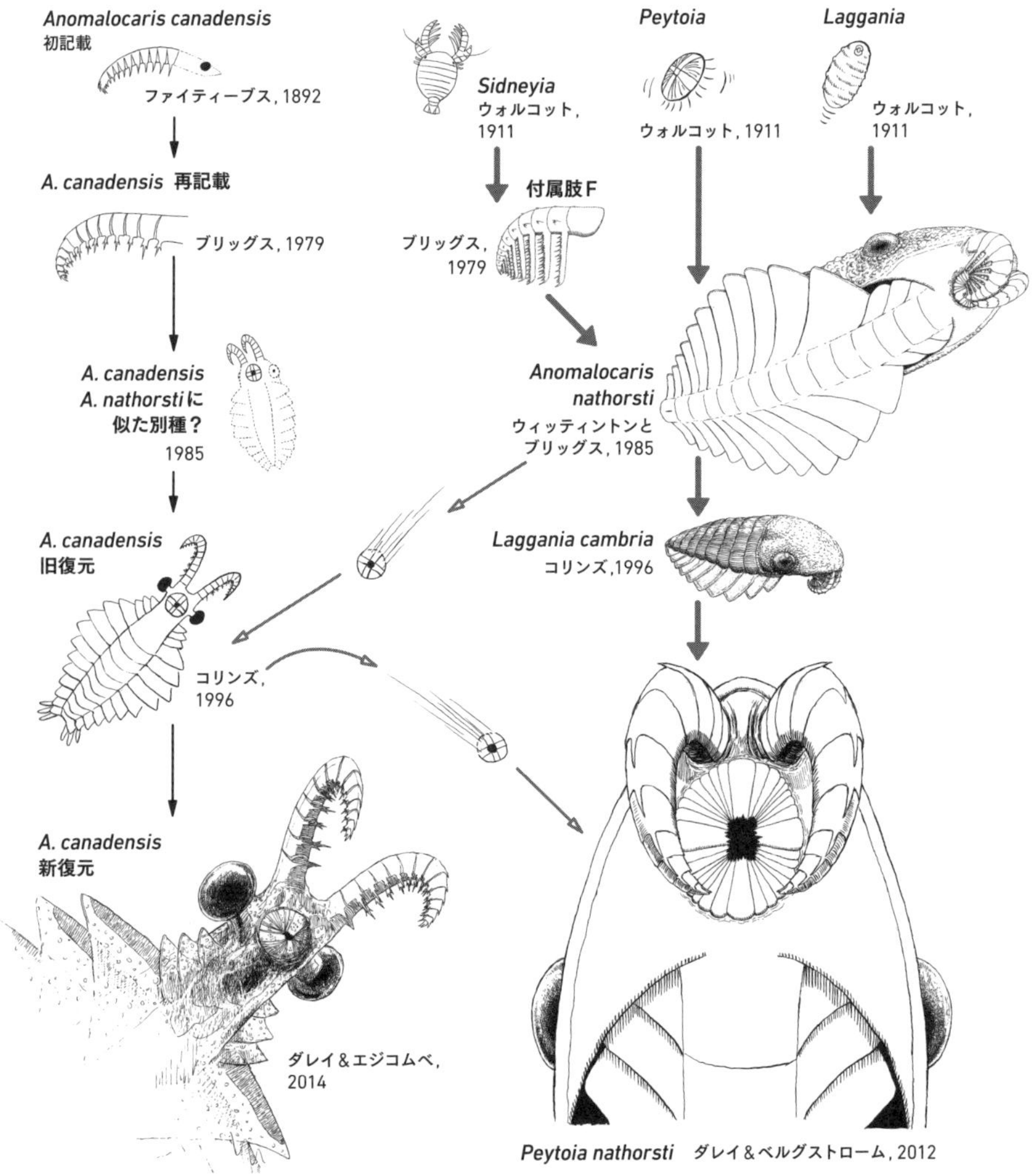

図1-A アノマロカリス・カナデンシスをめぐる復元史
第1章で紹介した復元史をまとめてみた。なお、これで復元の歴史が終わりであるという保証はどこにもない。

第2章

何を食べ、いかに動き、そして結局……ナニモノだったのか

圧倒的巨体

アノマロカリス・カナデンシス（*Anomalocaris canadensis*）が「カンブリア紀の覇者」たる所以の一つは、そのサイズにある。

とにかくデカイのだ。

カナダ地質調査所のヨセフ・F・ファイティーブスが1892年に報告したその付属肢は、9〜10センチメートルのサイズだった。

1910年にアメリカの古生物学者、チャールズ・ドゥーリトル・ウォルコットがアノマロカリス・ギガンティア（*Anomalocaris gigantea*）として報告し、のちにアノマロカリス・カナデンシスと修正される、〝大きめの付属肢〟のサイズは約15センチメートルである（ただし、

この値は、スミソニアン図書館が公開している論文スキャンデータの実測値。印刷媒体ではないので、正確ではない可能性がある）。

ケンブリッジ・プロジェクトの一員であるデレック・ブリッグスが1979年に著した論文によると、長さ20・5センチメートルの付属肢もあるという。

また、付属肢の長さが推定25センチメートルあるとされたアノマロカリス・ペンシルヴァニカ（*Anomalocaris pennsylvanica*）に関しても、アノマロカリス・カナデンシスの別標本ではないか、という指摘もある。

本章ではまず、こうした値が、カンブリア紀の海洋世界においてどれだけ「破格」だったのかということに注目してみたい。

カナダのロイヤル・オンタリオ博物館は、そのウェブサイトで、バージェス頁岩で産した生物化石133種のデータを公開している。

133種のうち、全長25センチメートルを超える生物は、わずか7種しかない。しかも、この7種のうちの一つはアノマロカリス・カナデンシス自身であり、二つは、アノマロカリス・カナデンシスの近縁種である。

一方で、全長10センチメートル以下のものは、実に96種を数え、全体の72パーセントを占めている。

つまり、アノマロカリス・カナデンシスは、その付属肢だけであっても、〝バージェス頁岩の生物〟の大半の全長サイズより大きいのである。

ロイヤル・オンタリオ博物館のウェブサイトでまとめられているアノマロカリス・カナデンシスの最大全長値は1メートル。133種の中で唯一のメートルサイズだ。

第2位、第3位の生物の全長サイズは50センチメートルなので、アノマロカリス・カナデンシスが、いかにずば抜けた大きさだったのかがよくわかる。ちなみに、全長50センチメートルという第2位、第3位の大型種はともに先ほど言及したアノマロカリス・カナデンシスの近縁種だ。

そして、第4位は全長40センチメートルの藻類、第5位は全長36センチメートルのカイメン類となっている。藻類は種によってはメートルサイズにまで成長するものだし、カイメン類にもメートル級は存在する。その意味では、藻類もカイメン類も「大きくてもあまり違和感がない」と言っても良いかもしれない。

海中を〝動き回る動物〟としてアノマロカリス・カナデンシスとその近縁種以外では、第6位の全長30センチメートルほどの蠕虫《ぜんちゅう》状動物が最大だ。

視点を変えてみよう。

このウェブサイトに掲載されている古生物データで、アノマロカリス・カナデンシスと近縁種をのぞく（つまり、上位3種をのぞく）130種のサイズの平均値は7・9センチメートル。アノマロカリス・カナデンシスのサイズはその12・7倍になる。

これをあなたの身長に置き替えて考えてみよう。現在の地球上で、ヒトの身長の12・7倍の長さがある動物といえば、シロナガスクジラには惜しくも届かないが、マッコウクジラをはるかに凌ぐ巨体となる。

想像してみて欲しい。

マッコウクジラを超える巨大な動物が、鋭いトゲを並べた付属肢をもって襲来するのだ。その場面に遭遇したとき、あなたは恐怖と絶望以外に何かを感じることができるだろうか。

〝優しい巨人〟か、それとも〝死神〟か

アノマロカリス・カナデンシスが圧倒的巨体をもつ動物だったとして、それはどれほどの脅威だったのだろうか？

たとえば、現在の海で最大の魚であるジンベイザメは、間違いなくサメの仲間ではあるけれども、基本的にはおとなしくのんびりとした〝平和主義者〟である。プランクトンや小魚にとっては脅威だろうけれども、一定以上のサイズがある海洋生物にとっては、さほど恐ろ

しい存在ではない。口には数百本を超える鋭い歯があるけれども、その歯が彼らの食事に使われることはない。

一方、「ホワイト《白い》・デス《死神》」の異名をもつホホジロザメは、ジンベイザメの半分ほどのサイズであるにもかかわらず、大きな獲物を好んで狩る。マグロ、エイ、アザラシ、アシカ、イルカ、ウミガメなど、その食事メニューは実に多彩だ。

アノマロカリス・カナデンシスは、ジンベイザメのような〝優しい巨人〟だったのか、それとも、ホホジロザメのような死神級の存在だったのか。

かつて、アノマロカリス・カナデンシスが旧アノマロカリス・ナトルストアイとほぼ同じ姿であると考えられていたとき、両種はともに恐ろしい狩人として認識されていた。口器を完全に閉じることはできないけれども、獲物の骨格を砕くには充分と判断されており、付属肢を使って獲物を捕らえ、口へ運び、そして外骨格を砕いたのちに飲み込んでいたとみられていた。

この見方を支えていたのは、ケンブリッジ・プロジェクトのハリー・ウィッティントンとブリッグスが著した1985年の論文だった。前章で紹介した、アノマロカリス・ナトルストアイの復元に関する論文における一考察である。

アノマロカリス・カナデンシスに関するこの見方は、1989年に刊行されたスティーブン・ジェイ・グールドの『ワンダフル・ライフ』（邦訳版は１９９３年刊行）で紹介され、踏襲され、その後、１９９４年に出版されたデレック・ブリッグスらによる『バージェス頁岩化石図譜』（邦訳版は２００３年に朝倉書店より刊行）などで、アノマロカリス・カナデンシスの〝一般論〟とされた。

「アノマロカリス・カナデンシス最強説」とも言うべきこの見方の証拠の一つとなったものは、ある種の三葉虫化石である。カンブリア紀の地層から見つかる三葉虫化石のいくつか（多くはないけれども、少なくもない数）には、アルファベットの「W」の文字のような欠損部があるのだ 1-18。この欠損部をつくった襲撃者こそが、アノマロカリス・カナデンシスや旧アノマロカリス・ナトルストアイだったとみられていた。

この三葉虫化石に見られる〝捕食痕〟について、日本のNHKがのちに研究者の論文などにも引用されるような実験を行っている。それは、１９９４年から１９９５年にかけて放送された『NHKスペシャル　生命40億年はるかな旅』に関するものだった。

NHKはこの特番のために、ロイヤル・オンタリオ博物館のデスモンド・コリンズの監修を受けて実寸大のアノマロカリス・カナデンシスのロボットを制作した。

デスモンド・コリンズといえば、前章で「ついにアノマロカリス・カナデンシスが復元された」と紹介した論文を執筆した人物である。その論文は１９９６年の出版だから、１９９４

年に放送された時点におけるＮＨＫの〝アノマロ・ロボ〟は、論文に2年も先行した当時の最新型だったと言っていい。

ＮＨＫはそのロボットをウィッティントンたちのところに持ち込んでプールで泳がせ、そして、発砲スチロールでつくった三葉虫を実際に噛ませてみせた。

1-18「W」字型欠損部のある三葉虫化石
『エディアカラ紀・カンブリア紀の生物』（著：土屋健）を参考に作図。

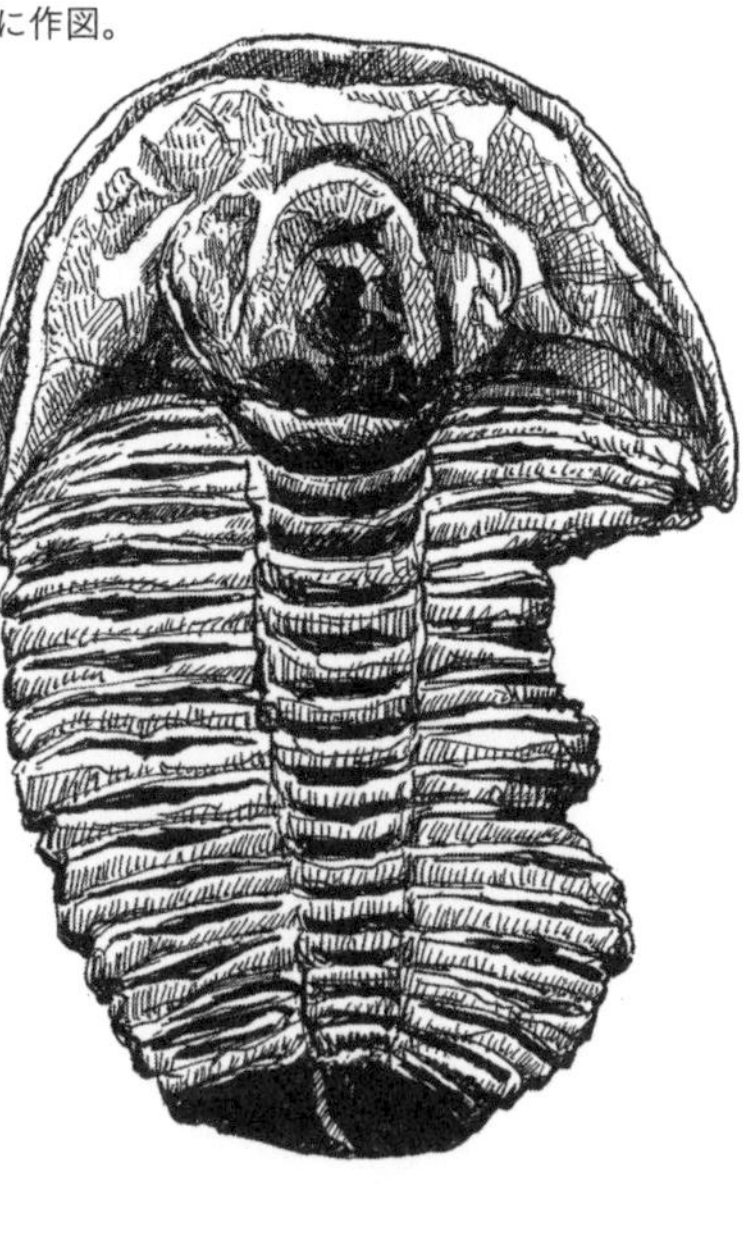

その結果、三葉虫の殻にはっきりと「W」字型の欠損が残されたのである。すなわち、三葉虫化石に見られる〝捕食痕〟は、アノマロカリス・カナデンシスのものである可能性が高いことを示したわけだ。

〝リアル〟の三葉虫の殻は硬い。海棲動物として有数の硬さを誇る。炭酸カルシウムでできており、現代日本で味噌汁の具として愛されているアサリやシジミの殻と同程度の硬さがある。これを噛み砕くことができるということは、その力は相当なものだ。

当時刊行された該当番組のムック『生命40億年はるかな旅2』（ＮＨＫ取材班著：ＮＨＫ出版

刊行）には「アノマロカリスは当時のほとんどの生物を餌にすることができたと考えられる」と書かれている。

ＮＨＫの実験結果を後押しするような論文が、オーストラリアのアデレード大学に所属するクリストファー・ネディンによって、１９９９年に発表されている。ネディンは、南オーストラリアから発見された「ナラオイア（*Naraoia*）」の化石に注目した。ナラオイアは、三葉虫とよく似た姿、よく似たサイズの動物だが、三葉虫のように炭酸カルシウム製の硬い殻をもっていない。

ネディンの分析によると、ナラオイアの標本に見ることができる傷のいくつかは、アノマロカリス・カナデンシスの近縁種によるものであるという（オーストラリアからは、アノマロカリス・カナデンシスそのものの化石は見つかっていない）。その傷の痕跡から、ネディンは、アノマロカリス・カナデンシスの近縁種が、付属肢でしっかりとナラオイアをつかみ、口へ持っていき、そして、ぐりぐりと押し付けるようにして食べていた可能性を指摘したのである。そして、それは三葉虫にも適用できるとした。

先に紹介した『生命40億年はるかな旅２』には、付属肢は遊泳の際に明らかに大きな水の抵抗を受ける〝邪魔者〟であった可能性を指摘しながらも、「速度を犠牲にしてもメリットがある」とある。ネディンの研究結果は、まさにそのメリットと言えるだろう。

破壊力のある口器と、がっしりと獲物をつかむ付属肢。アノマロカリス・カナデンシスは、圧倒的な覇者であると考えられた。

硬い獲物はニガテ？

ＮＨＫの実験から15年、ネディンの論文から10年が経過した２００９年。

この年の春に開催されたアメリカの地質学会で「BIOMECHANICS OF THE MOUTH APPARATUS OF ANOMALOCARIS: COULD IT HAVE EATEN TRILOBITES？」（アノマロカリスの口器のバイオメカニクス。三葉虫を食べていたのか？）と題した講演がアメリカ、アマースト大学のマリー・Ｔ・スコッテンフェルドとジェームズ・Ｗ・ハガードンによって行われた。

スコッテンフェルドとハガードンはコンピューターモデルによって、アノマロカリス・カナデンシスの口器を再現し、現生のアメリカン・ロブスターなどのデータを使って、その破壊力を検証した。

その結果、三葉虫の殻のような硬組織を噛み砕くには、アノマロカリス・カナデンシスの口器は、圧倒的に力不足だったことが示された。つまり、アノマロカリス・カナデンシスは三葉虫を食べることができなかった、というわけである。

　また、アノマロカリス・カナデンシスの化石において、その胃の内容物があるとみられる位置を調べても、三葉虫の殻の痕跡が一切見つからなかった。なにしろ三葉虫の殻は硬い。硬いのだから、消化中の断片、あるいは未消化の断片が化石の胃に残っていても良さそうなものだった。しかし、いくら調べても、その痕跡は発見できなかったという。

　こうした〝証拠〟にもとづき、従来、「アノマロカリスの噛み跡」とされていた痕跡は、三葉虫自身の脱皮時のアクシデントによるものか、遺伝的な奇形であると、スコッテンフェルドとハガードンは指摘した。

　同じ年の夏、バージェス頁岩発見100周年を記念した国際学会が開催され、そこでもハガードンが「TAKING A BITE OUT OF ANOMALOCARIS」（アノマロカリスの噛みつき）と題した発表を行っている。この発表は春の地質学会のものとよく似ているけれども、発表要旨を見ると、少しだけ内容が異なる。

　ハガードンは、アノマロカリス・カナデンシスやその近縁種が仮に三葉虫の殻を噛み砕くことができたのであれば、その口器には「硬いものを噛んだ」という痕跡が残るはず、と考えた。実際、現生の海棲節足動物の口器にはそうしたものが確認できるという。硬いものを噛めば、噛んだ方も無傷ではない、というわけである。しかし、アノマロカリス・カナデンシスの口器には、そうした痕跡が確認できない。

そのため、ハガードンは、アノマロカリス・カナデンシスやその近縁種の口器は、日常的に硬いものを噛んでいた可能性は低いと指摘した。この見解は胃の内容物に関する指摘とも矛盾しない。

また、現生のアメリカン・ロブスターを用いたモデル計算によると、アノマロカリス・カナデンシスやその近縁種の口器は、最大で13・0ニュートンの力を出すことができたとハガードンは分析した。そして、カンブリア紀の三葉虫の殻の硬さは種によって異なるものの、3・7~37・1ニュートンの強さにまで耐えられたと算出された。このデータが、国際学会の要旨には追加されたのだ。

この分析にもとづいて、ハガードンは、アノマロカリス・カナデンシスやその近縁種の口器の力は、大半の三葉虫の殻を砕くことはできなかったとしている。

春の地質学会との相違点が、ここにある。

国際学会では、ハガードンは鉱物化の弱い（比較的殻の柔らかい）一部の三葉虫であれば、アノマロカリス・カナデンシスやその近縁種の口器でも「殻を破壊することができた」としたのだ。ハガードンの分析によれば、アノマロカリス・カナデンシスやその近縁種の口器が出せた力は、最大で13・0ニュートン。一方、三葉虫の殻で最も柔らかいものは、3・7ニュートンで破壊することができる。口器の噛む力が、殻の強度に勝るのだ。

このとき、ハガードンが「鉱物化の弱い一部の三葉虫」として挙げた三葉虫の名は「エルラシア・キングアイ（*Elrathia kingii*）」だ。世界各地の博物館のお土産売り場などでよく売られている全長数センチメートルの小さな三葉虫である。そして、実は「W」字型の欠損が頻繁に確認できる種でもある。つまり、国際学会の発表では、三葉虫に残る「W」字型の欠損がアノマロカリス・カナデンシスやその近縁種による噛み跡であるということは否定されていないのである。

ただし、ハガードンは2010年にも同様の発表を行い、そこではアノマロカリス・カナデンシスやその近縁種は、三葉虫を食べることはできなかったとしている。

多少の混乱は見られるにしろ（エルラシアの「W」字型の欠損に関しては、かなり気になるところだけれども）、現在では「アノマロカリス・カナデンシスやその近縁種は、硬い獲物を噛むことはできなかった」とする見解は広く支持されており、ロイヤル・オンタリオ博物館のウェブサイトでもその点は言及されている（ただし、ロイヤル・オンタリオ博物館が論拠としているのは、ハガードンではなく別の研究者のデータである。残念ながら、このデータに関しては、筆者は入手できなかった）。

……さて、こうして書いてきたが、読者のみなさまはお気づきだろうか。

NHKの実験も、ハガードンたちによる検証も、2012年よりも前のものだ。

2012年、大英自然史博物館のアリソン・C・ダレイと、スウェーデン自然史博物館のジャン・ベルグストロームによって『The oral cone of *Anomalocaris* is not a classic “peytoia”』（アノマロカリスの口器は、古典的な〝ペイトイア〟にあらず）と題された論文が発表された。つまり、アノマロカリス・カナデンシスの口器に関しては、大きな見直しを迫られたのだ。

この論文によって、NHKの実験や、ハガードンたちによる検証はペイトイア・ナトルストアイ（旧ラッガニア・カンブリア）の口器についてのもの、ということになった 1-19。ハガードンたちが指摘した「胃の内容物に三葉虫が確認できない」「硬い殻を噛み砕いた痕跡が口器に残っていない」という証拠は、アノマロカリス・カナデンシスの標本自体を調査したものだから、復元の変化（口器の変更）は関係ない。

しかし、NHKの実験やモデル計算は、アノマロカリス・カナデンシスのものではなく、ペイトイア・ナトルストアイの標本データをもとにしていたのである。

ダレイとベルグストロームの研究によって明らかになったアノマロカリス・カナデンシスの口器は、ペイトイア・ナトルストアイよりも大きなプレートの数が少なく、また閉じたときに中央に開く空間も狭い。そのため、ダレイとベルグストロームは、アノマロカリス・カナデンシスの口は「噛む」という動作には向いておらず、「吸い込む」という動作に向いていたと指摘している。

こうした研究結果を受けて、アメリカのモアブ博物館に所属するジョン・フォスターは、

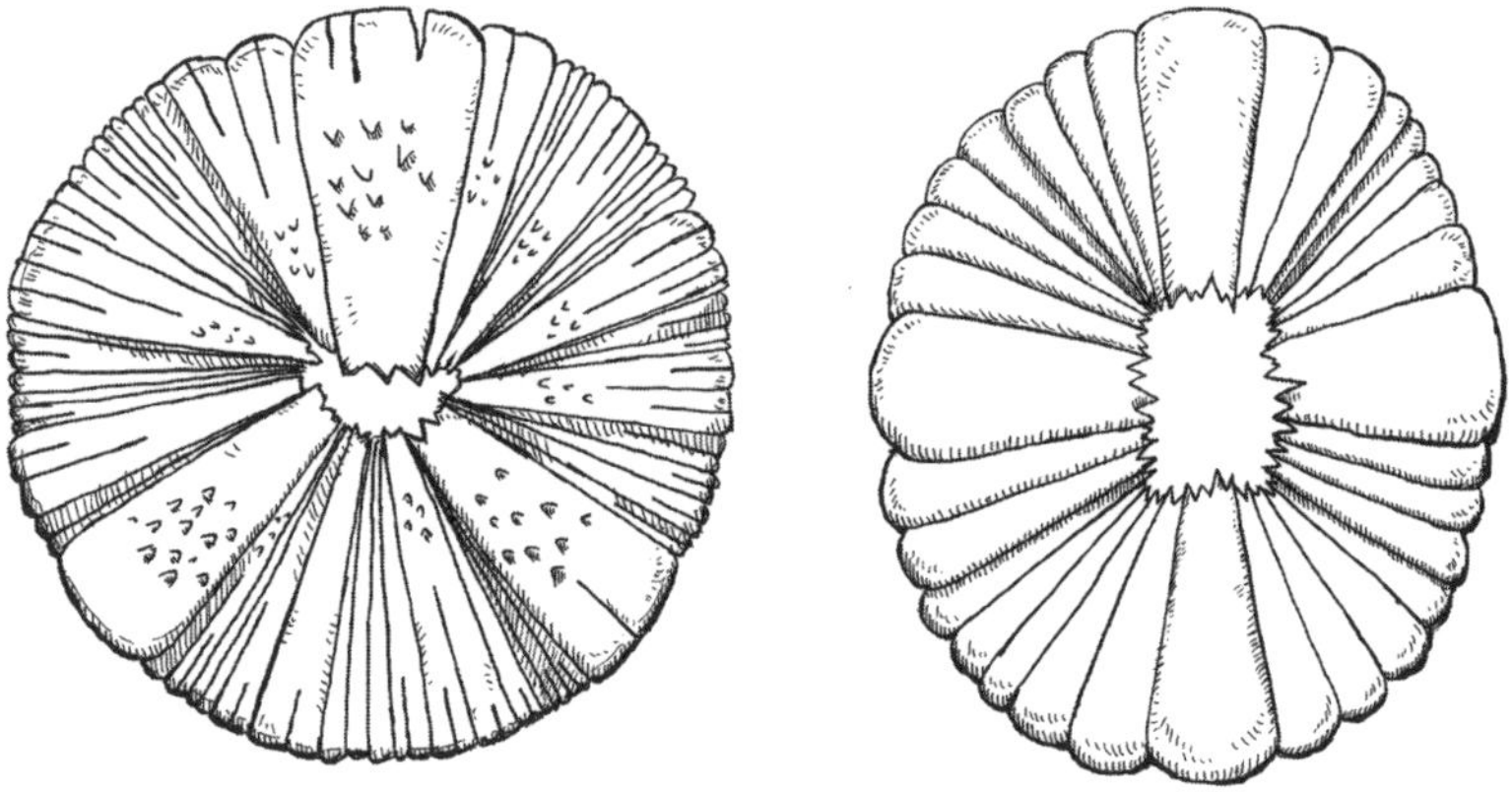

1-19 アノマロカリス・カナデンシスの口の“新旧”
アノマロカリス・カナデンシスの口器は上図において右から左へと“変わった”。Daley and Bergström（2012）を参考に作図。

2014年に刊行した著書『CAMBRIAN OCEAN WORLD』の中で、アノマロカリス・カナデンシスが屍肉《しにく》食者だった可能性に触れつつも、「当時、柔らかい獲物はたくさんいた」と書く。

実際、バージェス頁岩から発見されている動物化石の大半は硬い殻をもっていない。また、「硬い殻をもつものほど化石に残りやすい傾向がある」という化石成因論の原点に立てば、むしろ三葉虫のように硬い殻をもつものは希少だった可能性さえある。

アノマロカリス・カナデンシスにとっては、獲物を噛む力が強かろうが弱かろうが、また噛むことができようができまいが、実はあまり大きな問題ではなかったのかもしれない。そのからだの大きさや口器以外のパーツのつくりを見ても、また獲物の視点で考えても、結局のところはやはり、この時代の恐るべきプレデターだったと考えるのが自然であろう。

高速の捕食者?

アノマロカリス・カナデンシスの遊泳に関しては、かねてよりそのひれを連動させて泳いでいたと考えられてきた。左右に並ぶ10枚超のひれは、それぞれ前後のひれと少しずつ重なっている。単独で動かすよりは、連動させてまるで1枚のひれであるかのように動かすことで、現生のマンタのように、より効率よく泳ぐことができたというわけである。

ロイヤル・オンタリオ博物館のウェブサイトでは、ひれを動かすことで、(おそらくひれにある)えらに空気を送り込むことができた可能性を指摘している。また、水中で大きな抵抗を生み出してしまう付属肢に関しては、遊泳時には頭部の下に丸め込んで〝格納〟していたのではないか、という。

アノマロカリス・カナデンシスの後端にある尾びれに注目したのは、カナダ、クイーンズ大学のK・A・シェッパルドたちだ。2018年に行われたその研究では、尾びれの果たす役割について詳細な解析がなされた。

その結果、尾びれは遊泳に際して重要な役割があることが判明した。

まず、旋回時には尾びれがあることで、回転半径が小さくなることが指摘された。つまり、小回りの効く動きを尾びれが助けていたことになる。また、遊泳時にはその尾びれを倒すことで抵抗を少なくし、より速度を上げることが可能だったことも指摘されている 1-20。

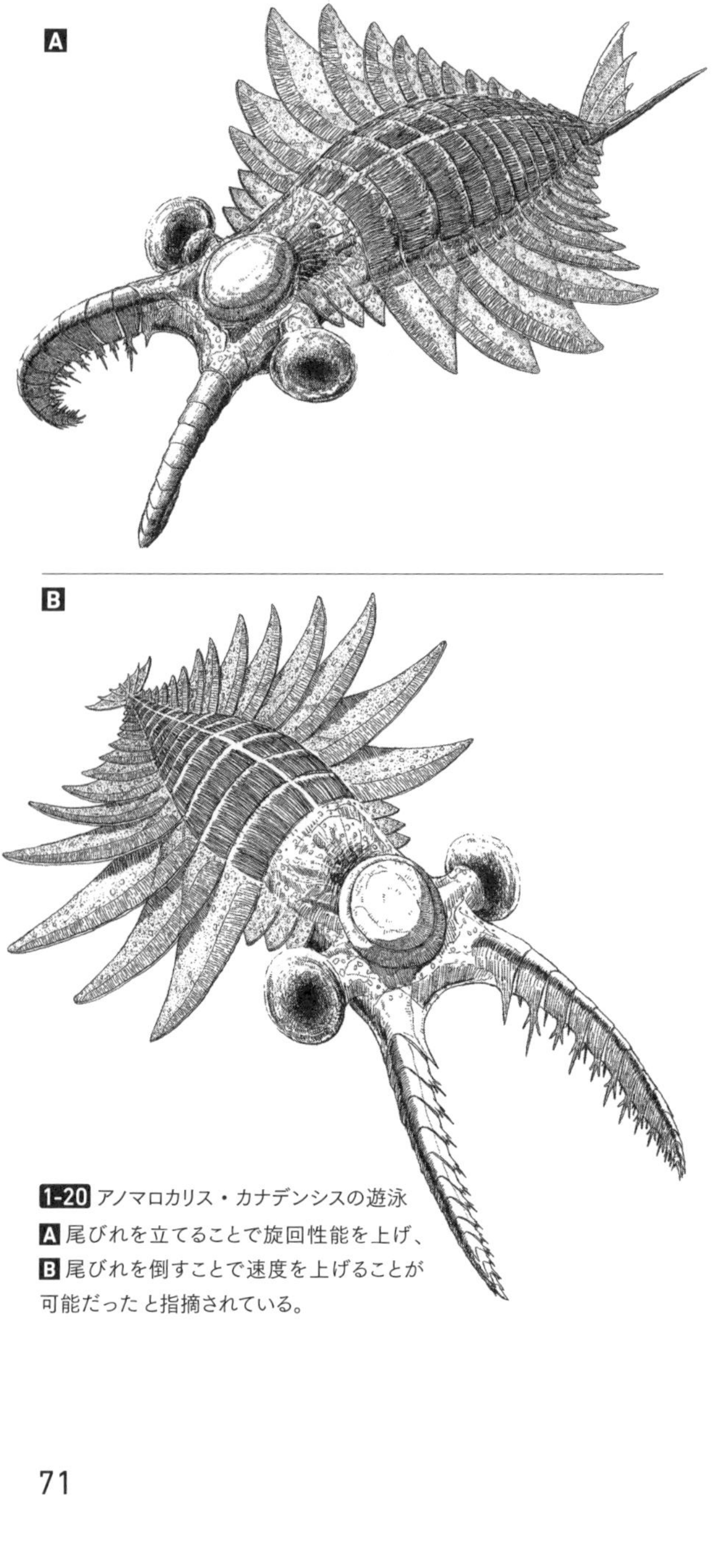

1-20 アノマロカリス・カナデンシスの遊泳
A 尾びれを立てることで旋回性能を上げ、
B 尾びれを倒すことで速度を上げることが可能だったと指摘されている。

これらの解析結果は、アノマロカリス・カナデンシスが一定以上の速度で遊泳していたことを示唆している。速く泳げないのなら、こうした特徴は必要ない。

アノマロカリス・カナデンシスは、当時最大級の動物である。その高い遊泳性能は、何か別の動物から逃げるためのものとは考えにくい。むしろ、狩りの際に発揮されたとみるのが妥当だろう。

アノマロカリス・カナデンシスは、一定以上の速度を出すことのできる捕食者だったかもしれない。

その可能性は、別角度からも指摘されている。

それは、「眼の化石」だ。

2011年、オーストラリア、ニューイングランド大学のジョン・R・パターソンたちは、オーストラリアに分布するカンブリア紀の地層から「アノマロカリス属の眼」とみられる化石を報告した。念のために書いておくと、この眼のもち主がアノマロカリス・カナデンシスである可能性は高くない。なにしろ、オーストラリアからは、アノマロカリス・カナデンシスの化石は発見されていないのだ。

ただし、長さ2~3センチメートル、幅1センチメートルというその眼の大きさは、アノマロカリス・カナデンシスのような大型の動物にふさわしい。アノマロカリス・カナデンシスそのものの眼ではなくても、その近縁種のものである可能性は高い。

そして、この眼には直径110マイクロメートル以下の小さなレンズがびっしりと並んでいた。その数は、1万6000個を大きく超える。

こうした小さなレンズが並んでつくられている眼を「複眼」と呼ぶ。私たち脊椎動物の眼とは異なるけれども、節足動物の眼としては〝ごく普通の眼〟である。

複眼を構成するレンズの数は、デジタルカメラでいうところの画素数にたとえられることが多い。つまり、数が多ければ多いほど、解像度が高くなる。解像度が高ければ、物体の細部を確認できるほか、移動する姿もより正確に捉えることができる。

現生動物の複眼は飛翔性の昆虫類でレンズが多くなる傾向がある。概して飛翔性の昆虫は、地上歩行型の昆虫よりも移動速度が速く、その分、獲物を捉えるためには良い眼（解像度の高い眼）が必要だからだ。それでも、レンズ数は数千個が一般的である。例外的に多数のレンズをもっている昆虫はトンボであり、その数は2万個を超える。トンボは、自身も高速で飛びながら、逃げ回る獲物を捕獲するという優れた狩人としての生態をもつ。

もしもアノマロカリス・カナデンシスが、この「アノマロカリス属の眼」と同等のスペックのある眼をもっていたのならば、少なくとも眼の性能は〝高速の狩人〟たる条件を備えていたことになる。

そして、アノマロカリス・カナデンシスの眼は頭部に直接配置されているわけではなく、柄の先にあるという点にも注目したい。

柄を左右に倒せば視界が広くなって獲物を見つけやすい。これは、現在のウマなどの被捕食者にみられる眼の配置と似ている（ウマなどは頭部の両側に眼を配置することで、広い視界を確保し、天敵の接近を察知しやすくしている）。

また、柄を前に倒せば左右の視界が重なって、距離感がつかみやすくなり、獲物を捕獲しやすい。こちらは、現在の捕食者と共通する特徴だ。

ともに狩人としては大きな利点といえる。

高い遊泳性能に、高い探知能力。口器の問題を別とすれば、アノマロカリス・カナデンシスは優れた捕食者としての仕様を十分に備えていたのである。

節足動物なのか？

アノマロカリス・カナデンシスは結局のところ、何者なのだろうか？

1892年にファイティーブスが初めて本種を報告したとき、彼は甲殻類に分類していた。これは、アノマロカリス・カナデンシスの付属肢だけを見つめ、それをエビの胴体であると解釈したことにもとづいたものだ。

1979年にブリッグスによってアノマロカリス・カナデンシスが付属肢として再記載されたとき、「綱」「目」「科」のいずれもが「不明」として扱われた。

「綱」「目」「科」は、階層分類法における単位で、たとえば、同じランクでカブトムシを分類すると、「昆虫綱甲虫目コガネムシ科」と表記される。綱が不明であるということは、つまり、カブトムシを見て「昆虫かどうかわからない」と言っていることに等しい。

1985年にアノマロカリス・ナトルストアイの復元に〝成功〟したウィッティントンとブリッグスは、アノマロカリス・カナデンシスが節足動物であることも否定した。先ほどの階層分類でいえば、昆虫綱のワンランク上の分類さえも不明としたのである。

そもそも節足動物とは、誤解を恐れずに大雑把に書いてしまえば、「からだとあしに節のある動物」である。

一方のアノマロカリス・カナデンシスは、付属肢はあるとはいっても頭部に摂食用とみられるものが1対2本あるのみで、歩行用のそれをもたず、胴部に体節があるかどうかはよくわからず、口器は他に類をみないという珍妙な動物である。

アノマロカリス・カナデンシスを節足動物に含めて良いものか、その分類に研究者は頭を悩ませてきた。

１９９４年に刊行された『バージェス頁岩化石図譜』では、アノマロカリス・カナデンシスとその近縁種を「アノマロカリス類」としてまとめてはいるものの、１９８５年の見方を踏襲し、「既知の動物門には含めることのできない動物たち」として収録している。

一方で、１９９６年にアノマロカリス・カナデンシスの復元に〝成功〟したコリンズは、この動物を節足動物門に分類し、その下にダイノカリダ綱、その下にラディオドンタ目を創設した。コリンズの所属するロイヤル・オンタリオ博物館では、この分類を踏襲し、そのウェブサイトでは、２０１９年の本書執筆時点でも、同様の位置づけが行われている。

２０１３年にイギリス、オクスフォード大学のアリソン・C・ダレイは「アノマロカリス類」と題した短い論文を発表し、そこでは節足動物そのものではなく、節足動物に極めて近く、より原始的なグループとして位置づけてアノマロカリス類を紹介している。

現在では、節足動物であるという見方と、節足動物そのものではないけれども極めて近い動物群であるという見方が混在し、どちらかといえば、後者の方が優勢である。

いずれにせよ、アノマロカリス・カナデンシスだけの帰属先を決めるというよりは、その近縁種を含めての分類先を見たほうが状況把握にはふさわしそうだ。このテーマには、またのちほどゆっくり迫ることにしたい。

第2部

アノマロカリスは、如此く愛された

２０２0年現在、アノマロカリスは、さまざまな科学書に登場し、多くのフィギュアやぬいぐるみが制作され、たくさんの愛好家を生み出し、そしてついには、科学とはまったく無関係に見えるアニメにも登場するようになった。

その人気ぶりは、〝古生物界の帝王〟たるティラノサウルス（*Tyrannosaurus*）とも肩を並べる日が遠からずやってくるのではないか、という夢を見させてくれるほどである。

この愛すべき動物は、いかにしてここまでの市民権を獲得したのだろうか？

第2部では、文化の側面からアノマロカリスに迫ってみるとしよう。

第1章 はじまりの『ワンダフル・ライフ』、そして『NHK生命40億年はるかな旅』

世界は『ワンダフル・ライフ』に魅了された

１９９０年代の世界は、現在とはまるで違う。

なにしろ当時の世界では、インターネットはほとんど普及していなかった。一般市民が手にできる情報量は、現在よりも格段に少なかったのである。

そんな世界において、大きな力を発揮していたのは、書籍とテレビだ。

書籍も、テレビも、現在でもなお力をもつメディアではあるけれども、インターネット黎《れい》明《めい》期におけるその力は、現在と比べてかなり強力だったと言えるだろう。

そうした時代に、『ワンダフル・ライフ』が刊行された。第1部でも繰り返し紹介した名著である。著者は、第一線で活躍する古生物学者にして稀代のサイエンスライターでもあるスティーヴン・ジェイ・グールド。

原著は、１９８９年に出版された英語版である。筆者（土屋）の手元には、同書のソフトカバー版があり、その裏表紙には書評が印刷されている（洋書のソフトカバーにはよくあることだ）。その書評の筆頭は、ニューヨーク・タイムズのブックレヴュー。ジェームズ・グレッグなる人物によるもので、「【An】extraordinary book」（並外れた本だ）という一言から始まっている。

邦訳版が早川書房から刊行されたのは、1993年だ。奇しくも映画『ジュラシック・パーク』の第1作が公開された年でもある。恐竜に、古生物に、大きな注目が集まり始めていた。邦訳版は当初、ハードカバーで出版され、その表紙には「ハルキゲニア（*Hallucigenia*）」という摩訶不思議な動物の復元画が描かれていた 2-1。なお、この動物については、第3部で詳しく触れる。このことから、当時の出版サイドがこの本の内容を象徴する生物として、アノマロカリスではなくハルキゲニアを選んでいたことがわかる。

念のために書いておくと、『ワンダフル・ライフ』は、「アノマロカリスの本」ではない。あくまでも、バージェス頁岩動物群の発見とその解釈をめぐる人間ドラマを綴った作品であり、そこには古生物学者であるグールド自身の考えも加味されている。

ハードカバーの邦訳版は、参考文献まで含めると524ページにもおよぶ分厚い書籍だ。随所に図版が挿入され、その図版に描かれたバー

2-1

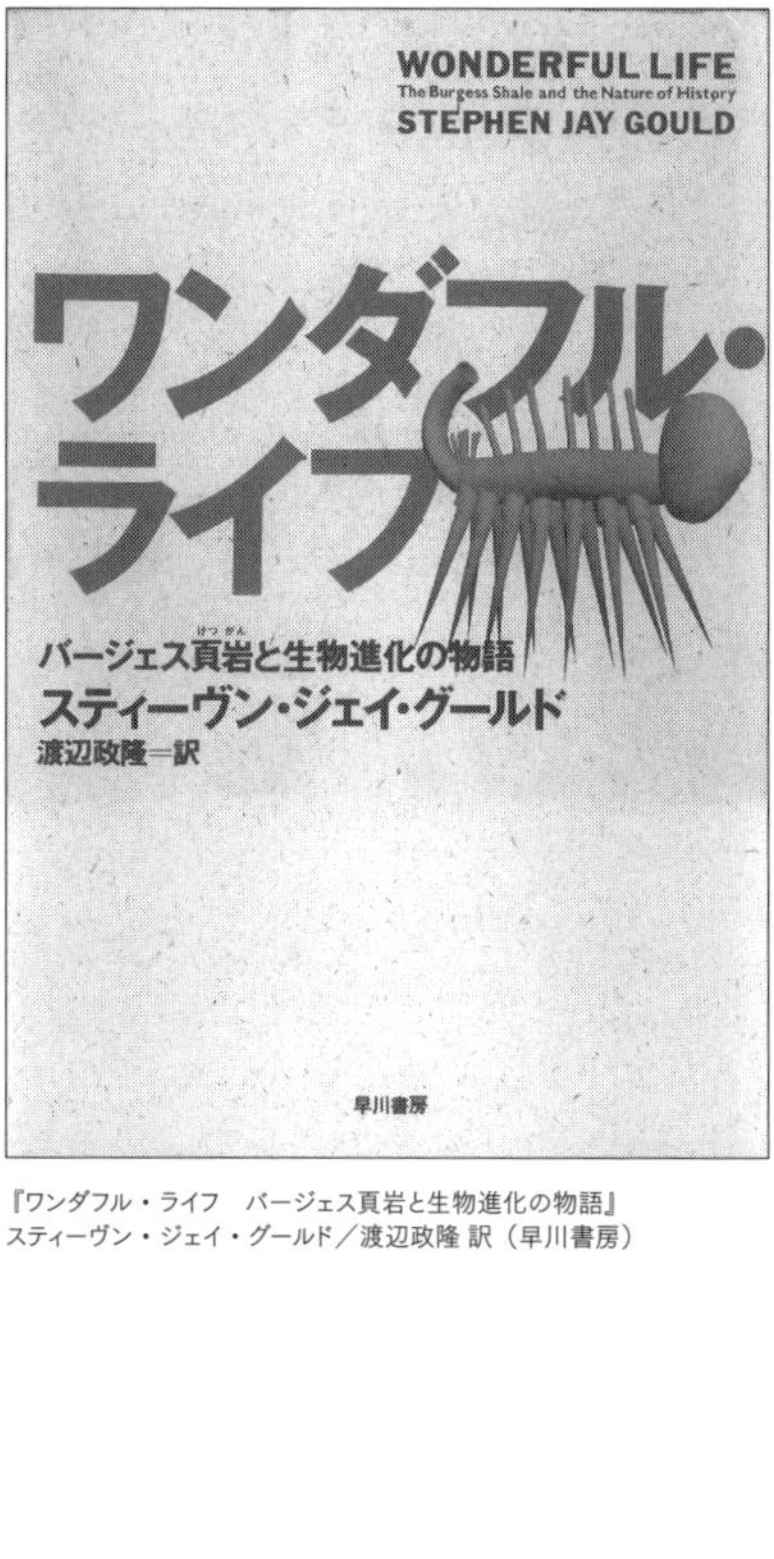

『ワンダフル・ライフ　バージェス頁岩と生物進化の物語』
スティーヴン・ジェイ・グールド／渡辺政隆 訳（早川書房）

ジェス頁岩動物群の姿が、人々に大きな驚きを与えたことは疑いようがない。

全体は5章構成で、本の中核となる「3章　バージェス頁岩の復元―新しい生命観の構築」は実に249ページを占める。マルレラ（*Marrella*）、ヨホイア（*Yohoia*）といった動物たちが紹介されていく中、〝満を持して〟アノマロカリスが登場するころには、3章に入ってから174ページを読み進めていることになる。

アノマロカリスは単独で見出しを構成し、実に18ページを割いて、その発見から1985年に発表された研究までが紹介されている。グールドは、アノマロカリスの項の冒頭で「バージェスの見直しが及ぼした影響力の規模と範囲をもっとも端的に示すには、アノマロカリスをめぐって実際に起こったことを年代順に語るのがいちばんだろう」と書く。そののちの記述は「さすが」というべきで、細部までわかりやすく、そしてテンポ良く読ませるように綴られている。

ただし、『ワンダフル・ライフ』が稀に見るヒット作となったからこそ、のちの時代の〝アノマロカリスのイメージ〟に誤解を招く種が蒔《ま》かれた可能性がある。

これは筆者も自戒をこめることではあるのだが、おそらく「一般書」であるがゆえに、グールドは、ほとんどの場合で「属名」でアノマロカリスを扱っていたのだ。

『ワンダフル・ライフ』で主に言及されたアノマロカリスは、アノマロカリス・カナデンシス（*Anomalocaris canadensis*）とアノマロカリス・ナトルストアイ（*Anomalocaris nathorsti*）の2種。同書の中では時折、種小名が登場するものの、基本的に両者は「アノマロカリス」として一緒くたに記述されている。挿入されている図版も、両種を描き分けられているものもあれば、「アノマロカリス」としてまとめているものもある。文章を読んでいると、どちらの種についての話なのかが、今一つ、わかりにくいのだ。むしろ、1980年代の研究の中心であったアノマロカリス・ナトルストアイを指して、「アノマロカリス」を説明しているように見える。

つまり、『ワンダフル・ライフ』および、その影響を強く受けた書籍などを通じてアノマロカリスを知った層にとっては、アノマロカリス・ナトルストアイ（つまり、現在のペイトイア・ナトルストアイ）こそが「アノマロカリス」の姿であり、未だにそのイメージをもち続けている人が少なからず存在することは否めない。

第1部第1章で紹介したようにアノマロカリス・ナトルストアイの名はその後、ラッガニア・カンブリア（*Laggania cambria*）に変わり、そして現在では、ペイトイア・ナトルストアイ（*Peytoia nathorsti*）へとさらに変更されている。

そして、〝古生物界〟では、アノマロカリス・カナデンシスこそが、アノマロカリス属の代表種として扱われるようになった。

かくして、アノマロカリスのイメージとして、相対的に細身であるカナデンシスと幅広のからだをもつナトルストアイが混在することになったといえよう。

日本人の記憶に残る『ＮＨＫスペシャル　生命40億年はるかな旅』

ＮＨＫは不定期に〝自然史モノ〟の長編の科学特別番組を制作し、放送してきた。１９８０年代の『地球大紀行』、２０００年代の『地球大進化』、２０１５年の『生命大躍進』などを挙げることができる。

こうした特番の中で、１９９４年から１９９５年にかけて計10回に分けて放送された『ＮＨＫスペシャル　生命40億年はるかな旅』は、日本人にアノマロカリスを認知させることに大きな役割を果たしたといえるだろう。

この番組は、宇宙飛行士の毛利衛が司会を担当し、タイトルの通り、生命史を追いかける形で展開された。アノマロカリスはその第2回、１９９４年5月29日21時に放送された「進化の不思議な大爆発」で登場する。そして、この番組をまとめた書籍（ムック本）が、その翌月に刊行された。

番組の内容は、もはや定番ともいえる研究史の紹介だった。ただし、ここでもアノマロカリス・カナデンシスとアノマロカリス・ナトルストアイ（現ペイトイア・ナトルストアイ）はとくに区別されず、まとめて「アノマロカリス」として紹介されている。

この特番の特筆すべきことは、第1部第2章でも触れた〝アノマロ・ロボ〟の制作にある。カナダのロイヤル・オンタリオ博物館に所属するデスモンド・コリンズの監修を受けて制作されたそのロボットは2体あり、ひれを動かして泳ぐものと、付属肢と口器が稼働するものがあった。

当時、バージェス頁岩産の古生物の研究は、イギリスのケンブリッジ大学に所属するハリー・ウィッティントンたちがリードしていた。NHKは、〝アノマロ・ロボ〟をウィッティントンのところに持ち込んで、その立会いのもとで泳がせ、そして、三葉虫の模型を噛ませる実験まで行っている。その結果は第1部第2章で触れた通りである。

ちなみに、このロボットを監修したコリンズは、1996年（番組放送から2年後）にアノマロカリス・カナデンシスの復元に関しての論文を発表する。そのコリンズの監修を受けて制作されたロボットは、カナデンシスをモデルとしたものに他ならない。2020年現在の常識でそのロボットの映像を見ても、「あ、カナデンシスのロボットだ」と特定できるほどの〝出来の良さ〟を誇る。

かくして、アノマロカリスは大々的に〝テレビデビュー〟を果たし、広く一般層に知られることとなった。

少なくとも筆者の経験では、一定以上の世代の日本人にアノマロカリス・カナデンシスの復元画や模型を見せたとき、「昔、『ワンダフル・ライフ』で読んだ」「NHKの特番で、三葉虫を噛んでいたヤツ」といった答えが返ってくることが多い。この本を執筆中にも、当家にエアコンを設置しに来た業者の一人がアノマロカリスの模型を目にして「昔、NHKで見ましたよ、これ」と話してくれた。この1冊と1番組の影響力がいかに大きかったのかがわかる。

なお、1990年代といえば、講談社から「生命の歴史」と題された新書のシリーズが刊行されている。これは世界の第一線で活躍している研究者に、日本のために原稿を書き下ろしてもらうという野心的な企画で、その第1作にアノマロカリスが登場する。

書名は『カンブリア紀の怪物たち』。著者は、ウィッティントンとともにバージェス頁岩の研究を進めたサイモン・コンウェイ・モリスだ。研究者ならではの視点で展開されており、カンブリア紀の海にタイムスリップして動物たちの生態を観察するというSF的な要素も盛り込まれている。アノマロカリスに関しては、研究史のほか、NHKの実験にも触れている。また、当時、中国からもたらされた情報として、「少なくともアノマロカリスのいくつかの種は、葉状の突起物の下に並んだ足が備わっているのだ。これらの足で海底をのぞそ歩くこともできたはずである」といったことにも言及されており（現在では、こうした歩行用のあしは否定されている）、研究史の中の〝その時代の最先端〟が垣間見える点でも興味深い1冊だ。『ワンダフル・ライフ』は読んだけれど、『カンブリア紀の怪物たち』は未読である、という方には、ぜひ同書もおすすめしたい。あわせて読んでおきたい本である。

第2章　本が伝えたアノマロカリス

日本におけるアノマロカリスの文化醸成に関して、本は、出版界は、どのような役割を果たしてきたのだろう。

ここでは、筆者（土屋）と縁の深いものを中心に紹介していきたい。

❁科学雑誌は、いかに報じてきたのか

日本の科学雑誌といえば、『Newton』だろう。筆者の古巣でもある（筆者は同誌の元・編集記者だ）。

古巣であるという贔屓目《ひいき》を差し引いても、およそ日本の理系進学者であれば『Newton』を読んだことが一度はあるはずと言っても過言ではないだろう（と思いたい）。筆者は、その編集部に2003年4月から2011年末まで在籍していた。

『Newton』は、1981年に教育社から創刊された月刊誌である。当時、大陸移動説な

どをわかりやすく説明することで知られていた東京大学の竹内均を初代編集長に迎え、アメリカの『ナショナルジオグラフィック』誌にインスパイアを受けて、わかりやすい文章と美しいイラストを持ち味につくられた。

想定読者層は、いわゆる「一般層」。『Newton』が想定する一般層とは、「中学生以上一般向け」である（少なくとも筆者の在社時代はそう設定されていた）。科学雑誌であり、理系進学者にとって圧倒的な知名度をもつ雑誌ではあるけれども、理系をとくに想定読者としているわけではない。

なお、『Newton』はその後、教育社からニュートンプレスへと刊行元が変更され、編集長は竹内ののちに、惑星科学者の水谷仁を経て、現時点では編集長不在となっている。

そんな『Newton』がカンブリア紀の動物に初めて焦点を当てたのは、１９８７年12月号のことだ。『Newton』には、「NEWTON SPECIAL」という特集記事が毎号存在する。１９８７年12月号の「NEWTON SPECIAL」は、「古生物盛衰のミステリー」と題したもので、さまざまな古生物の話題を扱っていた。

この記事の中に、「バージェス頁岩の中に閉じこめられた奇怪な動物たち」と見出しのついた見開きページがあった。

１９８７年といえば、「アノマロカリス・ナトルストアイ（*Anomalocaris nathorsti*）」（現在のペイトイア・ナトルストアイ（*Peytoia nathorsti*）の姿が復元されてから2年しか経っていない。当然、その復元史に関する話題なのかといえば、実はこの見開きページにはアノマロカリスの「ア」の字もない。見開きイラストの中心にいたのは、オパビニア（*Opabinia*）という五つ眼の動物だった。

次にカンブリア紀の動物が大きく扱われたのは、1991年4月号だ 2-2。海の向こうでは、『ワンダフル・ライフ』の原著が刊行されて2年が経過していた。邦訳版はまだ刊行されていない。

このころの『Newton』の多くの記事は、専門家が寄稿していた。1991年4月号には、イギリス、ケンブリッジ大学の教授であるサイモン・コンウェイ・モリスによる「カンブリア紀の奇妙な動物たち」と題した10ページの記事がある。この記事中に、アノマロカリスが登場する。『Newton』における初登場だ。

2-2

『Newton 1991年4月号』©Newton Press

ただし、この段階でも、アノマロカリスの扱いは決して大きくない。タイトルページの見開きイラストは、のちに『ワンダフル・ライフ』邦訳版の表紙を飾ることになる「ハルキゲニア（*Hallucigenia*）」という有爪動物に近縁な生物だった。アノマロカリスのイラストは、その次のページの見開きイラストの中に、他の多くの動物たちとともに登場する。目立つ存在ではあるけれども、とくに目を引くような構図の工夫がなされているわけではない。なお、ここで描かれているイラストは、アノマロカリス・ナトルストアイだった。

この記事中でも、アノマロカリスの復元史には触れられていない。

……第1部第1章で紹介したように、アノマロカリスの復元史は、アノマロカリスの話題の中でも〝ハイライト〟の一つである。そんなトピックが見事にスルーされている《まったく扱われていない》のだ。なお、コンウェイ・モリスは、記事中でアノマロカリスを「1対の付属肢は節足動物を思いおこさせる」としながらも、「そのほかの部分は節足動物に似ていない」「現生生物のどのグループとも似ていない」とだけ紹介している。

現在では、カンブリア紀を代表する存在として扱われることの多いアノマロカリスも、1990年代初頭までは、『Newton』でさえ、さして注目していなかったのである。

その後、『Newton』には恐竜に関する記事が多数登場するようになる。世代によっては、この時期の『Newton』で恐竜情報を得ることが楽しみだった、という読者もいるのではないだろうか（筆者もその一人である）。

そんな時代背景の中に刊行された1995年2月号で、国立科学博物館名誉会員の小畠郁生による「カンブリア紀の知られざるモンスター」と題された10ページの記事が掲載された 2-3 。ここにいたって初めて、アノマロカリスの復元史が紹介された。ちなみに、掲載されている復元画は、「アノマロカリス・カナデンシス（*Anomalocaris canadensis*）」のように見える（記事中で言及されているわけではない）。

2-3

『Newton 1995年2月号』©Newton Press

1995年2月号の刊行は、1994年12月である。1994年といえば、『NHKスペシャル 生命40億年はるかな旅』が放送された年だ。〝恐竜記事全盛期〟だった1990年代に、カンブリア紀に関する記事が掲載された背景には、この特別番組の影響があったことは想像に難くない（やはりNHKは強い、ということだろう）。

そして、1995年2月号以降、生命史に関する記事では、さも当然のようにアノマロカリスが『Newton』の誌上に登場するようになる。1995年7月号、1998年3月号の特集記事の中にチラリと登場するその姿は、アノマロカリス・カナデンシスに他ならない。

2000年代になると、『Newton』の記事は専門家が寄稿するのではなく、編集部員が専門家に取材して執筆するようになる。そして、筆者が2003年に入社すると、ごく自然に古生物関連の記事は筆者が執筆することが多くなった（担当がとくに決まっていたわけではなく、筆者は大学・大学院で古生物学を学んだというその〝出自〟から、古生物関連の企画を出すことが多かった……というよりは、毎月提出していたためである）。

そんな筆者が初めてアノマロカリスに関する記事を執筆したのは、2004年6月号だ。当時、特定の研究室を訪ねてその研究内容を6ページの記事で紹介するというコーナーがあった。そこで、神奈川大学工学部物理学教室宇佐美研究室を訪ね、「デジタル・ロストワールド計画が進行中」と題した記事を執筆・編集した。記事中では、物理モデルにもとづくアノマロカリスの進化パターンと遊泳能力を紹介している。このときのアノマロカリスも、アノマロカリス・カナデンシスである。

2007年5月号では、「進化のビッグバン」と題した「NEWTON SPECIAL」を執筆・編集した 2-4。カンブリア紀の、いわゆる「カンブリア爆発」に関しての特集記事である。

実は筆者は、2007年以前にもカンブリア紀モノの「NEWTON SPECIAL」企画を再三にわたって上層部に提出していたが、概ね「地味である」という評価で企画会議を通過させることがなかった。しかし2006年に、大英自然史博物館のアンドリュー・パーカーが発表した、カンブリア爆発の謎に迫る『眼の誕生』（草思社）が記録的ヒット。そのヒットを受けて、本企画も採用されることになった。

2007年5月号の「NEWTON SPECIAL」では、カンブリア紀の動物たちを実寸で描くということに挑戦した。当時、アノマロカリスに関しては全長60センチメートルという値がよく使われており、片観音をつくるとイラストがちょうどよく実寸で収まったのである。ちなみに、片観音とは、通常の見開きページの左右どちらかを外側に向かって拡張する仕様のことだ。この拡張分は、折り込むことで雑誌内に格納されることになる。『Newton』の場合、通常の1ページは幅約20センチメートル、片観音の拡張部分は19センチメートル。つまり、この見開きページを開くと幅

2-4

『Newton 2007年5月号』©Newton Press

59センチメートルとなる。配置とポージングをちょっと工夫すれば、60センチメートル級は十分収納できる大きさだ。

また、記事中でアノマロカリスの復元史に簡単に触れたほか、「いろいろなアノマロカリス」と題して、アノマロカリス・カナデンシス以外にも「アノマロカリス・サロン（*Anomalocaris saron*）」「ラッガニア・カンブリア（*Laggania cambria*）」「アムプレクトベルア・シムブラキアタ（*Amplectobelua symbrachiata*）」と「パラペイトイア・ユンナネンシス（*Parapeytoia yunnanensis*）」を掲載している。

当時、この5種が「復元可能なアノマロカリスの仲間」とされていた。現在では、ラッガニア・カンブリアはペイトイア・ナトルストアイに名前が変わり、パラペイトイア・ユンナネンシスはアノマロカリスの仲間からは除外されている。なお、アムプレクトベルア・シムブラキアタに関しては、第4部で詳しく紹介する。

そして、アノマロカリスの分類情報に関しては、「節足動物が進化する手前にいた」としながらも、「節足動物とは関係しないという研究もある」と触れた。

その後、『Newton』においては、小規模な記事ではアノマロカリスは登場するものの、現時点までに大きく扱った記事はない。

ドラえもんとアノマロカリス

日本の国民的キャラクターでもあるドラえもん。小学館には、そのドラえもんが科学について解説する付録付きムックのシリーズがある。2012年から2013年にかけて刊行された「ドラえもん ふしぎのサイエンス」（全10巻）と、2013年から2015年にかけて刊行された「ドラえもん もっと！ ふしぎのサイエンス」（全7巻）がこれにあたる。

このうち、2015年7月に刊行された『ドラえもん もっと！ ふしぎのサイエンス Vol.7』は生命史をテーマにしたものだった 2-5。付録として石膏の中から掘り出すアノマロカリス・カナデンシスの復元模型がつくことになり、この模型製作にあたって、アドバイスが欲しいという依頼が筆者にきた。筆者はあくまでもサイエンスライターであり、

2-5

『ドラえもん もっと！ ふしぎのサイエンスVol.7』©藤子プロ・小学館

専門の研究者ではないということわりを入れた上で、その仕事を受けることにした（メディアに詳しいサイエンスライターの意見が聞きたいということだった）。

その模型は、手のひらサイズ。基本的には、1996年にロイヤル・オンタリオ博物館のデスモンド・コリンズが発表した復元を参考にしたものだ。2015年となれば、すでに第1部第1章で紹介した大英自然史博物館のアリソン・C・ダレイとイギリスのブリストル大学のグレゴリー・D・エジコムベによる新復元が発表されていたけれども、当時はまだ注目を集めていなかった。

アドバイザーとして筆者が小学館編集部に指摘したのは、複眼へのこだわりである。アノマロカリス・カナデンシスの複眼は発見されていなかったものの、第1部第2章で紹介したオーストラリア産のアノマロカリス属の複眼はすでにオーストラリアのニューイングランド大学に所属するジョン・R・パターソンたちによって報告されていた。これを反映してみてはどうか、と提案したのだ。

その結果、仕上がった模型には1万6000個とは言わないまでも、細かなレンズが並ぶ複眼が再現されている。しかもさすがは小学館というべきか、付録にはドラえもんの小さなフィギュアもついていて、アノマロカリスの上にそのドラえもんを乗せることができる仕様になっていた。

ムック本編でも、冒頭でアノマロカリスの着ぐるみを着たセワシくん（のび太の孫）が登場し、アノマロカリスに関する解説ページも見開きで用意された。

なにしろ、国民的キャラクターによる解説と、その付録である。とくに低年齢層に対して大きな影響があった、と思いたいところだ。

学習図鑑とアノマロカリス

日本において〝多くの子どもたちが手にとる本〟といえば、いわゆる「学習図鑑」を挙げることができるだろう。さまざまなジャンルの学習図鑑を揃える家庭も少なくないと考えられていて、出版各社はその制作に力を入れている。

動物、植物、鳥、魚といった各ジャンルの学習図鑑が刊行される中で、古生物ジャンルでは各社ともに「恐竜」と〝古生物全般〟に分けて図鑑がつくられる傾向にある。そして、刊行順として「恐竜」が先に刊行され、そののちに〝古生物全般〟が出版されている。また、動物、植物はもちろん恐竜も、そのページ構成は「分類順」でつくられていることに対し、古生物全般では「時代順」につくられているという違いがある。

アノマロカリスが大々的に取り上げられている学習図鑑といえば、2004年に刊行された『小学館の図鑑NEO　大むかしの生物』（小学館）である。なにしろ表紙の中央に、三葉虫を襲うアノマロカリス・カナデンシスが大きく描かれているのだ 2-6。しかも、日本古生物学会によって監修されている。

そんな同書において、「アノマロカリス」と題されて収録されている古生物は1種類のみで、キャプションには「カンブリア紀最強の動物で、さまざまな動物をつかまえて食べていました。どの分類群ともちがう動物です」と書かれている。サイズ情報は「60センチメートルから1メートル」とされ、化石産地に「カナダ、中国」、食べ物・食性に「三葉虫など」とある。

描かれているイラストは、表紙の個体とは異なり、付属肢の形状から明らかにペイトイア・ナトルストアイのそれである（当時の最新の学術論文に従えば、ラッガニア・カンブリア：第1部第1章参照）。その隣には、中国産のアノマロカリス・サロンの標本写真が掲載され、欄外の豆知

2-6

『小学館の図鑑NEO 大むかしの生物』

識として「アノマロカリスの化石は、最初はばらばらに発見されたので、あしはエビ、口はクラゲの化石だと思われていました」と書かれている。また、「アノマロカリスに似た動物」として「パラペイトイア」と「アムプレクトベルア」が収録されている。

21世紀初頭の、日本古生物学会が監修した学習図鑑。当時のアノマロカリスに関する古生物学者（〝直球の専門家〟は、この監修陣には加わっていない）や図鑑編集者の認識がどのようなものだったのかを示す資料として、非常に興味深い。

『小学館の図鑑NEO　大むかしの生物』の刊行から10年を経て、2014年に『ポプラディア大図鑑WONDA　大昔の生きもの』（ポプラ社）が上梓された。監修者は日本古生物学会が運営する化石友の会の関係者。筆者が執筆と編集指揮を担当した。

同書においても表紙のセンターを飾る古生物としてアノマロカリス・カナデンシスが採用された 2-7。筆者も制作に関わっているので、その内実を少し披露すると、当時、いくつかの古生物が候補に挙げられた。その中で、編集者が採用したものがアノマロカリス・カナデンシスだった。

同書においては、「アノマロカリス類」という分類群を採用し、「アノマロカリス」のほかに「ラッガニア」（同書の表記では「ラガーニア」）、「フルディア（*Hurdia*）」「アムプレクトベルア」「シンダーハンネス（*Schinderhannes*）」を収録した（ここで挙げた各種類については、第4部で詳しく解説する)。

2014年といえば、ダレイと、スウェーデン自然史博物館のジャン・ベルグストロームによってラッガニアの名前をペイトイアに改める論文が発表されて1年以上経過していたけれども、その論文はまださほど注目を集めていなかった。

もとより、最新の論文が常に正しいとは限らない。一方で、とくに学習図鑑のような書籍においては、その中でも最も有力とみられる復元とその情報を載せる必要がある。図鑑ともなれば、その制作期間も長い。そのため、学術情報が学習図鑑に反映されるようになるには、それなりに長いタイムラグが生じることになるのだ。

学習図鑑のレベルで見たときに、『小学館の図鑑NEO　大むかしの生物』と『ポプラディア大図鑑WONDA　大昔の生きもの』の刊行の間にあったのは、アノマロカリスの仲間たちに関する情報の充実だった。この10年の間に「アノマロカリス類」という分類群が学習図

2-7

『ポプラディア大図鑑WONDA　大昔の生きもの』(ポプラ社)

鑑で採用されるほどに、その多様性が知られるようになっていたといえる。

その3年後の2017年、『学研の図鑑LIVE　古生物』（学研プラス）が刊行された。監修はミュージアムパーク茨城県自然博物館の加藤太一。筆者は編集協力・指導という形で携わっている。

この本は、これまでの学習図鑑が「どことなく難しい印象を与える」といった理由などで避けていた「古生物」という単語を書名に使った画期的な図鑑である。表紙をサーベルタイガーの代名詞で知られる「スミロドン（*Smilodon*）」が飾った 2-8。アノマロカリスのイラストがついに使われなくなった……というわけではなく、アノマロカリスは背表紙に描かれている。

2-8

『学研の図鑑LIVE　古生物』

『学研の図鑑LIVE　古生物』に収録されているアノマロカリスとその仲間は、「アノマロカリス・カナデンシス」をはじめ、「タミシオカリス（*Tamisiocaris*）」「ペイトイア」（同書の表記では「ペユトイア」）、「アノマロカリス・サロン」「フルディア」「アムプレクトベルア」「パラペイトイア」「エーギロカシス（*Aegirocassis*）」「シンダーハンネス」である。『ポプラディア大図鑑WONDA　大昔の生きもの』から3年の間に、学習図鑑に掲載すべき種が順調に増えていたことがよくわかる。

また、ついにこの図鑑では「ラッガニア」の名称が不採用となり、「ペイトイア」の表記に変わった。その一方で、イラストで描かれたアノマロカリス・カナデンシスの口器の形状は従来のままであり、2014年に発表された新復元は採用されておらず、頭部の甲皮も描かれていない。ここでも関係者の一人としてその内幕を披露してしまえば、当時、アノマロカリスとその仲間に関する情報の取捨選択に多少の混乱があったことは認めざるを得ない。

なお、分類群名称に関しては「アノマロカリス類」を採用せず、「ラディオドンタ類」を採用している（この名称に関しては、第4部で詳しく触れる）。その上で、パラペイトイアに関しては「ラディオドンタ類?」というように「?」を付けた。

『学研の図鑑LIVE　古生物』の特徴としては、AR（拡張現実）を採用している点が挙げられる。本書のARと比較してみるとおもしろいかもしれない。

〝古生物の黒本〟と〝古生物の料理本〟の表紙を飾る

手前味噌になるが、拙著もいくつか紹介しておきたい。

筆者は2013年から2017年にかけて、「生物ミステリーPROシリーズ」を技術評論社から上梓した。「古生物の黒い本」の愛称で呼んでいただいている全11冊（本編10冊＋図譜1冊）である。シリーズの総監修は、群馬県立自然史博物館だ。

〝古生物の黒い本〟は、地質時代ごとに古生物と化石を紹介していくシリーズで、その第1巻は『エディアカラ紀・カンブリア紀の生物』となっている。この巻では、表紙をアノマロカリスの化石写真が飾った 2-9。

ここでも早々に内輪ネタを披露してしまおう。当時、表紙に対してはアノマロカリス以外にも何案か挙がっていた。該当のアノマロカリスの化石写真は、カナダのロイヤル・オンタリオ博物館から借りる必要があり、その画像使用料がなかなかのものだったため、当初、編集者はあまり乗り気ではなかった。

しかし筆者はこの標本に惚れ込んでいた。そこで、「使用料は私が支払いますから、借りてください」と編集者に頼み込んだ。筆者は現時点までに50冊以上の古生物関連本に関わってきたが、代金を負担してでも表紙にこの画像を使って欲しいと駄々をこねたのは、（今のところ）この1冊のみである。

結果として、「そこまで言うのであれば、この化石写真は古生物ファン層へのアピールになるのでしょう」と編集者が応じ、採用が決まった。なお、代金は出版社が負担した。

さて、そんな表紙をもつ同書では、アノマロカリスとその仲間たちだけで独立した1章を設け、研究史や生態、進化などをまとめている。アノマロカリス類という言葉を採用し、「アノマロカリス・カナデンシス」のほか、「アムプレクトベルア」「ラッガニア」「パラペイトイア」「フルディア」を紹介している。また、第3巻の『デボン紀の生物』において「シンダーハンネス」も収録した。

2-9

『エディアカラ紀・カンブリア紀の生物』（技術評論社）

『エディアカラ紀・カンブリア紀の生物』の執筆は、実は出版社が企画するよりも前、2012年の春から始めていた（その原稿を持ち込んで企画がスタートしたわけではない。まったくの偶然で、その原稿が形になったのだ）。この段階では、口器に関する論文はまだ発表されていなかった。

筆者の著作において、2014年の新復元を採用したのは、2019年に上梓した『古生物食堂』（技術評論社）が最初だ 2-10。同書は、古生物を調理して美味しく味わってしまおうという趣旨の1冊である。エンターテイメント性を高く設定した本だけれども、古生物の味に関しては11人の研究者に取材し、監修を依頼し、その情報をもとにして、レシピもプロの料理人に開発・監修を依頼した。

同書の中で、アノマロカリスを調理するレシピを掲載している。その際に2014年の新復元や、カナダ、クイーンズ大学のK・A・シェッパルドたちが2018年に発表した尾びれに関する論文を参考にした。ちなみに、できあ

2-10

『古生物食堂』（技術評論社）

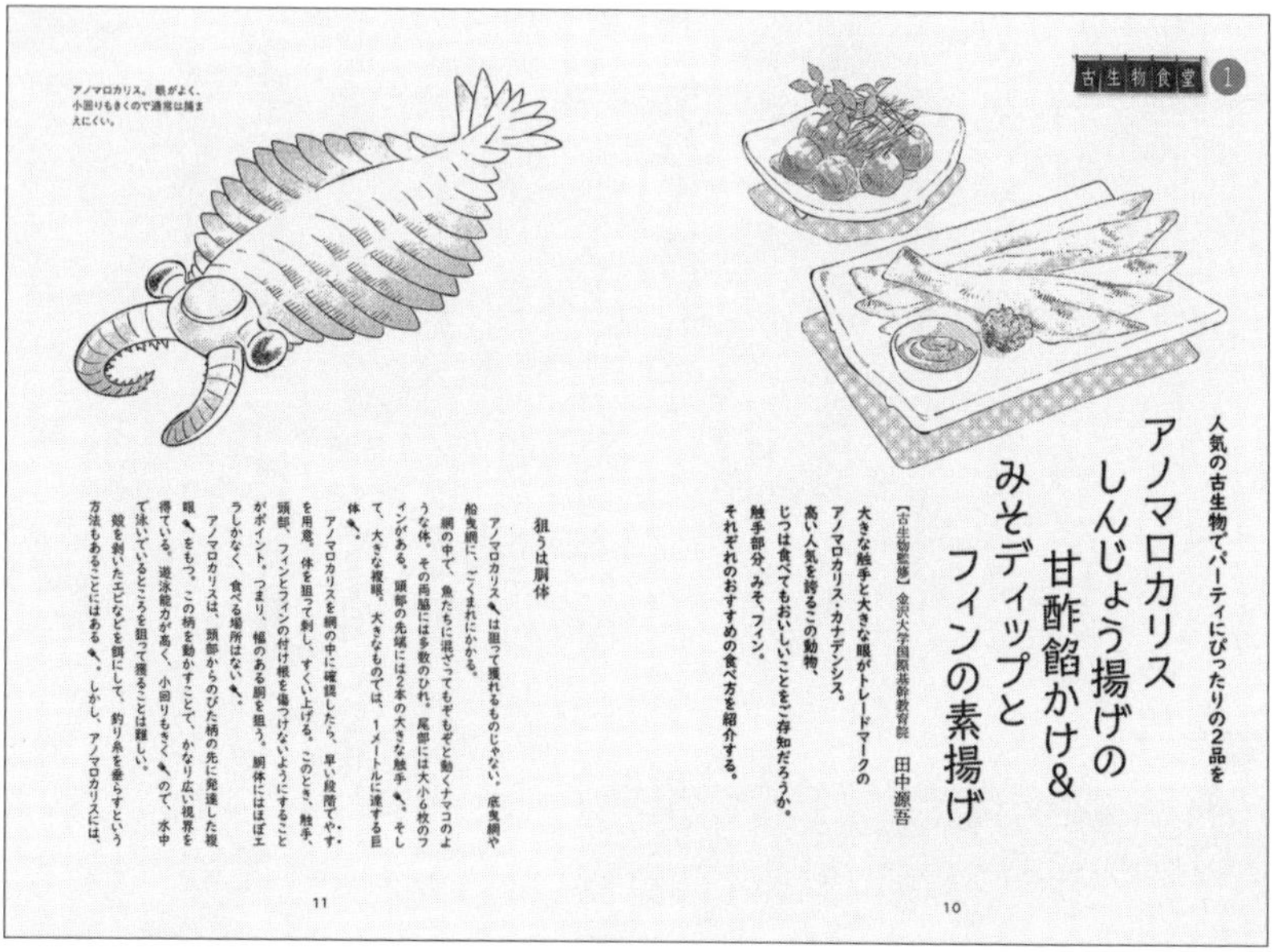
古生物食堂 1

人気の古生物でパーティにぴったりの2品を

アノマロカリス
しんじょう揚げの
甘酢餡かけ&
みそディップと
フィンの素揚げ

【古生物監修】金沢大学国際基幹教育院　田中源吾

大きな触手と大きな眼がトレードマークの
アノマロカリス・カナデンシス。
高い人気を誇るこの動物、
じつは食べてもおいしいことをご存知だろうか。
触手部分、みそ、フィン。
それぞれのおすすめの食べ方を紹介する。

狙うは胴体

アノマロカリス は狙って獲れるものじゃない。底曳網や船曳網に、ごくまれにかかる。

網の中で、魚たちに混ざってもぞもぞと動くナマコのような体。その両脇には多数のひれ。尾部には大小6枚のフィンがある。頭部の先端には2本の大きな触手 。そして、大きな複眼。大きなものでは、1メートルに達する巨体 。

アノマロカリスを網の中に確認したら、早い段階でやすを用意。体を狙って刺し、すくい上げる。このとき、触手、頭部、フィンとフィンの付け根を傷つけないようにすることがポイント。つまり、幅のある胴を狙う。胴体にはほぼエラしかなく、食べる場所はない 。

アノマロカリスは、頭部からのびた柄の先に発達した複眼 をもつ。この柄を動かすことで、かなり広い視界を得ている。遊泳能力が高く、小回りもきく のて、水中で泳いでいるところを狙って獲ることは難しい。

殻を剝いたエビなどを餌にして、釣り糸を垂らすという方法もあることにはある 。しかし、アノマロカリスには、

アノマロカリス。眼がよく、小回りもきくので通常は捕まえにくい。

10　11

『古生物食堂』（技術評論社）

がった料理は、「アノマロカリスしんじょう揚げの甘酢餡かけ&みそディップとフィンの素揚げ」である 2-11 。

採用されたアノマロカリスの新復元のイラストは表紙も飾ることになった。なお、イラストは漫画家の黒丸が担当している。

漫画に〝イケメン〟として載る！

『古生物食堂』のイラストを描いた黒丸は、2017年から少年画報社の月刊誌「ヤングキングアワーズ」にて、『絶滅酒場』という漫画を連

載している。同年12月には、その単行本の第1巻が発売された 2-12。ちなみに、筆者はその単行本にコラムを寄稿している。

『絶滅酒場』は、仕事帰りの古生物たちが美しいママさんのいる酒場に寄って〝くだをまく〟というユニークな作品である。主役級として、絶滅した大型非飛行性の鳥類である「ディアトリマ」や、サーベルタイガーの代名詞で知られる「スミロドン」、歯がハーモニカのように並ぶことで知られる長い首と長い尾の植物食恐竜「ニジェールサウルス」が登場するほか、カンブリア紀の小動物〝3人〟による「カンブリア女子会」もおもしろい（未読の方は「カンブリア女子会?」と首を傾げるかもしれないが、本当にそんな漫画なのである）。

「アノマロカリ介」ことアノマロカリスが登場するのはその第3話だ。この漫画の中でアノマロカリ介は〝美男子キャラ〟として描かれている。「今日はなんだか賑や

2-12

『絶滅酒場１巻』©黒丸／少年画報社

かだね　女のコのお客さんが多いからかな？」という台詞で現れる登場シーンは、その背景にバラを咲かせるイケメンぶりである 2-13。その後の展開に関しては、ぜひ、『絶滅酒場』をご覧いただきたい。

2-13

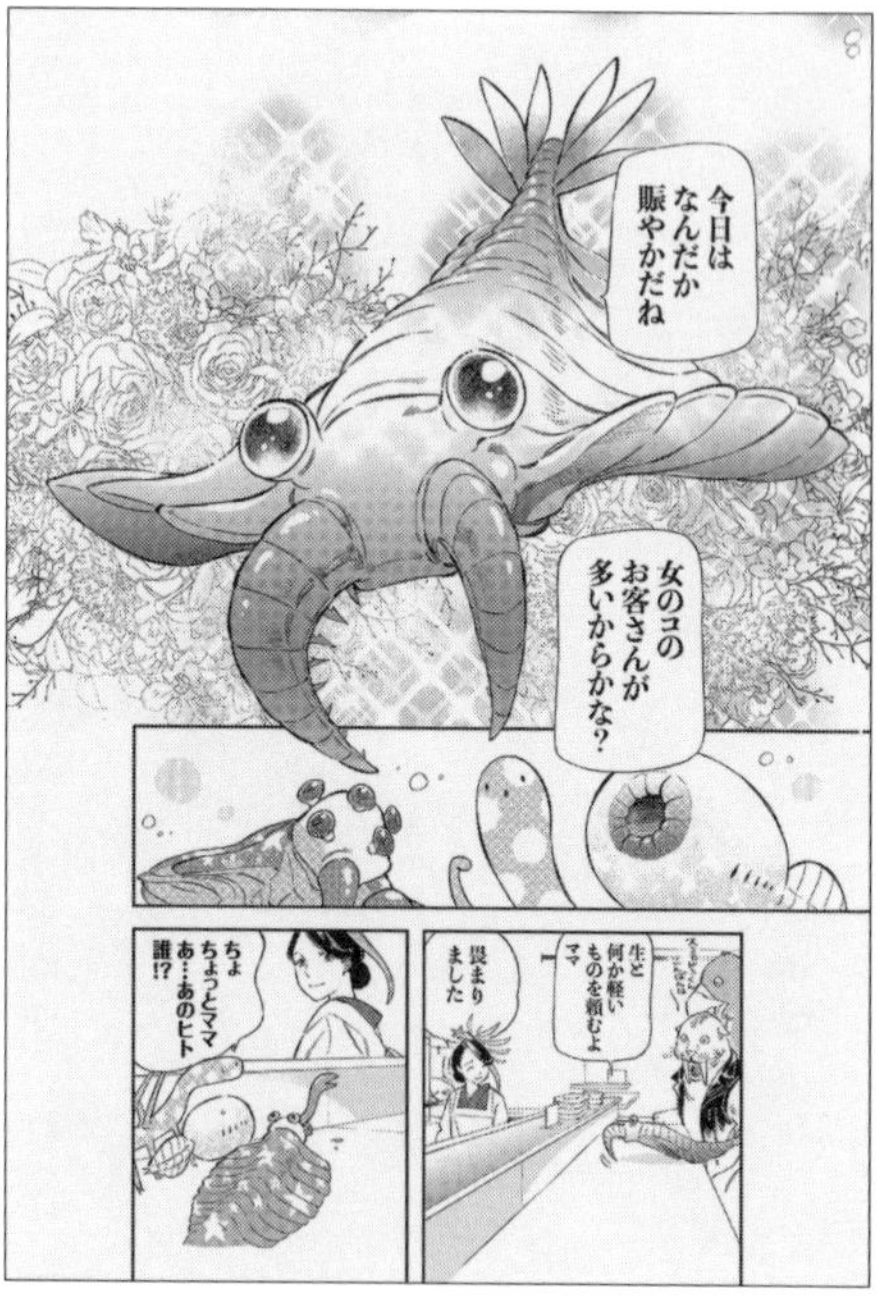

『絶滅酒場1巻』©黒丸／少年画報社

出版界において、アノマロカリスは当初、さほど大きな注目を集めていなかった。それは、冒頭で紹介した『Newton』が証明している。また、第1章で紹介した『ワンダフル・ライフ』においても、表紙にその絵柄が採用されていなかったことからもわかる。

しかし、『ワンダフル・ライフ』から20年以上の歳月をかけて、その認知度は確実に高まり、現在では漫画（いわゆる学習漫画ではなく、〝ごく普通の漫画〟）にもアノマロカリスは登場するようになったのだ。

第3章

文化に溶け込んだアノマロカリス

アノマロカリスの化石は、希少だ。

しかし希少であっても、とくにその付属肢の化石に関して言えば「世界に数点」レベルというほどではない。そのため、日本でも多くの博物館で標本が展示されており、直接目に触れる機会も多い。

そうした標本を核として、日本では〝さまざまなジャンル〟の人々がアノマロカリスに注目し、その文化を〝醸成〟させてきた。

蒲郡でアノマロカリスへの〝愛〟を叫ぶ

アノマロカリスに関する博物館として、蒲郡《がまごおり》市生命《いのち》の海科学館は外せない。

名古屋から快速に乗車して45分弱、あるいは豊橋から快速で10分強の位置にある蒲郡。その駅から徒歩5分弱の距離に、蒲郡市生命の海科学館がある 2-14。

生命の海科学館というだけあって、テーマは海の生命史に特化したもの。その中でも、カンブリア紀の海棲動物の化石については、かなり充実した展示を誇っている。

アノマロカリス・カナデンシス（*Anomalocaris canadensis*）は、その付属肢が展示されている。しかし、付属肢以外の部位が展示されているというわけではなく、その意味では他の博物館と比べてとくに特徴があるというわけではない。

特徴は、スタッフにある。

蒲郡市生命の海科学館では、アノマロカリスを「館のアイドル」と位置付けている。そしてスタッフは、月に1度のペースで勉強会を開催し、アノマロカリスの情報を随時更新しているのだ。展示物（ハード面）の情報更新には何かとコストがかかるものだけれども、蒲郡市

写真提供：蒲郡市生命の海科学館

2-14 蒲郡市生命の海科学館
“アノマロカリス愛”にあふれる博物館である。

生命の海科学館では解説員（ソフト面）によって、情報の鮮度を維持しているわけである。

つまり、アノマロカリスの付属肢の標本を見学するだけではなく、解説員に話しかけることで最新の学術情報もわかりやすく入手できるのだ。

他にもいくつもの見所がある。その中で、筆者のおすすめは二つ。一つは、館内に展示されているお手製の復元模型。よく見ると、館内のあちらこちらにアノマロカリスが潜んでいる。そして、もう一つは開館当時から使われているアノマロカリスのイラストだ。

このイラストについて、少し行を割こう。

蒲郡市生命の海科学館が開館したのは、1999年のこと。このとき、イギリス、ケンブリッジ大学のサイモン・コンウェイ・モリスの監修によって、アノマロカリスをはじめとするカンブリア紀の動物たちのイラストが数点、蒲郡市生命の海科学館のために制作された 2-15。

そのアノマロカリスのイラストをよく見ると、頭部の甲皮がしっかりと描かれている。

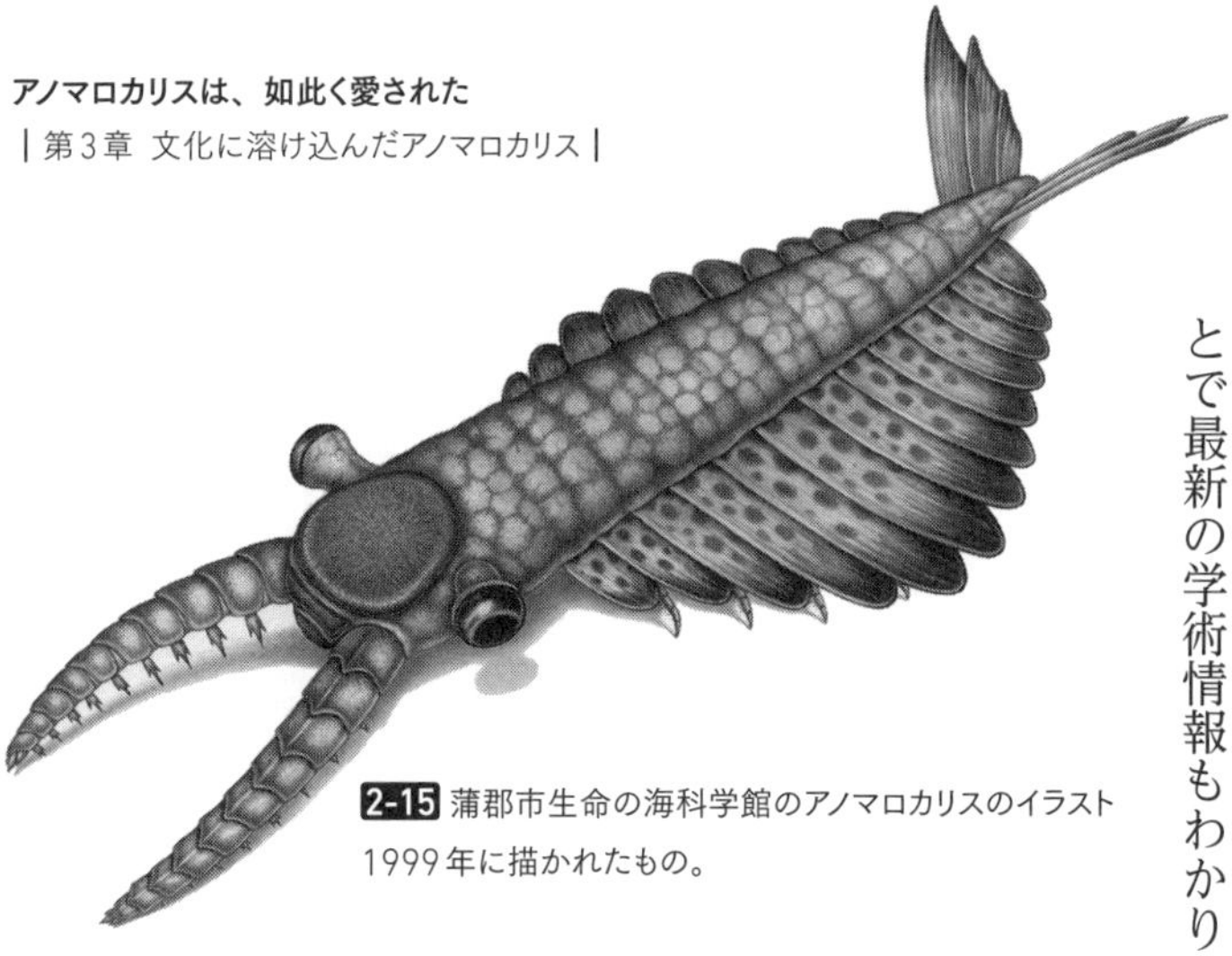
2-15 蒲郡市生命の海科学館のアノマロカリスのイラスト
1999年に描かれたもの。
Illustration : Richard Tibbitts & Evi Antoniou Tibbitts／提供：蒲郡市生命の海科学館

さすがはコンウェイ・モリス監修というべきか。

１９９９年といえば、カナダのロイヤル・オンタリオ博物館のデスモンド・コリンズによってアノマロカリス・カナデンシスの復元がなされてから3年しか経過していない。まして、大英自然史博物館のアリソン・C・ダレイと、イギリスのブリストル大学に所属するグレゴリー・D・エジコムベによって甲皮のある復元図が発表されるより15年も前だ。

そんな時代にあっても、甲皮の存在に気づく人は気づいていた。そのことを蒲郡市生命の海科学館のイラストは物語っている。

このイラストのアノマロカリスは、歩行用のあし（付属肢）が描かれているという点も興味深い。第1章で紹介したように、当時のコンウェイ・モリスはアノマロカリスに歩行用付属肢がある可能性に言及しており、その可能性がイラストに反映されているのである。

つまり、蒲郡市生命の海科学館のアノマロカリスは、「古く」て「新しい」作品なのだ。イラスト1枚を見ても、研究の歴史を感じることができる。もちろん、このイラストに関しても、解説員に質問すれば詳しく解説してもらえるだろう。

また、蒲郡市生命の海科学館では、アノマロカリスをモチーフとしたさまざまなグッズ（アマチュア制作のものが中心）の企画展が２０１４年と２０１５年に開催されてきた。２０１４年には約20点、２０１５年には会期中に入れ替えを行ってのべ54点が収集され、展示された。

化石標本ではなく、「グッズの企画展」という点がおもしろい。

その他にも、「アノマロカリス体操」「アノマロカリス音頭」を〝開発〟し、市内の幼稚園などにも出前授業を行ってきた。アノマロカリスに対する〝愛情〟の深さがよくわかる。筆者の取材に対して、蒲郡市生命の海科学館の山中敦子館長は「蒲郡市民であれば、アノマロカリスのことはみんな知っている」と胸を張るほどだ。

最近では、小学生から紙粘土で作った自作のアノマロカリスを寄贈されるほどだという 2-16。

第2章で紹介した出版物とはまた違った視点で、日本のアノマロカリス文化を支えてきた博物館といえる。

科博の古生物企画展に登場する

東京・上野の国立科学博物館（以下、科博）といえば、古生物ファンにもおなじみの博物館だろう 2-17。科博自体は、なにしろ「科学博物館」なので、さまざまなジャンルの科学の展示がある。その中の一翼を担う存在（？）とし

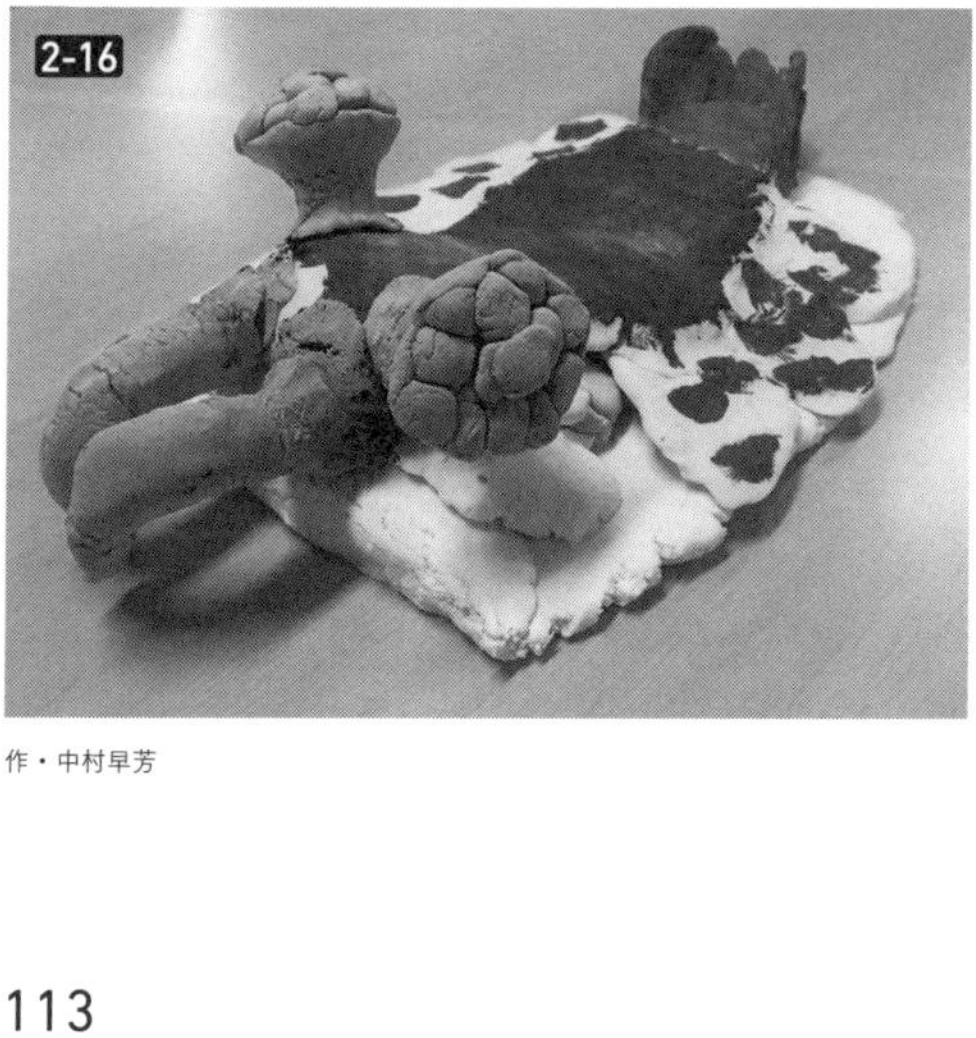

作・中村早芳

て、多数の化石群が展示されている。科博には「日本館」と「地球館」と呼ばれる建物があり、その地球館の地下2階には、アノマロカリスの付属肢の化石もある。

科博の古生物関連の企画展といえば、恐竜をテーマとしたものが圧倒的に多い。21世紀に入ってからだけでも、2020年までに5回の恐竜展が開催されている。

写真提供：国立科学博物館

2-17 国立科学博物館

通称「科博」。古生物をテーマにした企画展も多い。

そんな科博で、2015年に生命史の通史をテーマとした特別展が開催された。タイトルは『特別展「生命大躍進」』。同名のNHK特番とタイアップした企画である。

生命大躍進展には、国内外のさまざまな化石標本が集められた。アノマロカリスに関しては、カナダのロイヤル・オンタリオ博物館が所蔵する「最も完全なアノマロカリス・カナデンシスの標本」が来日。その他にも「アノマロカリス・カナデンシスの前半身標本」や「アノマロカリス・カナデンシスの付属肢の標本」「アノマロカリス・カナデンシスの口器の標本」、南オーストラリア博物館所蔵の「アノマロカリス属の眼の標本」なども展示された。

これほどまでにアノマロカリスに関する化石標本が充実したことは、日本国内ではかつてなかった。

ただし、このとき復元されたアノマロカリスの姿は1996年の論文をベースとしたもので、甲皮等は反映されていなかった。また、「アノマロカリス・カナデンシスの口器」は、大英自然史博物館のアリソン・C・ダレイと、スウェーデン自然史博物館のジャン・ベルグストロームが2012年に発表した論文によって「ペイトイア・ナトルストアイ（*Peytoia nathorsti*）」とされた標本だった。

このあたり、科博の企画展といえども、最新の学説をどのように扱うべきか、悩まれたのではないだろうか。2010年代の新たな知見の扱いは、関係者にとって非常に微妙なものだったのだ。

……とは言え、実物標本の迫力は圧倒的だ。

筆者は震えるほどに感動したことを今でも覚えている。同じ感覚を味わった同志も少なくないと思いたい。

アノマロカリス、〝立体物〟となる

なにしろ、〝そそる姿〟をしているアノマロカリスである。その姿はしばしば模型やぬいぐるみとなって、市場供給されてきた 2-18。

古生物ファンの間で〝伝説級の模型〟となっているのは、第1章で紹介した『NHKスペシャル 生命40億年はるかな旅』にあわせてつくられた公式フィギュアだろう。NHKエンタープライズが企画協力し、有限会社ホライゾンジャパンが製造・発売し、株式会社ブンカが販売したこの模型は、全長40センチメートル超というなかなかの大きさ。塩化ビニル製で、付属肢と口器もしっかりとつくられており、まさに1990年代のアノマロカリス・カナデンシスの姿を再現したものだ。残念ながらすでに絶版となっており、入手は困難となっている。もしも、あなたがどこかの店先でこの模型を見つけたのなら、何はなくとも購入をお勧めしたい。それほどま

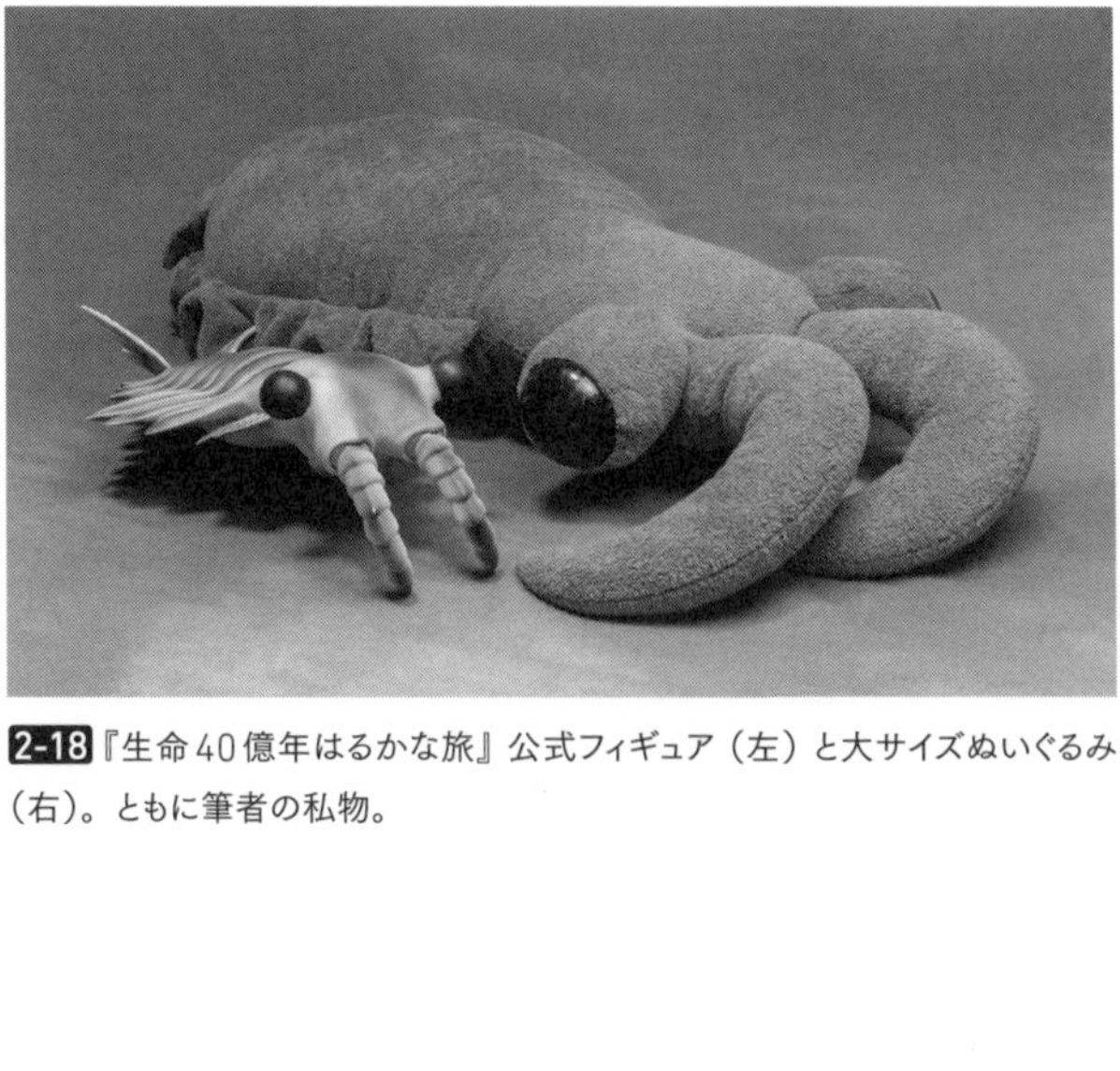
Photo：オフィス ジオパレオント

2-18『生命40億年はるかな旅』公式フィギュア（左）と大サイズぬいぐるみ（右）。ともに筆者の私物。

でに貴重な模型である。

もう一つ、知名度が高いものとして、ティーエスティーアドバンス株式会社が製造・発売しているアノマロカリスのぬいぐるみを挙げることができるだろう。大サイズと小サイズの2パターンが発売されており、大サイズのぬいぐるみは全長1メートルにもなる。アノマロカリスのサイズ感を味わってもらうためにちょうど良い（枕にもちょうど良い）。こちらは、少なくとも本書執筆時点では、博物館のミュージアムショップなどで購入できる。

この二つが、アノマロカリスの〝立体物〟としては「双璧」といえる。

もちろん、これだけではない。なにしろ、日本は〝造形物大国〟。これほどの魅惑的な素材を企業が見逃すはずはない 2-19。

2001年には、菓子メーカーのUHA味覚糖株式会社から「チョコラザウルス・DINOTALES SERIES」が発売されている。200円を出せばお釣りがくると

Photo：オフィス ジオパレオント

2-19 チョコラザウルス（手前）とフェバリット社製のフィギュア（奥）
ともに筆者の私物。

いうこの商品は、チョコレート菓子と数センチメートルサイズの古生物フィギュアがセットになったもの。クオリティの高いフィギュアをつくることで定評のある株式会社海洋堂が造形企画制作を担当し、恐竜の造形師として名を馳せた松村しのぶが制作指揮、木下隆志が原型をつくるという豪華な布陣だった。

この「DINOTALES SERIES」の第2弾にアノマロカリスが登場した。

チョコラザウルスのアノマロカリスの珍しい点は、体色が緑であるということだ。多くの場合で、アノマロカリスの体色に暖色系が採用されていることを考えると、これはある意味で挑戦的ともいえる。『チョコラザウルス　公式ファンブック　ダイノテイルズシリーズ2』によると、この色は、モンハナシャコを参考にしたとのことである。また、顔つきはタガメを参考にして、付属肢は頭部の先端ではなく底部につき、尾はカブトエビを参考にしたという。なかなか個性的な姿をしている。

造型師と呼ばれる人たちが関わっているものとしては、恐竜や海洋生物、古生物、動物などのフィギュア模型を企画・販売する株式会社フェバリットが販売しているフィギュアも忘れてはいけない。

同社からは、子どもも安心して遊べるソフトビニール製と、細部まで再現されたソフトモデル、手のひらサイズのミニモデルの3タイプのアノマロカリスが発売されている（本書執筆時点の情報）。いずれも原型は、古生物学者と組んで仕事をすることが多い徳川広和。ソフトビニール製とソフトモデルには、隠岐ユネスコ世界ジオパークの研究員である平田正礼が資料提供という形で関わっており、ミニモデルは名古屋大学博物館の大路樹生が監修している。

フェバリット社のフィギュアは、博物館のミュージアムショップで購入できるほか、同社のホームページでも販売されている。

他にも、教育関係に強い学研グループの学研ステイフルは、学研・科学編集室の関係作として、「メタルディノ　スペシャル　アノマロカリス」を販売。また、株式会社カワダは、ナノブロック（世界最小級のブロック）を組み立ててつくる「アノマロカリス」を販売している。ともに金属板、ナノブロックという制約がある中で、なかなかどうして綺麗な姿に組み上がる。ともに、少なくとも本書執筆時点においては、インターネットでの入手が可能だ 2-20。

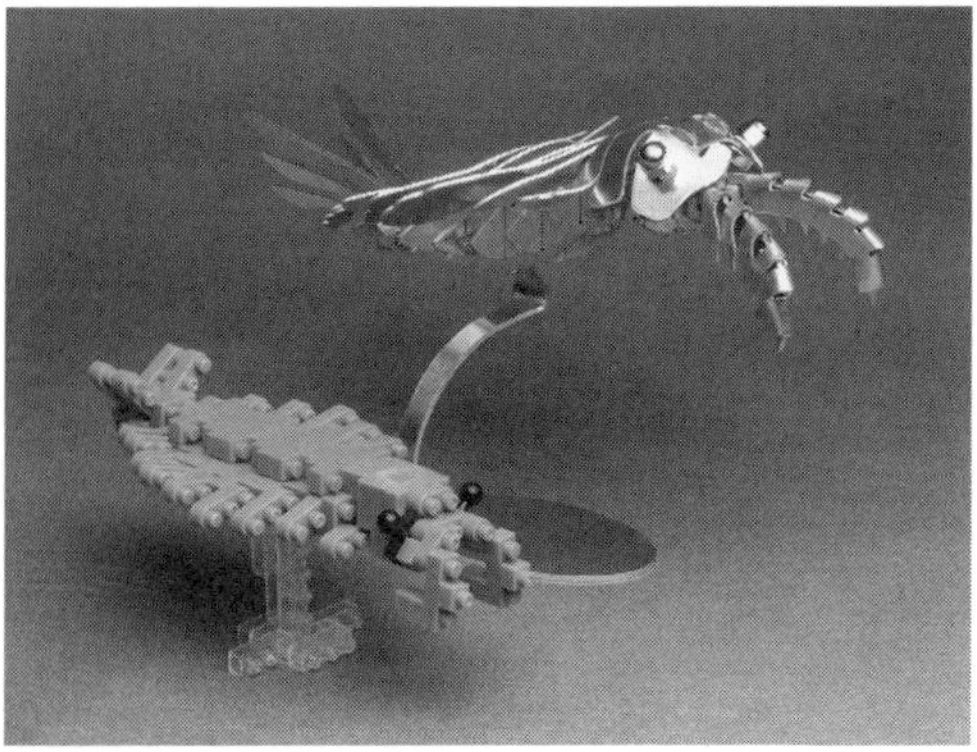
Photo：オフィス ジオパレオント

2-20 メタルディノ（奥）とナノブロック（手前）
ともに筆者の私物。

また、企業が手掛ける商品ではないが、日本の文化といえば折り紙作品にも触れたい。たとえば、折紙恐竜造形家のまつもとかずやは、ティラノサウルスなどと並んでアノマロカリスを制作し、発表している 2-21。

こうしたさまざまな立体物が、アノマロカリスの存在をより身近なものとし、日本におけるアノマロカリス文化を支えてきた。

花札になったアノマロカリス

各企業が注目する一方で、それ以上に注目し、アノマロカリス文化を育ててきたのは、アマチュアのファン層だ。彼ら・彼女らの「アノマロカリス愛」こそが、今日のアノマロカリス人気へとつながっている。

たとえば、さまざまな自然科学分野、考古学分野などの創作・展示・研究発表のイベントとして、「博物ふぇすてぃばる！」がある。東京の科学技術館を舞台として2014年にスタートし、年1回の割合で開催されている。2日間の開催期間で、来場者数は7300人

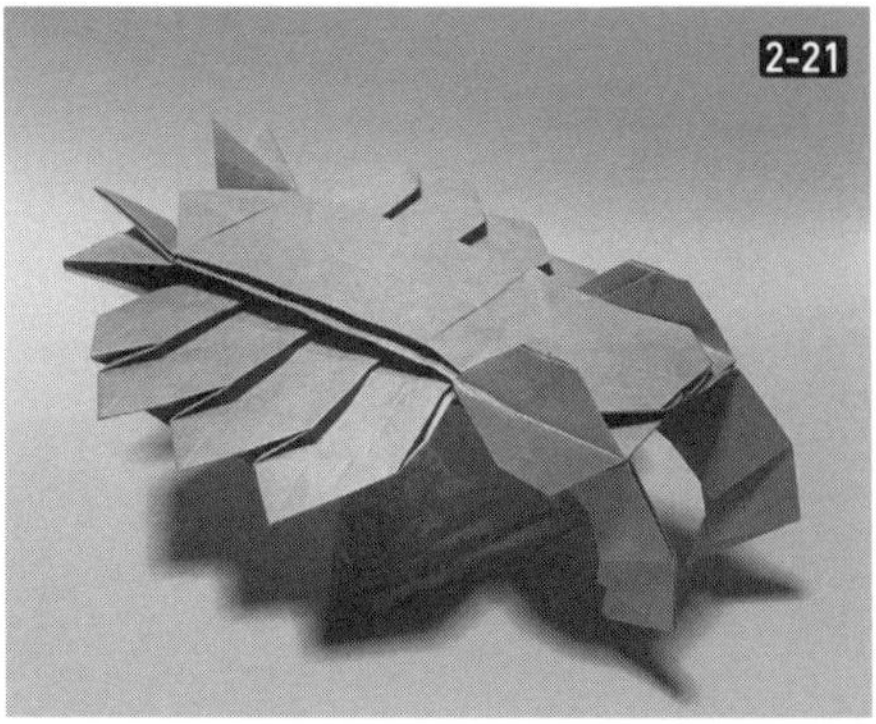

ちびおりシリーズ「アノマロカリス」作・折紙恐竜造形家 まつもとかずや

（2018年の数値）。このイベントを訪れると、多くの人々がアノマロカリスのグッズを制作し、披露し、販売している様子を見ることができる。蒲郡市生命の海科学館の企画展で展示されたものは、こうした個人制作のものだ。

さて、そんな個人制作のものから、おもしろいものを一つ紹介しておこう。花札である 2-22。

制作者は、カンブリ屋という個人サークルで、アノマロカリスのぬいぐるみや着ぐるみをつくってしまう筋金入りの〝アノマロカリス好き〟だ。

Photo：オフィス ジオパレオント

2-22 カンブリア紀古生物の花札
カンブリ屋製。気になった方はWEBで検索を。写真はもちろん、筆者の私物。

そんなカンブリ屋が、アノマロカリスをはじめとするカンブリア紀の古生物を、日本伝統の花札の図柄に入れ込んでしまうという、なんとも思い切ったものを制作した。

ちなみに「花札」とは、いわゆる「カルタ」の一種である。12種の花の図柄が描かれた絵札が各4枚ずつ、合計48枚ある。さまざまな遊び方があり、たとえば、図柄の組み合わせで遊ぶ「こいこい」などは有名だろう。2009年に公開された、細田守監督の映画『サマーウォーズ』にも登場した。

そうした花札の中に、ごく自然にアノマロカリスたちが紛れ込んだ。

ちなみに、アノマロカリス・カナデンシスが「桐に鳳凰」の絵札に紛れ込み、ペイトイア・ナトルストアイ（*Peytoia nathorsti*）は「藤に不如帰」に、アノマロカリス・サロン（*Anomalocaris saron*）は「柳に燕」に紛れ込んでいる。実にナチュナルに 2-23。

興味深いのは、この制作にあたってクラウドファンディングを利用した、ということである。

クラウドファンディングは、近年、さまざまなジャンルで利用されている資金集めの方法である。

そのしくみはこうだ。個人・企業を問わず、「こうしたプロジェクトを動かしたいから支

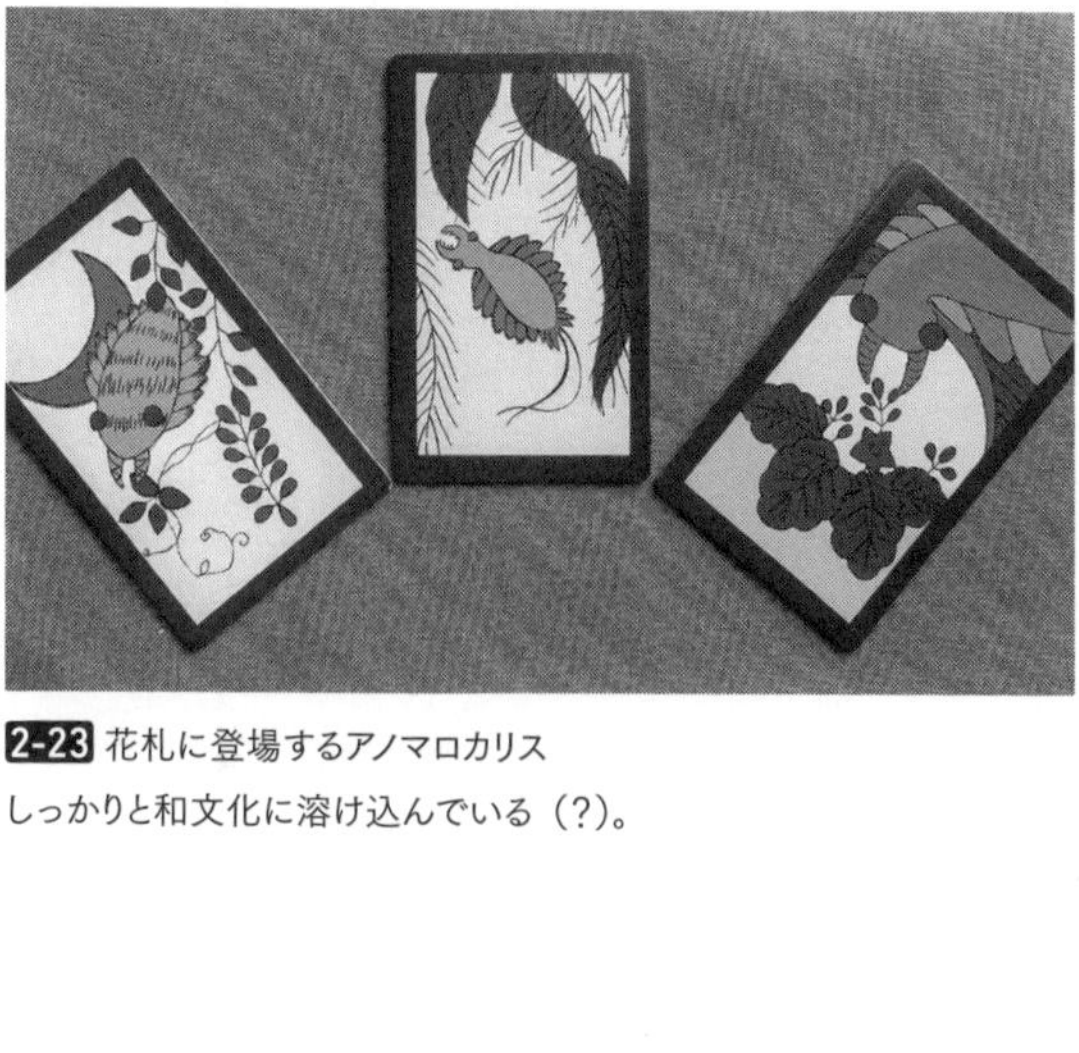

Photo：オフィス ジオパレオント

2-23 花札に登場するアノマロカリス
しっかりと和文化に溶け込んでいる（?）。

援してくれませんか」と広く一般に資金を募る。プロジェクト成功の暁には、支援者は、制作された製品を優先的に譲られるなどの特典が用意される。

日本では、2011年に「Readyfor」がクラウドファンディングサイトを開設した。カンブリ屋による「アノマロカリスなどのカンブリア紀古生物の柄の花札を作りたい！」プロジェクトは、2014年の春に「Readyfor」にて実行されたものだ。

こうしたクラウドファンディングでは、目標金額が設定され、支援金額が目標額に達しない場合は、プロジェクト不成立となり、支援者は金額を支払わず、プロジェクトにも1円も入らないという場合が多い（支援金がそのまま寄付されるパターンもある）。

「アノマロカリスなどのカンブリア紀古生物の柄の花札を作りたい！」プロジェクトは、実に78人からの支援を受け、最終的には目標金額を約19パーセント上回った（何を隠そう、筆者も支援者の一人である……ささやかながら）。

こうしてしっかりとした資金をもとにつくられたカンブリア紀の花札は、企業がつくるものと比べてもなんら遜色のない出来である。

こうしたアマチュアによる深い愛が、アノマロカリス文化を支え、今日にいたっている。

✺そして、〝普通のアニメ〟に登場したアノマロカリス

いわゆる「古生物モノ」のアニメであれば、アノマロカリスが登場することはあまり驚くに値しないかもしれない。

そう書くことができるほどに、日本のアノマロカリス文化は醸成されてきた。

しかし2019年、古生物とはまったく無縁と思えるアニメにもアノマロカリスが登場した。

そのアニメの名前は、『荒野のコトブキ飛行隊』。2019年1月から3月にかけて、TOKYO MXなどで放送された作品である 2-24。

『荒野のコトブキ飛行隊』は、海のない、ただ一面に荒野が広がる「イジツ」という世界を舞台としている。かつて、その世界に〝穴〟が開き、その〝穴〟の向こうからやって来た「ユーハング」からさまざまなものがもたらされ、そうしたものの中の一つに飛行機があった。

物語は、イジツの荒野の空で活躍する雇われ用心棒の「コ

2-24

『荒野のコトブキ飛行隊』Blu-ray BOX 上・下巻　発売・販売元：バンダイナムコアーツ
© 荒野のコトブキ飛行隊製作委員会

2-25

トブキ飛行隊」が主人公。年齢も性格もさまざまな女性たちが、戦闘機「隼一型」を駆り、さまざまな事態に対処していく。

隼一型という戦闘機は、知る人ぞ知る旧日本軍の名機だ。物語には、第二次世界大戦時のさまざまな戦闘機が登場し、その空戦が大きな見所となっている。

そんな古生物とは縁もゆかりもない物語を観ていると、第5話でいきなりアノマロカリスのぬいぐるみが登場する。このぬいぐるみはリュックサックという設定で、かなり大きい（実は、よく見ると、オープニングの映像にも登場している）。

アノマロカリスのぬいぐるみを持つのは、チカ（CV：富田美憂）というチーム最年少の元気な少女。海の生物を描いたとされる作中の絵本『海のウーミ』が大好きで、アノマロカリスのぬいぐるみに「マロちゃん」と名づけて大切にしている 2-25。作中では、このアノマロカリスのぬいぐるみが初登場したときに、チームの一員で、博識のケイト（CV：仲谷明香）によって、「アノマロカリス。古代、海という塩分やミネラルを含んだ水中に、この生物が多く生息」という解説が入る。ちなみに、このぬいぐるみの価格は、498ポンド98セントとのことだ（作中の為替レートは不明だが、チームメイトが驚いているので、けっして安価ではないのだろう）。

このアノマロカリスのぬいぐるみは、付属肢、大きな眼、ひれ、尾びれなどの特徴をよく表している。

さて、筆者は本稿の執筆にあたり、編集者を通じて『荒野のコトブキ飛行隊』のスタッフにいくつかの質問を投げかけた。その質問に回答してくれたバンダイナムコアーツの有澤亮哉プロデューサーによると、作中のアノマロカリスは、シリーズ構成・脚本の横手美智子、監督の水島努のアイデアであるという。

「小さくよく動くチカに女の子っぽくかわいいものを持たせたい」という発想が先にあり、そこで、アノマロカリスに注目したとのことである。「イジツがかつて〝私たちの世界（現実世界）〟とつながっていたかもしれない」など、いろいろな可能性を考えることができる遊び心の演出とのことである。有澤プロデューサーによれば、イジツの〝世界の隅っこ〟には、陸生種へと進化したアノマロカリスが生息しているとのことだ。

同作のBlu-ray Boxに封入されている『コトブキの手引き・上』の「Cast Interview」では、チカ役の富田美憂が「原稿を読んでみると空戦ものなのに『アノマロカリス』みたいな面白いセリフが端々にあって（笑）」と言及している。また、筆者の取材に対して、有澤プロデューサーは「現場では、監督含めみんなで「かわいいよね～」という話をしていました（笑）。でも、もしも、大きいアノマロカリスが襲ってきたら怖いよね！など、アノマロカリスの話題で盛り上がりました」と回答している。

日本のアノマロカリス文化もここまできた！

『荒野のコトブキ飛行隊』はその一面をよく表した作品といえるだろう。アイテムの一つとして登場するだけではなく、世界観の演出に関わり、さらに進化した種まで想定されている。文化の醸成がなくては考えられないことだ。

かつて、『Newton』のカンブリア紀モノの記事でさえ、アノマロカリスは大きく扱われていなかった。それから約30年。アノマロカリスはこれほどまでに、日本文化に浸透してきた。ある意味で、「平成」という時代を通して、〝アノマロカリス文化〟が育まれてきたといえるかもしれない。

アノマロカリスとその仲間たちの化石はカナダで最初に見つかり、アジアでは中国でも産出している。しかし、日本では発見例はなく、正直〝縁遠い古生物〟だ。それにもかかわらず、この浸透度である。

実に珍しい存在である。

第3部

それはアノマロカリスの時代だった

第1章

古生代カンブリア紀

化石の時代

地球の歴史は大きく二分される。

人類史が文字等で残されている「歴史時代」と、歴史時代が始まる前の「地質時代」だ。

もちろん地質時代の方が、圧倒的に長い。ただし、地質時代には文字の記録がない。そこで、その歴史の解読には科学の力が必要になる。

地質時代は、化石が豊富に産し、その化石から生命史を追うことができる「顕生累代」と、それ以前の「先カンブリア時代」に分割される。そして、顕生累代は古い方から「古生代」「中生代」「新生代」に分けられる。

それぞれの「代」は、さらに「紀」に分割されていく。

代と代、紀と紀など、それぞれの時代の境界を定めるのは、「化石」である。ある種の化石は特定の期間につくられた地層からしか見つからない。そうした化石を基準として、時代の区切りを決めているのだ。

……と、このように書くと、地球の歴史は「生命史の探求」といった、人々の「知的好奇心」によって解き明かされてきたように見える。

もちろん、それは誤りではないだろう。知的好奇心は、人類進歩の源泉だ。

しかし、〝完全な正解〟でもない。実際のところ、地質時代の〝時代分け〟は、もっと即物的な必要性によって行われてきた。

18世紀後半にイギリスで産業革命が始まると、主に蒸気機関の燃料として石炭が注目されるようになった。

石炭だ。石炭が欲しい！　石炭を探せ！

……というわけで、石炭の需要が急増した。

そもそも石炭とは、太古の昔の樹木が地層中に埋没し、熟成してできたものである。石炭を含む地層を探し、その分布を調べるために、地質図をはじめとするさまざまな道具と技術が発達していった。「近代地質学」の誕生だ。

やがて、石炭は特定の地層に集中していることが明らかになる。どこにでもあるというわけではなく、一定の層に集まっていたのである。

そこで、資源として有用な石炭を多く含む地層と、そうではない地層を区別する用語が生まれた。このとき、石炭を多く含む地層を「石炭系」と呼び、石炭系がつくられた時代を「石炭紀」と呼ぶことになった。1822年のことである。

その後、とくにヨーロッパで地質調査が進み、石炭紀以外の地層についても、時代分けがなされていく。その中で、石炭紀から数えて古い方に四つ進んだ時代であり、そして、古生代最初の時代として「カンブリア紀」という時代が設定された。「カンブリア」という名前は、イギリス・ウェールズ地方北部の古い呼び名「クンブリア」に由来する。ちなみに、カンブリア紀に限らず、「紀」の名前の多くは、ヨーロッパの地名などに由来して名づけられている。これは、ヨーロッパで産業革命が先行し、地質調査が行われ、近代地質学が発展したことと無関係ではない。

地質時代の名前が決まると、それがいったいどのくらい前なのかということに、人々の興味は移っていった。

本書では、「カンブリア紀は約5億4100万年前に始まり、約4億8500万年前まで続いた」としている。

しかし、こうした「約5億4100万年前」「約4億8500万年前」という数字が、時代と時代の境界となる地層に書かれているわけではない。もちろん、化石に書かれているわけでもない。これらの数字は年代値と呼ばれ、地層中に含まれる特定の元素を化学分析することで得られている。分析、つまり、研究の結果としての数字なのだ。

当然のことながら科学技術は日進月歩で発展し、年代値に関しても研究の進展によって変更されることになる。年代値は絶対不変のものではないのだ。実際、「約5億4100万年前」という数字は2019年の本書執筆時点の値だが、2010年には同じカンブリア紀の始まりを「約5億4200万年前」としていたし、1990年代には「約5億7000万年前」と表記していた。

こうした数値は、国際層序委員会という国際的な専門組織が定めており、研究が進展すると不定期に更新されていく 図3-A。

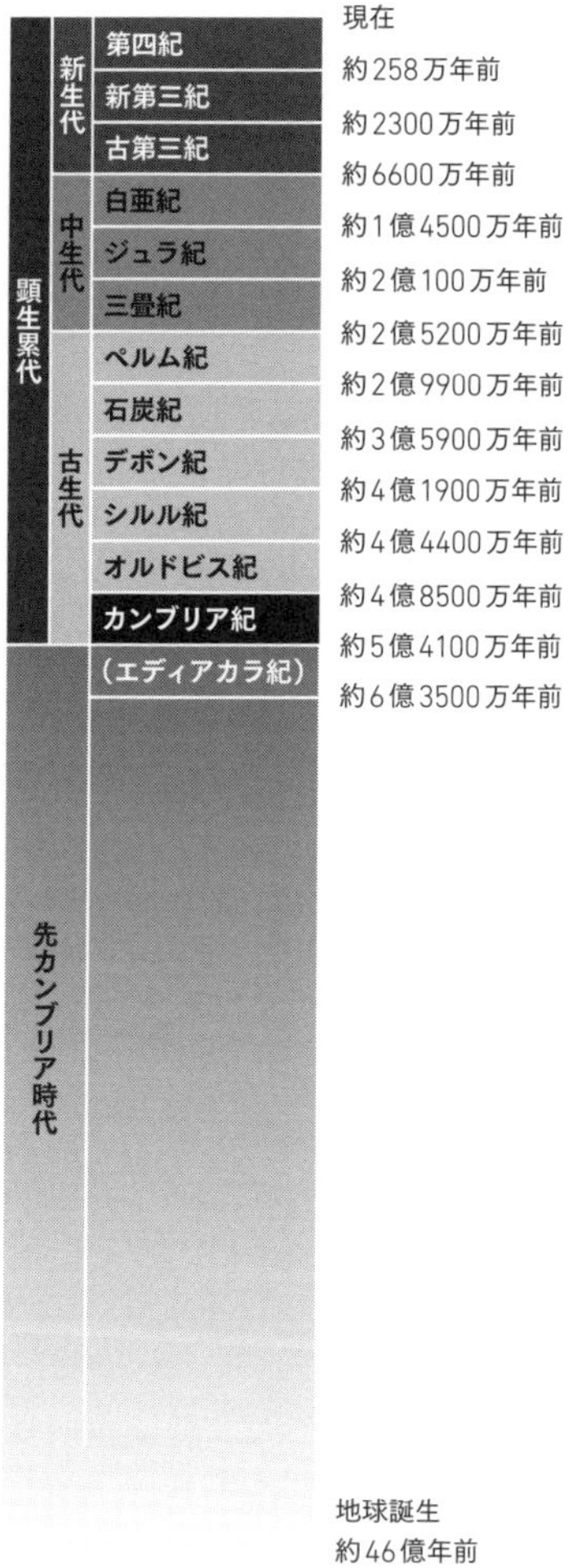

図3-A 地質年代表
時代名はともかく、数値に関しては不定期に更新されるので絶対的なものではない。この表は、2019年5月に更新されたものを参考に制作した。

✺一つの超大陸と三つの島大陸

この章では、「カンブリア紀」という時代を概観する。

アノマロカリス・カナデンシス（*Anomalocaris canadensis*）の最初の化石は、カナダにあるスティーブン山の中腹から発見された。これまで、ごく当たり前にアノマロカリス・カナデンシスを「海の動物」と書いてきたけれども、その化石は海と離れた場所から採集されているのである。

カンブリア紀当時、スティーブン山は海の底だった。「海の底にあった」のではないという点に注意が必要だ。カンブリア紀当時の海水面が、スティーブン山が浸るような高い位置にあったわけではない。もともと海底にあった地層がのちの時代に盛り上がり、スティーブン山をはじめとする諸々の山となったのである。

カンブリア紀の地球の様相は、現在のものとはかなり異なっていた。まず、大陸の形と配置が現在の地球とはまったく異なる。仮にカンブリア紀の地球儀があったとして、それを初見で「地球」と見分けることができるのは、地球史の専門家か、それに近い人だけだろう。

地球の表層は、「プレート」と呼ばれる岩盤に覆われている。現在のプレートの数は、10枚以上。それぞれのプレートはゆっくりと、しかし、確実に常に移動している（プレートの移動の原動力に関しては、現在も学界の最前線で議論されているテーマである）。プレートとプレートは互いにすれ違ったり、ぶつかったり、離れたりしている。プレートとプレートがぶつかる場所では、衝突によってプレートがたわみ、盛り上がり、山脈をつくる。大陸を乗せるプレートがぶつかり合う場合、大陸と大陸は合体し、超大陸をつくる。プレートとプレートが離れるとき、あるいは大陸の下に新しいプレート境界がつくられ、その境界が広がっていく場合に、こうした超大陸は分割されていく。

プレートの移動は一定方向ではなく一定速度でもない。さまざまな条件によって、時にはかなり〝大胆〟に方向を変え、速くなったり、遅くなったりする。プレートに乗る大陸も、アクロバティックに移動方向を変え、回転する。

海水準も一定ではない。地球の気候が寒くなれば、氷河などに水をとられるために海水準は低くなり、氷河のない温暖期には海水準は高くなる。そのほか、大規模な地殻変動で、海底が〝上げ底〟となり、海水準が上がるときもある。

数億年も遡れば、地球はまるで別の惑星のような表情を見せるのだ。

カンブリア紀当時、地球には三つの島大陸と一つの超大陸があった 3-1。

三つの島大陸はいずれも南半球にあった。このうち、最も高緯度に位置していた大陸が「バルティカ大陸」だ。これは、のちに東ヨーロッパをつくることになる陸地である。バルティ

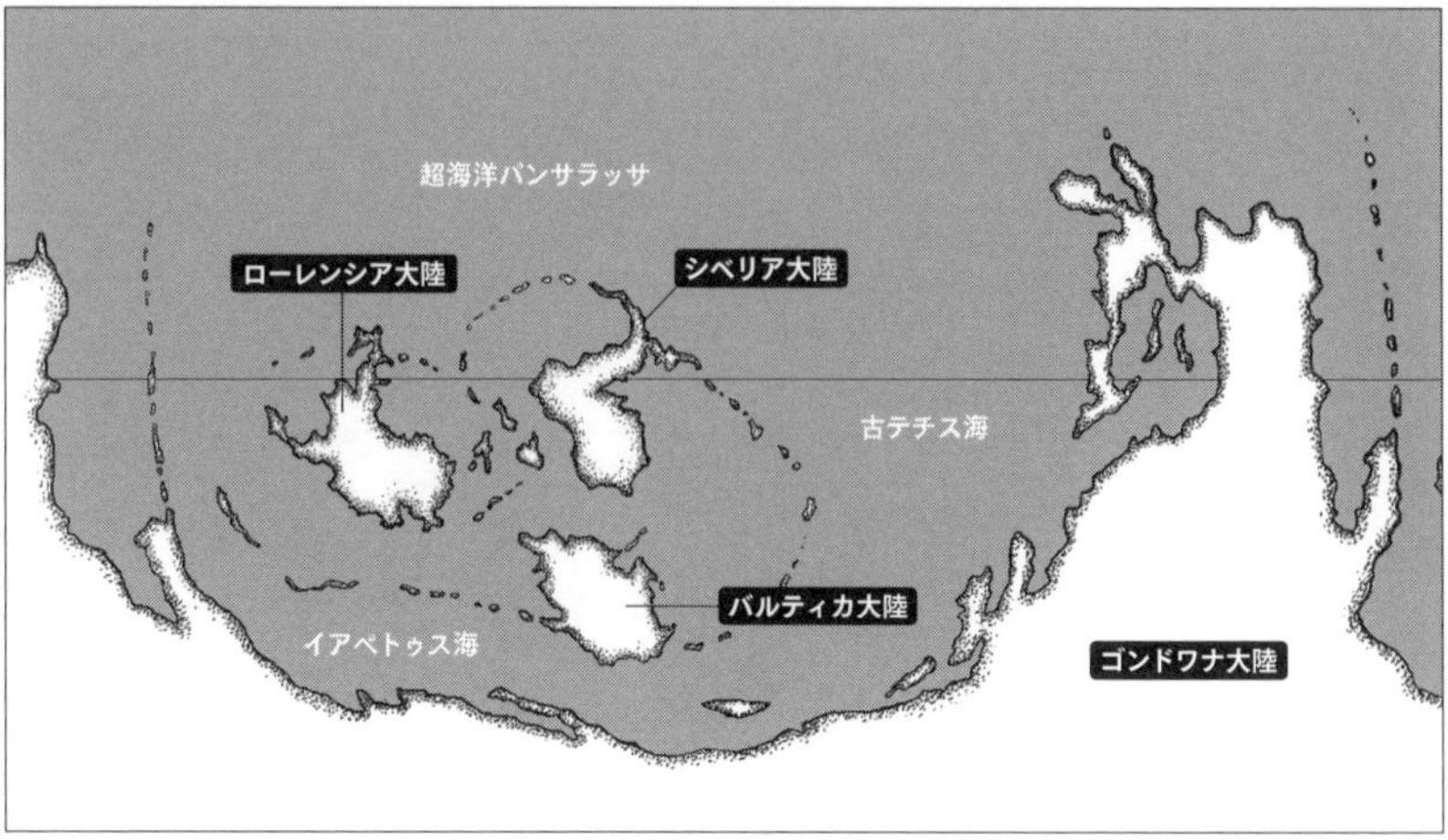

3-1 カンブリア紀の世界地図

カの北北東には「シベリア大陸」があり、北西には「ローレンシア大陸」があった。シベリア大陸は文字通りのちのシベリアとその周辺地域であり、ローレンシア大陸はのちに北アメリカ大陸となる。

ローレンシア大陸は三つの島大陸の中で最も大きく、その面積は中緯度から赤道付近にまで達していた。のちにスティーブン山となる場所は、この大陸の北岸にあったとみられている。赤道にかなり近い、温暖な場所だった。

超大陸の名前は「ゴンドワナ」。南極を中心に形成され、三つの島大陸以外の陸地が集合していた（海水準の高いときは、あちこち水没し、陸地そのものは分断されていたこともある）。その北端が赤道を越えて北半球の中緯度付近にまで達するほどの、巨大な大陸である。

地球の気候は、カンブリア紀の大半を通じて、現在よりも温暖だったとみられている。氷河は存在しなかったか、あるいは、南極の中心……ゴンドワナ超大陸の一部にあるだけだった。海水準は今よりも高く、海岸線は大陸の内部まで入り込んで、各地に広大な浅海域をつくっていた。

陸地にはまだ緑はない。もしくは、あったとしても水辺のまわりのコケ類だけだった。ほとんどの地域には、荒れた大地が広がっていたとみられている。

特殊な海洋環境

カンブリア紀の地球環境に関しては、今なお謎が多い。

かねてよりよく知られているのは、その初頭にリン酸塩が急増していたということだ。リン酸塩は、動物の殻などの硬組織をつくる材料の一つであり、生物にとって貴重な栄養源でもある。

アメリカ、ウィスコンシン大学のシャナン・E・ピーターズとカリフォルニア大学のロバート・J・ゲインズが2012年に発表した研究によると、当時の海洋では、マグネシウムイオン、ナトリウムイオン、カリウムイオン、カルシウムイオン、鉄イオンなどが増加していたという。これらのイオンもまた、動物の硬組織をつくる材料の一つとなる。

大量のイオンの供給源は、陸にあったとみられている。なにしろ、カンブリア紀の大地には植物はほぼなく、ほとんどむき出しの荒野だった。雨が降り、風が吹けば、荒野をつくる岩石は削られ、砕かれ、その岩石をつくる物質が川から海へと供給されていく。

同じ年、アメリカのポモナ・カレッジに所属するロバート・R・ガイネスたちが、カンブリア紀の海洋環境に関する論文を発表している。ガイネスたちの研究によると、カンブリア紀の海は、硫酸成分が少なかったり、アルカリ性が高かったり、さまざまな点で特殊であるという。そして、カンブリア紀以降にはそうした特殊な海洋環境は現出しなかった可能性も指摘されている。

また、こうした研究に先立って、アメリカ、イェール大学のロバート・A・バーナーが地質時代における大気中の酸素濃度と二酸化炭素濃度の変遷を計算してまとめ、2006年に発表している。「バーナーの曲線」と呼ばれるこのモデルによると、カンブリア紀初頭の大気における酸素濃度は15パーセントほどだった。その後、カンブリア紀の半ば、アノマロカリス・カナデンシスたちが生きていたころに向かって上昇し、最も高い時期には、現在の大気とほぼ同じ21パーセント程度に到達したとされる。しかし、カンブリア紀後期になると酸素濃度は下降傾向に転じ、一度17パーセント程度にまで下がったのちに、カンブリア紀末期には再び20パーセントまで上昇したという。

一方、二酸化炭素濃度はカンブリア紀の前半において現在の19～20倍もあり、その後、濃度は下降傾向に転ずるものの、それでも現在の11倍以上も濃かった。

バーナーの分析結果をもとにして、2006年に『恐竜はなぜ鳥に進化したのか』（原題『Out of Thin Air』：邦訳版は2008年に文藝春秋より刊行）を著したアメリカ、ワシントン大学のピーター・D・ウォードは、同書の中でカンブリア紀の海洋は貧酸素状態だったと指摘している。

二酸化炭素は温室効果ガスだ。その濃度が高いということは、それだけ地球が温暖だったとみられており、温暖な環境下では、海洋への酸素の溶け込みが鈍る。カンブリア紀の大気の酸素濃度は一時期「現在に匹敵した」とはいえ、カンブリア紀全体で見れば現在よりも低い。それに加えて温暖な環境だったのであれば、海水に溶けている酸素量は現在よりもかなり少なかったのではないか、ウォードはそう指摘している。

ただし、こうした化学成分やモデル計算は、サンプル数が増えれば、結果が変わることも多い。リン酸塩の増加に関しては、多くの〝教科書的書籍〟でも紹介されていることからある程度信頼できるデータといえる。しかし、各種イオンの大量増加、硫酸成分やアルカリ成分、酸素濃度や二酸化炭素濃度に関しては、今後の検証如何では、新たな知見が加わったり、従来の知見が変化する可能性もある。

アノマロカリス・カナデンシスたちが生きた海は、どのような環境だったのか。謎は多く、今後の研究の展開が期待される。

生態系は〝ほぼ〟完成

約5億4100万年前から約4億8500万年前まで続いたカンブリア紀。約5600万年間におよぶその歴史は、約5億2000万年前を境に二分される。

約5億2000万年前よりも前の時代は、いわば「歴史の空白期」だ。この時代につくられた地層からは、肉眼で確認できるサイズの動物化石がほとんど産しない。大きさ数ミリメートル以下の微小な硬組織の化石は発見されるけれども、その硬組織がいったいどのような動物の、どのようなパーツであるのかは、よくわかっていない。

約5億2000万年前より後の時代にできた地層からは、多くの動物化石が発見されている。世に言う「カンブリア爆発」とは、約5億2000万年前に起きた動物の多様化を指す場合が多い。しかし実際のところ、その変化は「化石が残りやすくなったこと」が原因であり、約5億2000万年前よりも前の時代に多様な動物がいなかったという証拠はどこにもない。化石が残りやすくなった背景には、このとき、動物たちに硬組織の発達があったためとみられている。

いずれにしろ、遅くても約5億2000万年前には、多様な動物が出現している。ちなみに、アノマロカリス・カナデンシスが確認される時期は、約5億500万年前である。

アメリカのサンタフェ研究所に所属するジェニファー・A・ドゥンネたちは、2008年にカンブリア紀の著名な化石産地のデータを解析し、当時の食物連鎖網がどの程度のものだったのかを調べた論文を発表している。

ドゥンネたちの研究によると、カンブリア紀の食物連鎖網は、すでに現在のものとよく似ており、複数種間の複雑な喰う・喰われるの関係や、食性の多様性などを確認することができるという。

つまりカンブリア紀は、アノマロカリス・カナデンシスなどの、姿形がちょっと変わった動物が多いけれども、生態系としては何ら奇異なものではないというわけである（ちょっと変わった動物については、次章でも触れるので、ご期待されたい）。

この論文に6年先行して、アメリカのシンシナティ大学のカールトン・E・ブレットとジョージア大学のサリー・E・ウォーカーは、古生代全般の海洋環境における捕食者に関する論文を発表している。この論文のカンブリア紀の項によると、トッププレデターであるアノマロカリス・カナデンシスはもちろんのこと、その〝獲物〟と目される三葉虫類でさえ、軟体性の動物にとってはプレデターだったと指摘されている。

アノマロカリス・カナデンシスと三葉虫のほかに、ブレットとウォーカーがあえて「プレデター」として名前を挙げているのは、アノマロカリス・カナデンシスの復元史の初期に登場した「シドネイア（*Sidneyia*）」や「ユタカリス（*Utahcaris*）」、「ヨホイア（*Yohoia*）」「ブランキオカリス（*Branchiocaris*）」といった動物たちである。いずれも節足動物だ。

ユタカリスは、全長10センチメートルに満たない細長い動物で、そのからだには節構造がある。尾部が扇のように広がっている点がポイントだ。現生のクモやサソリが属する鋏角類《きょうかくるい》に分類されている。あいにく不完全な化石が多く、全身像の復元にはいたっていない。

一方、ヨホイアは、ユタカリスと比べるとずっと小柄だ。大きくてもそのサイズは2センチメートルちょっと。見た目は現生のエビとよく似ており、頭部の先端には1対2本の細くて長い付属肢があった。その付属肢でものをつかむことができたとされる。分類は節足動物であるということ以

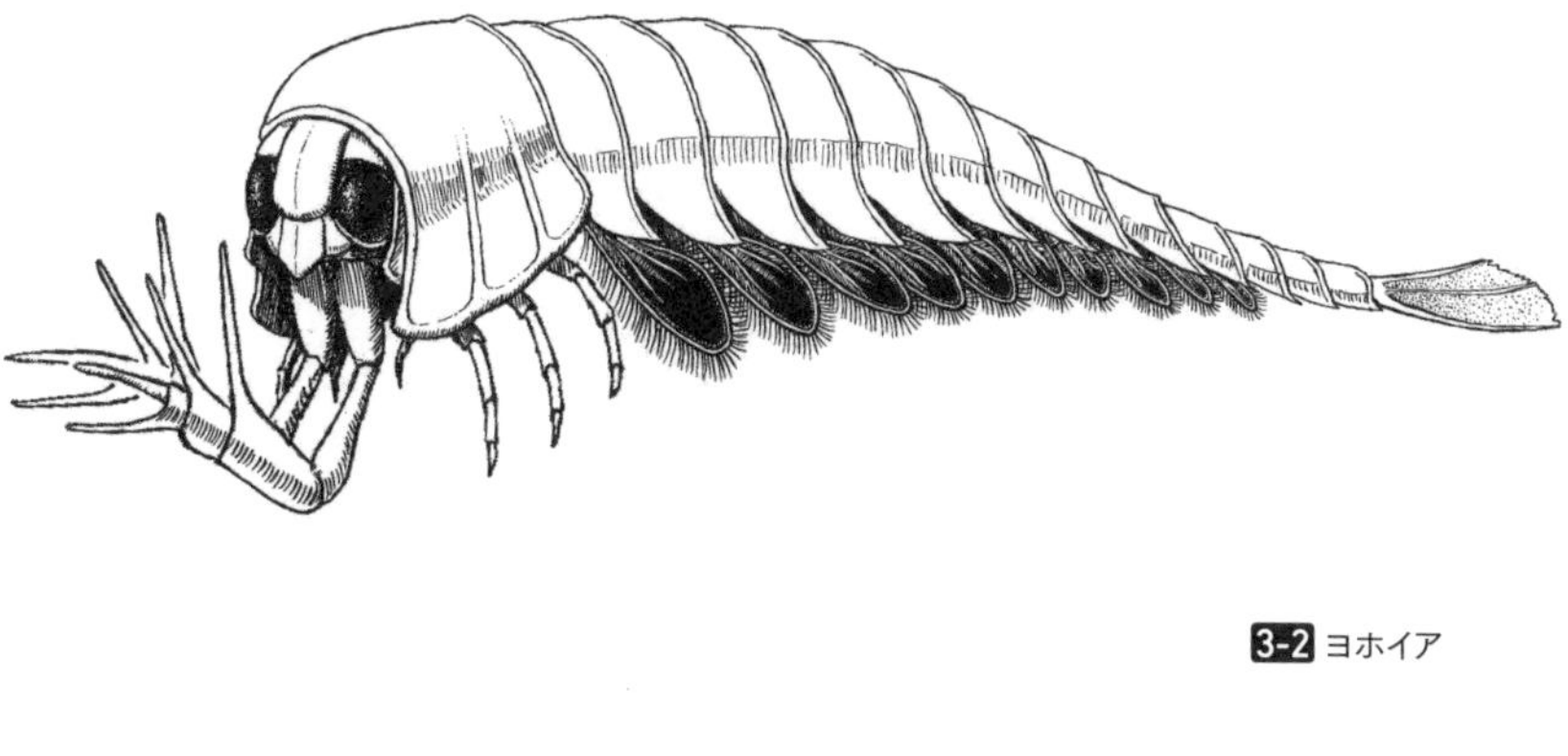

3-2 ヨホイア

上は不明である 3-2 。

ブランキオカリスは、シドネイアに迫る全長15センチメートル強の体格で、二枚の殻が前半身を覆っていた。殻からはみ出る後半身は太くて力強い。こちらも節足動物であること以上の分類はわかっていない 3-3 。

また、ブレットとウォーカーの論文では、すでに「カニバリズム《同種喰い》」があったことも報告されている。吻部にびっしりと細かなトゲを生やした全長15センチメートルほどの蠕虫状動物「オットイア（*Ottoia*）」の化石に、その痕跡が確認できるというのである 3-4 。

さまざまなサイズでさまざまな姿をした捕食者の存在。始まっていたカニバリズム……。確かにドゥンネたちが指摘するように、海洋生態系は完成していたのかもしれない。

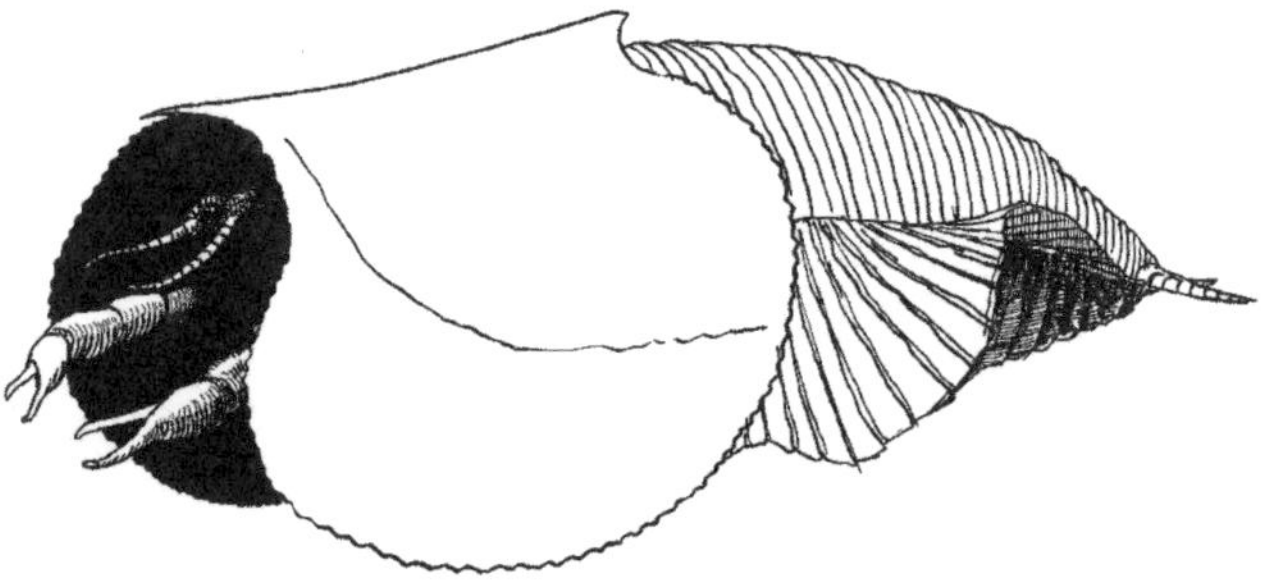

3-3 ブランキオカリス

ただし、ブレットとウォーカーは、当時の海に〝遠洋性のハンター〟が不在だった可能性にも触れている。当時の生態系は、海岸からさほど離れていない場所だけに築かれていたのではないか、というわけだ。

アノマロカリス・カナデンシスたちが生きていたのは、そんな世界だった。

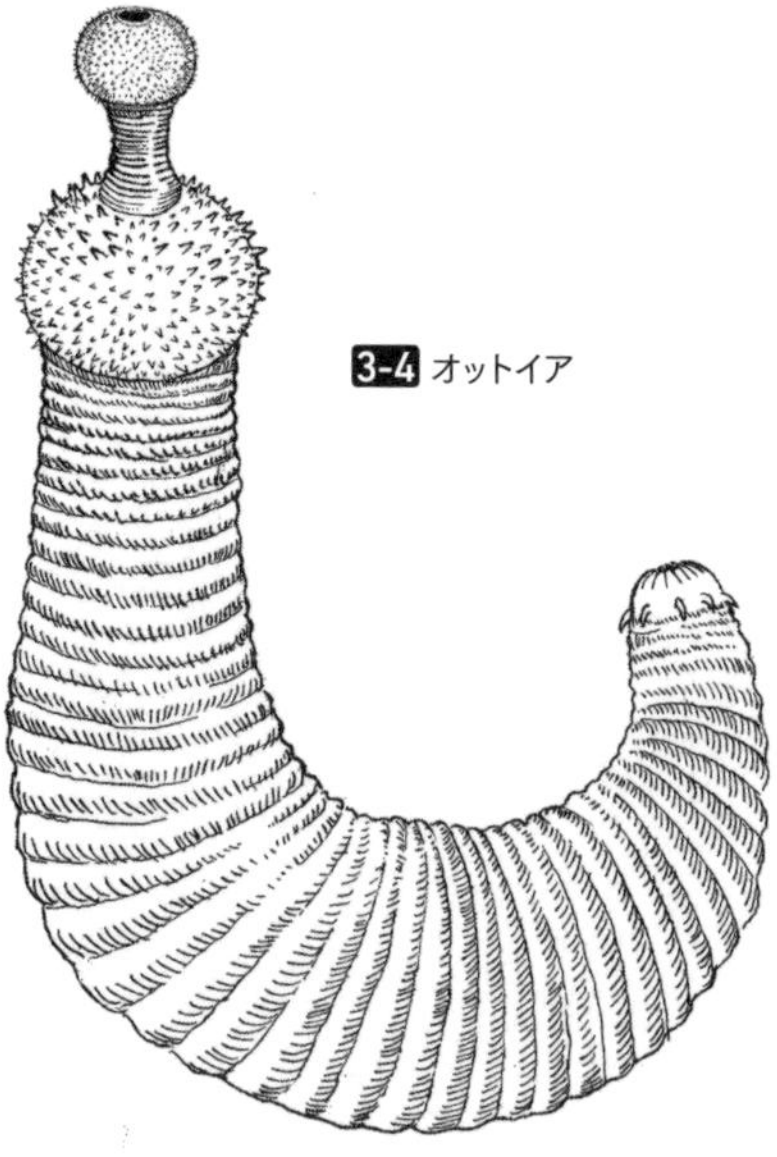

3-4 オットイア

第2章　バージェスと澄江

❁はじまりの地の〝お隣〟で発見

「アノマロカリス・カナデンシス（*Anomalocaris canadensis*）」の最初の化石は、19世紀末にカナダのブリティッシュコロンビア州にあるスティーブン山のオギゴプシス頁岩から発見された。

しかしその「最初の化石」以外の研究上重要な標本のほとんどは、オギゴプシス頁岩ではなく、「バージェス頁岩」と呼ばれる別の地層から産出している。そこで本章ではまず、バージェス頁岩について筆を進めていこう。

そもそもバージェス頁岩は、アメリカ人古生物学者、チャールズ・ドゥーリトル・ウォルコットによって発見された、今から約5億500万年前の地層である。ウォルコットは、第1部第1章で登場した「ペイトイア・ナトルストアイ（*Peytoia nathorsti*）」「ラッガニア・

カンブリア（*Laggania cambria*）」の名づけ親と書けば、ご記憶だろうか。

ウォルコットは1850年生まれのアメリカ人で、アメリカ地質調査所の所長、ワシントン・カーネギー協会の長官、スミソニアン協会の長官、アメリカ科学振興協会の長官、アメリカ科学アカデミーの長官、大統領科学顧問といった〝凄まじい肩書き〟をもっていたことで知られる。研究者としてもかなり優秀な人物であり、生涯に発表した学術論文は数百を数え、とくに三葉虫を専門としていた。バージェス頁岩の発見者として今日よく知られている人物だけれども、仮にバージェス頁岩の発見がなくても、歴史に名を残す人物だったといえる。

そんなウォルコットがスティーブン山を訪れたのは、1907年のことである。しかしこの年、ウォルコットは綿密な調査を行うも、とくに大きな発見はなかったようだ。

1909年、ウォルコットは家族を伴ってオギゴプシス頁岩の調査にやってきた。目的はオギゴプシス頁岩の分布が他の場所にも確認できるかどうか、というものだった。このとき、ウォルコットが目をつけたのはスティーブン山の周辺にある山々だった。同じような標高の山があれば、同じような場所にオギゴプシス頁岩があるのではないか、と考えたようだ。

スティーブン山の北北西に、ワプタ山とフィールド山がある。この二つの山を結ぶ尾根の近くを歩いていたところ、ウォルコットは〝興味深い化石〟をいくつか発見し、その産地を特定することに成功した。そして、その産地において、1910年からウォルコット一家による本格的な発掘が開始され、翌1911年にこの化石産地に「バージェス頁岩」という名前が与えられる。

このときウォルコット一家が発掘をした場所は、現在では、「ウォルコット採掘場」と呼ばれている。水平方向の長さは50～80メートルほど、高さは10メートルに満たない狭い場所だ。狭い場所だけれども、今日、バージェス頁岩産の動物化石として知られる標本の多くは、このウォルコット採掘場で採掘されたものである。

その後、1930年になると、アメリカのハーバード大学に所属するパーシー・レイモンドによって、ウォルコット採掘場の22メートル上方に、バージェス頁岩の新たな採掘場が見出され、「レイモンド採掘場」と名づけられた。

そして、1980年代になるとカナダのロイヤル・オンタリオ博物館の調査によってレイモンド採掘場の40メートル上方に新たな採掘場が発見され、調査を率いたデスモンド・コリンズの名をとって「コリンズ採掘場」と名づけられた。

三つの採掘場は上下方向に並んでいる。このことから、バージェス頁岩自体の厚さは約100メートルにおよんでいたとみられている。そして、その厚さの地層が堆積するために要した時間は、約20万年と推測されている。

アノマロカリス・カナデンシスに限っていえば、その化石は、スティーブン山で最も多くの標本が発見され、またスティーブン山からレイモンド採掘場の間の尾根に点在する他のいくつかのポイントでも数百を超える標本が発見されている。ただし、そのほとんどは付属肢のみだった。

一方、ウォルコット、レイモンド、コリンズの三つの採掘場から発見されているアノマロカリス・カナデンシス標本は、スティーブン山の地層や尾根などで発見されている標本と比べると、数はけっして多くはない。

しかし、そのかわりというわけでもないだろうが、復元に重要な部位はこれらの採掘場から発見されている。とくにレイモンド採掘場からは、「完璧」といえる標本が見つかっている。すなわち、これらの採掘場の発見がなければ、アノマロカリス・カナデンシスに関する理解の進展はなかったのだ。

カンブリア紀当時、バージェス頁岩に含まれている化石の主たちは、海岸から400キロメートル離れた海底付近に生息していたとみられている。

そこには高さ100メートル以上の急斜面があったようだ。

あるとき、その急斜面が崩れ落ちた。

崩落は大規模な泥流を発生させ、雪崩のように斜面近くに生きる動物たちを巻き込みながら下降していった。泥流は急斜面からゆるやかな斜面へと流れ落ち、最終的には深海底へ到達した。こうして深海底にたまった地層が、のちにバージェス頁岩になったとみられている。したがって、バージェス頁岩は堆積した場所こそ深海だけれども、そこに含まれる化石は、もともとはもっと浅い水深を生きていた動物たちのものである可能性が高い。

深海は酸素が乏しく、動物の遺骸を分解するような微生物が少ない。また、そもそも泥流に巻き込まれて急速に埋没しているため、他の動物に遺骸が食べられにくい。さらに、泥流の中にあったカルシウムとアルミニウムが遺骸をコーティングすることになった。こうしたさまざまな要因が、異例なほどに保存状態の良い遺骸を残し、今日のアノマロカリス・カナデンシスに対する知識を支えているのである。

〝同期の仲間〟たち

本書では、これまでにアノマロカリス・カナデンシス以外にも、いくつかのバージェス頁岩産の古生物に言及してきた。たとえば、ウォルコットが誤って復元した「シドネイア（*Sidneyia*）」3-5、ウォルコットはとくに言及していなかったけれども、のちにアノマロカリス・カナデンシスの誤復元の〝パーツ〟となった「ツゾイア（*Tuzoia*）」3-6、前章で紹介した「ヨホイア（*Yohoia*）」「ブランキオカリス（*Branchiocaris*）」「オットイア（*Ottoia*）」な

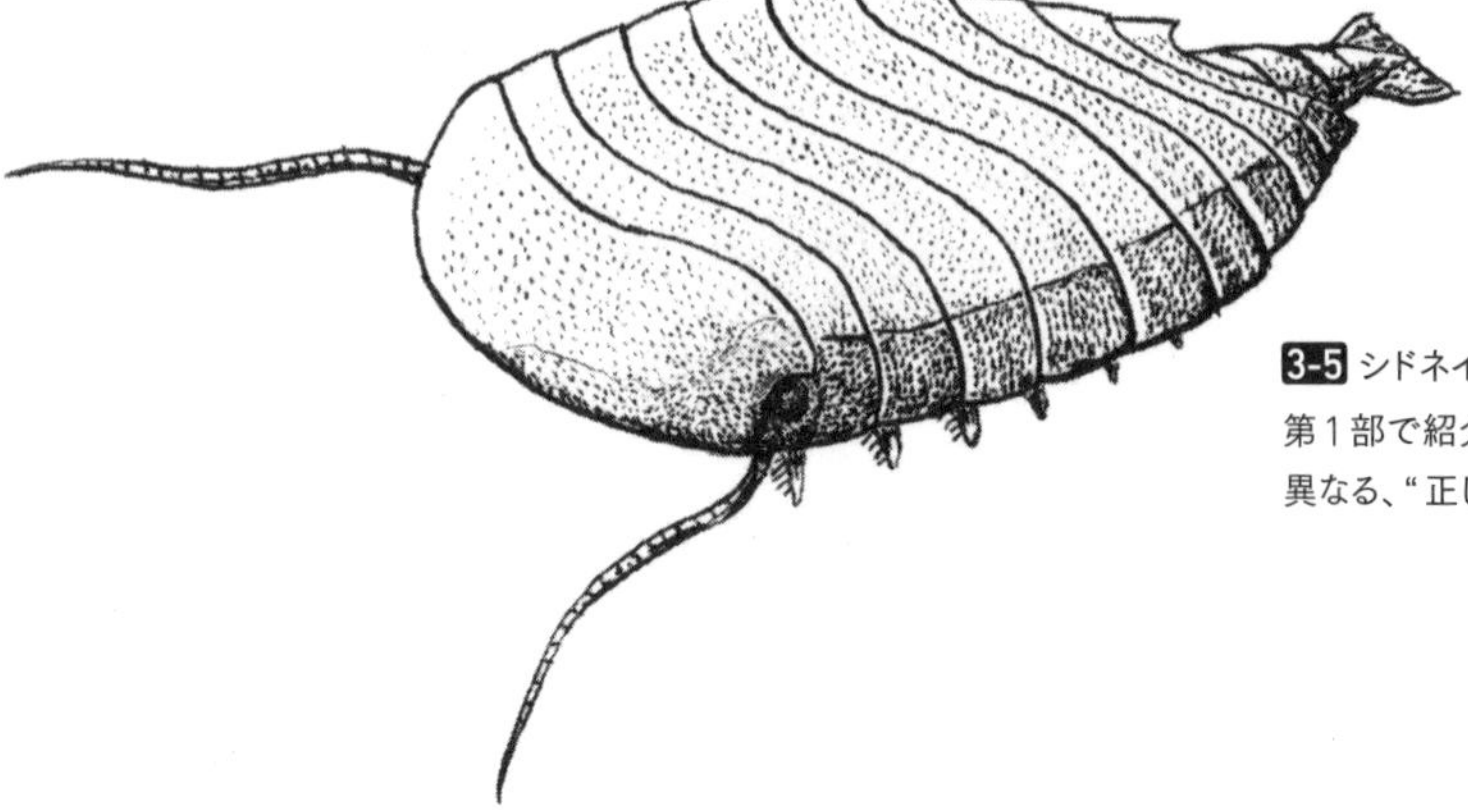

3-5 シドネイア
第１部で紹介したものとは
異なる、“正しい生態復元”。

3-6 ツゾイア
第１部で紹介したものとは異なる、“正しい
生態復元”。

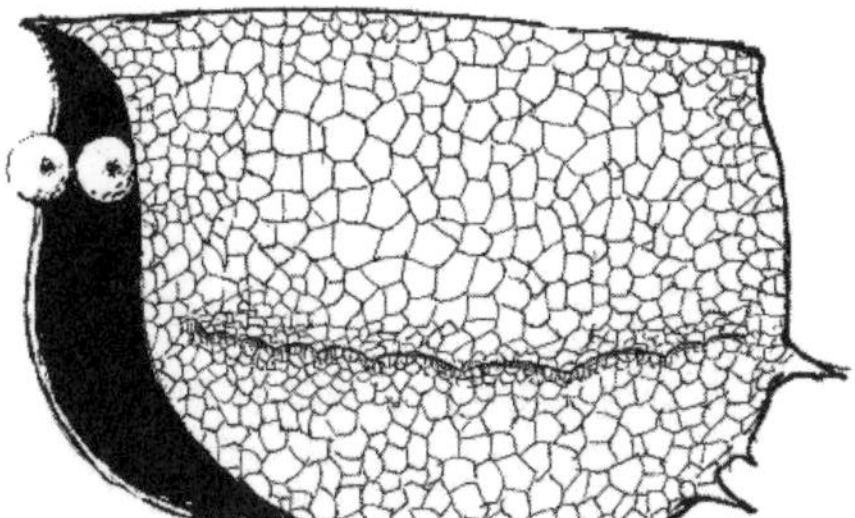

どである。
バージェス頁岩からは、他にも特筆すべき動物化石がいくつも発見されている。本項ではその中から筆者のイチオシを紹介しておきたい。
まずは、何はなくとも「オパビニア（*Opabinia*）」だろう。ウォルコットが1912年に報告した全長10センチメートルほどの動物である。バージェス頁岩の

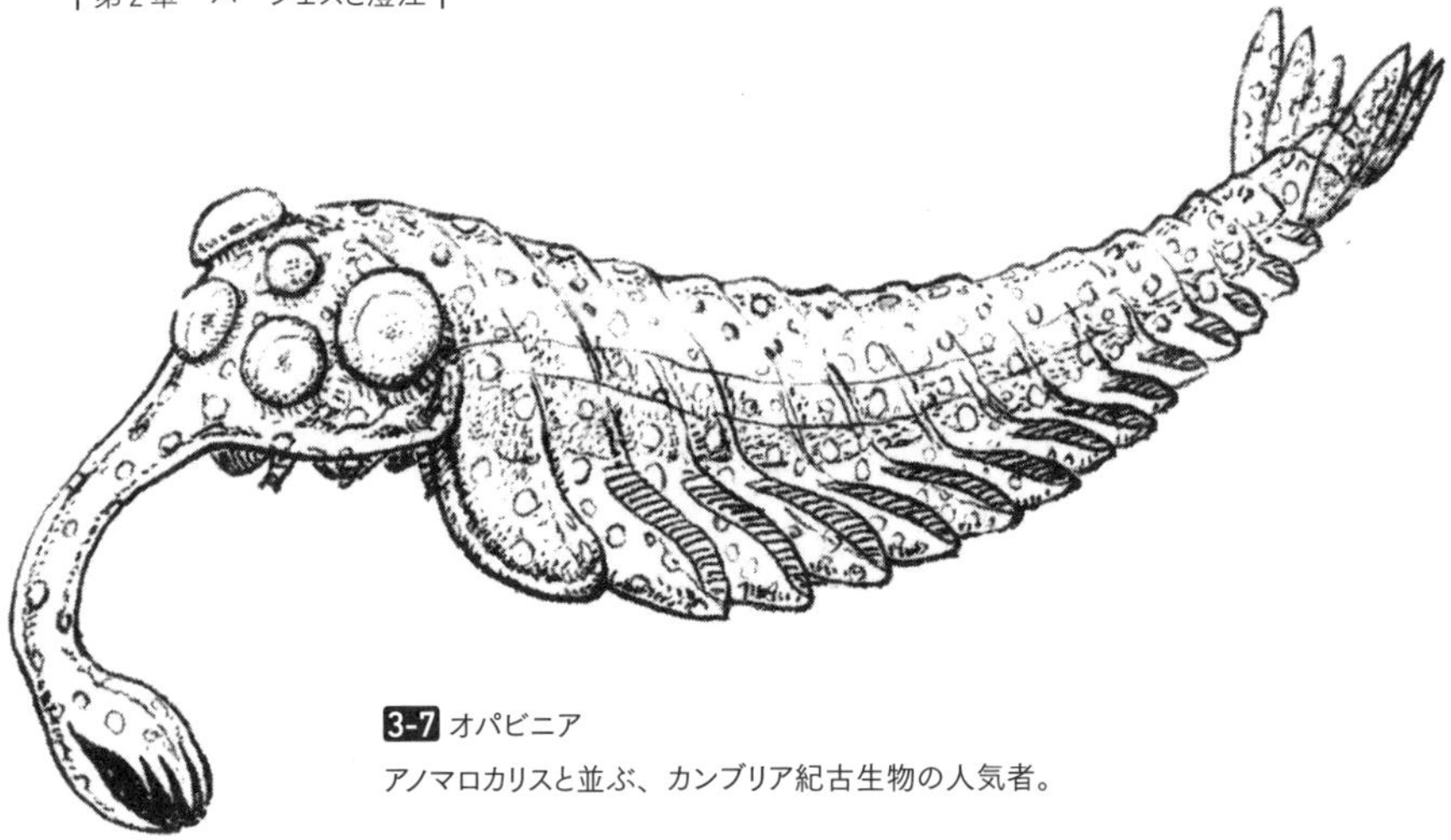

3-7 オパビニア
アノマロカリスと並ぶ、カンブリア紀古生物の人気者。

〝お膝元〟であるロイヤル・オンタリオ博物館のウェブサイトによると、2008年の段階でわずか42標本しか発見されていないという超希少種だ。ウォルコット採掘場とレイモンド採掘場でのみ、その化石は確認されている。このデータは、本書執筆時よりも10年以上前のものだけれども、その後、大量に化石が発見されたという報告はなされていないから、まだこの数に大きな変動はなさそうだ。

オパビニアの姿は、ある意味でアノマロカリス・カナデンシスよりも奇異である。ウォルコットが報告した時点ではまだその〝全貌〟は明らかではなかったが、1975年にケンブリッジ大学のハリー・ウィッティントンが復元に成功すると、一気にその知名度を高めることになった 3-7 。

なにしろ、眼が五つもあるのだ。ほぼ同じサイズの五つの眼が頭部に所狭しと並んでいる。現生の動物でも、たとえば、クモの仲間には8個の眼をもつ種類がいるが、それぞれの眼には大小のサイズの差があり、頭部表面に占める面積はオパビニアほどではない。

さらに、オパビニアの頭部の底からは前方に向けて柔軟性の高いノズルが伸び、そのノズルの先は水平に切れ目が入っていて、そこに細かなギザギザが並んでいた。このノズルには、ゾウの鼻のような役割があり、食物を捕らえ、頭部の底面にある口へ運ぶことに役立っていたとみられている。からだは15の節に分かれ、それぞれの節にはえらの付いたひれがあった。また、逆三角錐型のあしをもっていたことも知られている。

なお、オパビニアはアノマロカリス・カナデンシスとの関係性も議論されているので、本書でものちほどまた大きく取り上げることになる。

次いで、「ハルキゲニア（*Hallucigenia*）」である。この名をもつ動物は、のちほど紹介する中国の産地でも報告されている。しかし、バージェス頁岩のウォルコット採掘場とレイモンド採掘場、スティーブン山で発見されているハルキゲニアはカナダの固有種で、その正式な種名《フルネーム》を「ハルキゲニア・スパルサ（*Hallucigenia sparsa*）」という。中国のものとは同属別種という扱いで、オパビニアと同等の希少度の高い動物である。

ハルキゲニアもまた、1911年にウォルコットによって報告された動物である。しかし、オパビニアと同様に当初はさほど大きな注目を集めていなかった。ウィッティントン率いるケンブリッジ・プロジェクトの一員であるサイモン・コンウェイ・モリスによって再研究がなされ、１９７７年にその復元図が公開されてから注目されるようになった。

全長は3センチメートルほど。コンウェイ・モリスの復元では、チューブ状の胴体をもち、その一端には「頭部のような膨らみ」があった。また、チューブ状の胴体の下は、まるで「トゲのように鋭く長いあし」が2列14本並ぶ。そして、背中には「煙突のような構造」が1列になって並んでいた。まさに珍奇そのものの姿だった3-8。

しかしその後、ハルキゲニアの復元は、アノマロカリス・カナデンシスのように変遷を遂げていく（もっとも、第1部第1章で紹介したアノマロカリス・カナデンシスほど複雑な話ではない）。

１９９２年になって、１９７７年の報告は上下が逆だったことが明らかになる。1列しかないと思われていた「煙突のような構造」は実は2列あり、その先にキチン質の爪が付いていたことが判明したのだ。「爪がある」「２列あ

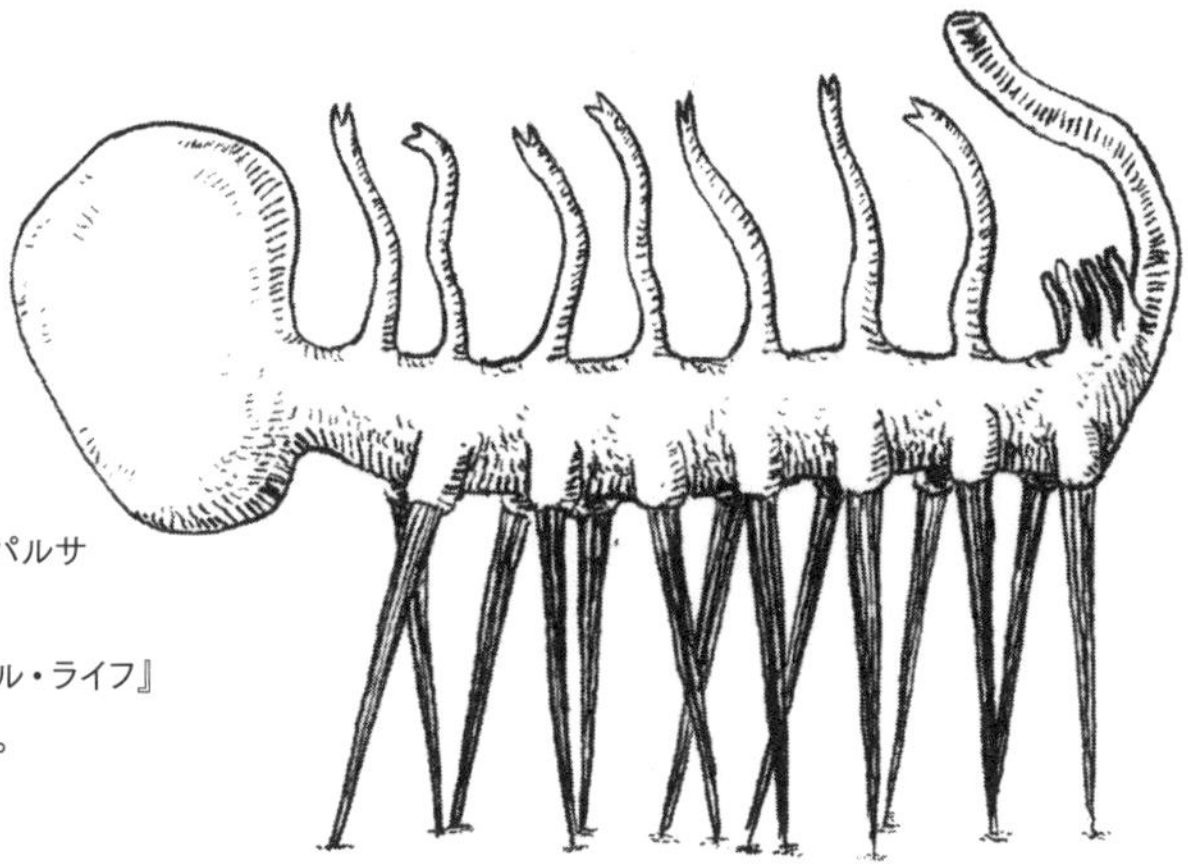

3-8 ハルキゲニア・スパルサ
1977年版
この復元は、『ワンダフル・ライフ』邦訳版の表紙も飾った。

る」ということで、「煙突のような構造」はあしであることがわかり、そして、「トゲのように鋭く長いあし」はあしではなく、文字通りに「トゲ」だったことも明らかになった。また「頭部のような膨らみ」は、化石化の直前に滲み出たこの動物の体液（の痕跡）だったという 3-9。

その後、2015年になると、チューブ状の体の一端（体液の痕跡とは逆方向）に眼と口と歯が確認された。これによって、頭部の位置も特定されるにいたったのである。

もう一つ、「マルレラ（*Marrella*）」も紹介しておきたい。オパビニアやハルキゲニアと比較するとはるかに化石が多産している動物だ。ウォルコット採掘場、レイモンド採掘場のほか、スティーブン山や周囲の山々でも化石が発見されている 3-10。

マルレラは、ウォルコットがワプタ山とフィールド山を結ぶ尾根の斜面で最初に発見した化石の一つで、彼のフィールドノートにその記録が残っている。その後、1912年に正

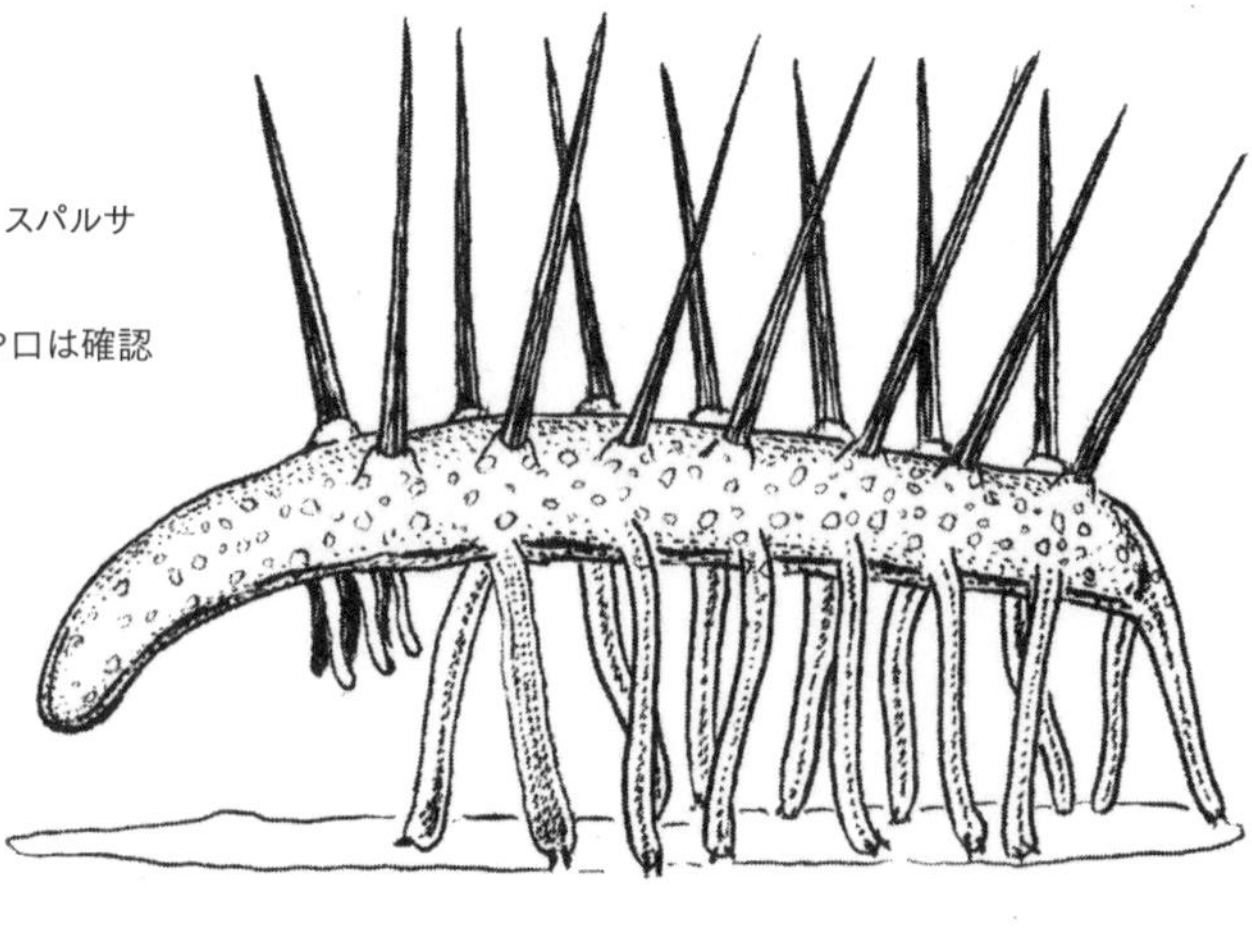

3-9 ハルキゲニア・スパルサ
1992年版
この段階では、眼や口は確認されていない。

式に報告された。

全長は2・5センチメートルほどと小さく、真上から見たときのその概形は逆三角形に近い。頭部では左右に向かって太いトゲが伸び、そのトゲは途中で弧を描いて後方へ向かう。また、後頭部にも同様のトゲが2本あり、後方へ向かって伸びていた。長い触角も特徴の一つで、その触

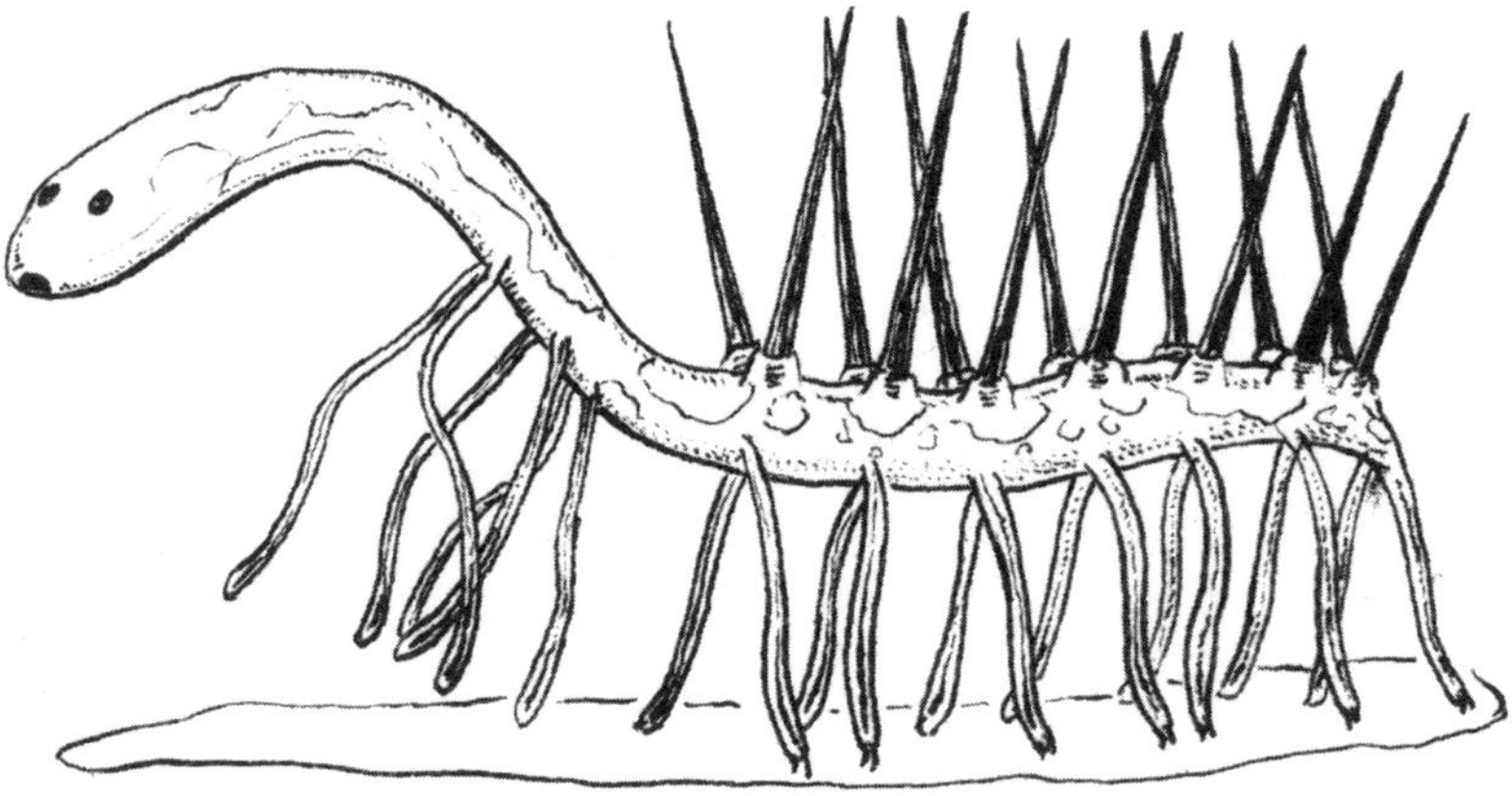

3-10 ハルキゲニア・スパルサ2015年版
眼や口が確認された。……これで、“復元の変遷”は決着したのだろうか。

3-11 マルレラ

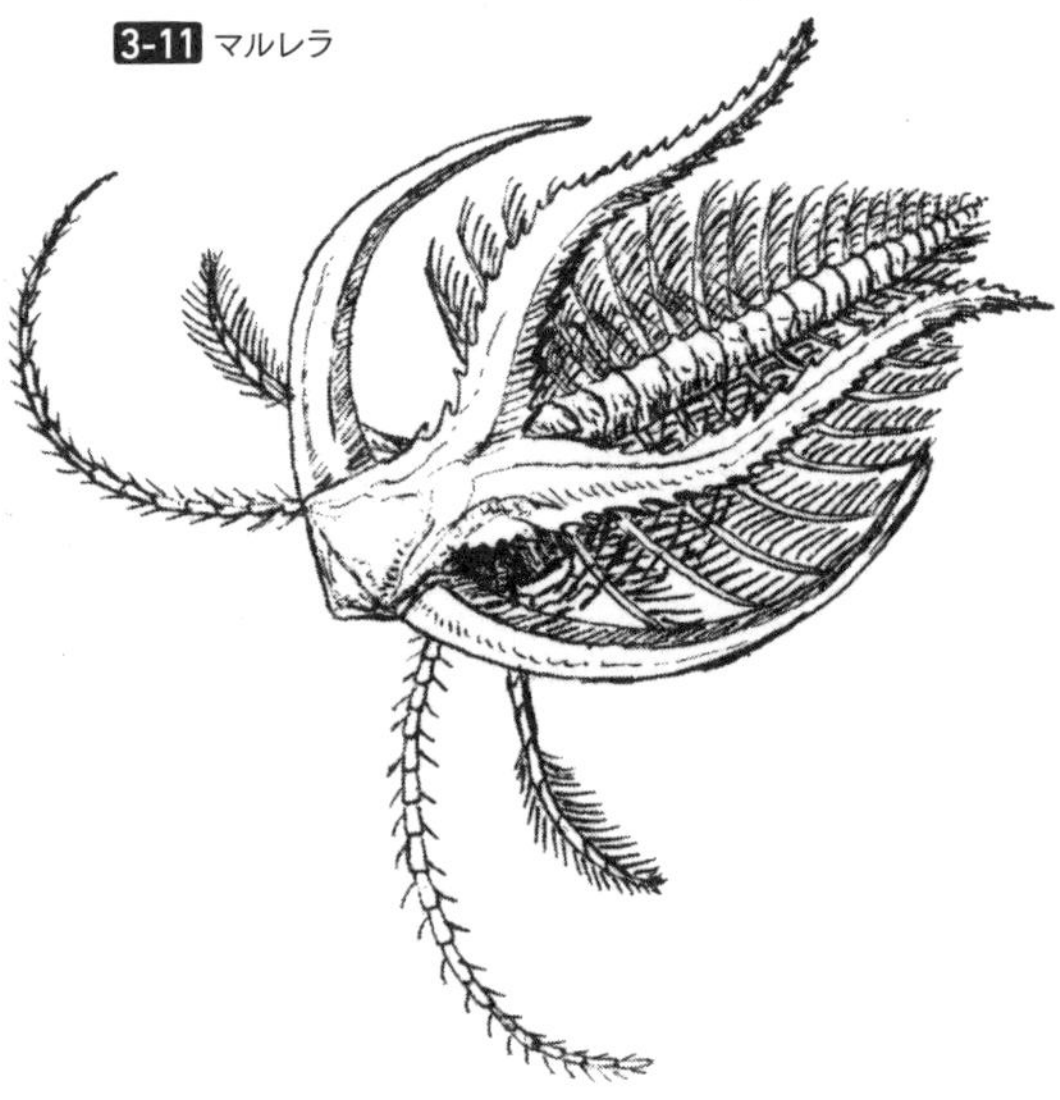

角は30節以上に分かれ、故に高い柔軟性があったものとみられている。胴には約20対のあしがあり、そのあしは根元で上下二つに分かれ、下方は歩行用、上方にはえらがある。あしの長さは、頭部に近いほど長く、後ろほど短くなっていた[3-11]。

特筆すべきは、頭部のトゲだ。どうやら虹色に輝いていたことが指摘されている。見る角度によって、色が変化したようだ。

この「虹色」は色がついていたわけではない。そうした色素が化石に残っていたわけでもない。化石を見るとそこに非常に細かい溝があり、その溝が光を乱反射させていたと考えられているのだ。

いわゆる「構造色」であり、現代社会でみられるCDやDVDの裏面と同じである。

色があるということは、それを認識できる動物がいたということだ。

マルレラ自身がそうであったかもしれないし、あるいは、アノマロカリス・カナデンシスのような大型の捕食者がそうであり、彼らに対する威嚇として役立っていたのかもしれない。

この色の役割については、まだよくわかっていない。

もう一つの大産地

アノマロカリス・カナデンシスと断定される化石は、今のところ、カナダだけで発見されている。しかし、その近縁種の化石は、世界各地のカンブリア紀の地層から報告されており、彼らが当時、いかに〝強力なグループ〟だったのかを物語っている。

カナデンシスと同じ「アノマロカリス」の属名をもつものとしてよく知られているのは、「アノマロカリス・サロン（*Anomalocaris saron*）」だろう。アノマロカリス・カナデンシスよりも1500万年ほど古い世界……つまり、約5億2000万前に生きていた同属別種である。

アノマロカリス・サロンは、摂食用付属肢の標本が多数発見されている。そのサイズは10センチメートルに満たないものばかりで、それらの中には数センチメートルというものもある。アノマロカリス・カナデンシスの20センチメートル超の付属肢と比べると、随分小さい。ただし、その形状はアノマロカリス・カナデンシスのものとよく似ていて、1995年に中国科学院のホウ・シャンワンが報告したときは、アノマロカリス・カナデンシスの付属肢を細長く伸ばしたような図が用意された。この図は、そののちにわずかに修正され、中国の雲南大学に所属するジン・グオが2018年に発表した論文では、付属肢の腹側に並ぶ三叉のトゲの側面に、細かなトゲが並んでいる 3-12。

アノマロカリス・サロンの全長は少なくとも20センチメートルはあるとみられている。アノマロカリス・カナデンシスにはおよばないものの、当時の世界では十分大型だ。アノマロカリス・カナデンシスと同じように大きな眼をもち、からだの左右にはひれが並び、そして尾びれもあった。また、からだの後端からは1対2本の細長い〝尻尾〟が伸びていたこともわかっている。2017年に中国科学院のハン・ゼンたちが発表した論文によると、頭頂部にはアノマロカリス・カナデンシスと同じような円形の甲皮があったとされる 3-13。背中には植物の葉のような形をした鱗があり、ひれにはえらのような構造があり、ひれの下には歩行用の細いあしがあったのではないか……という指摘もあるが、とくにあしに関しては、断定できるほどの情報は揃っていない。まだ謎の多い動物である。

そんなアノマロカリス・サロンの産地が、中国南西部雲南省にある澄江《チェンジャン》だ。

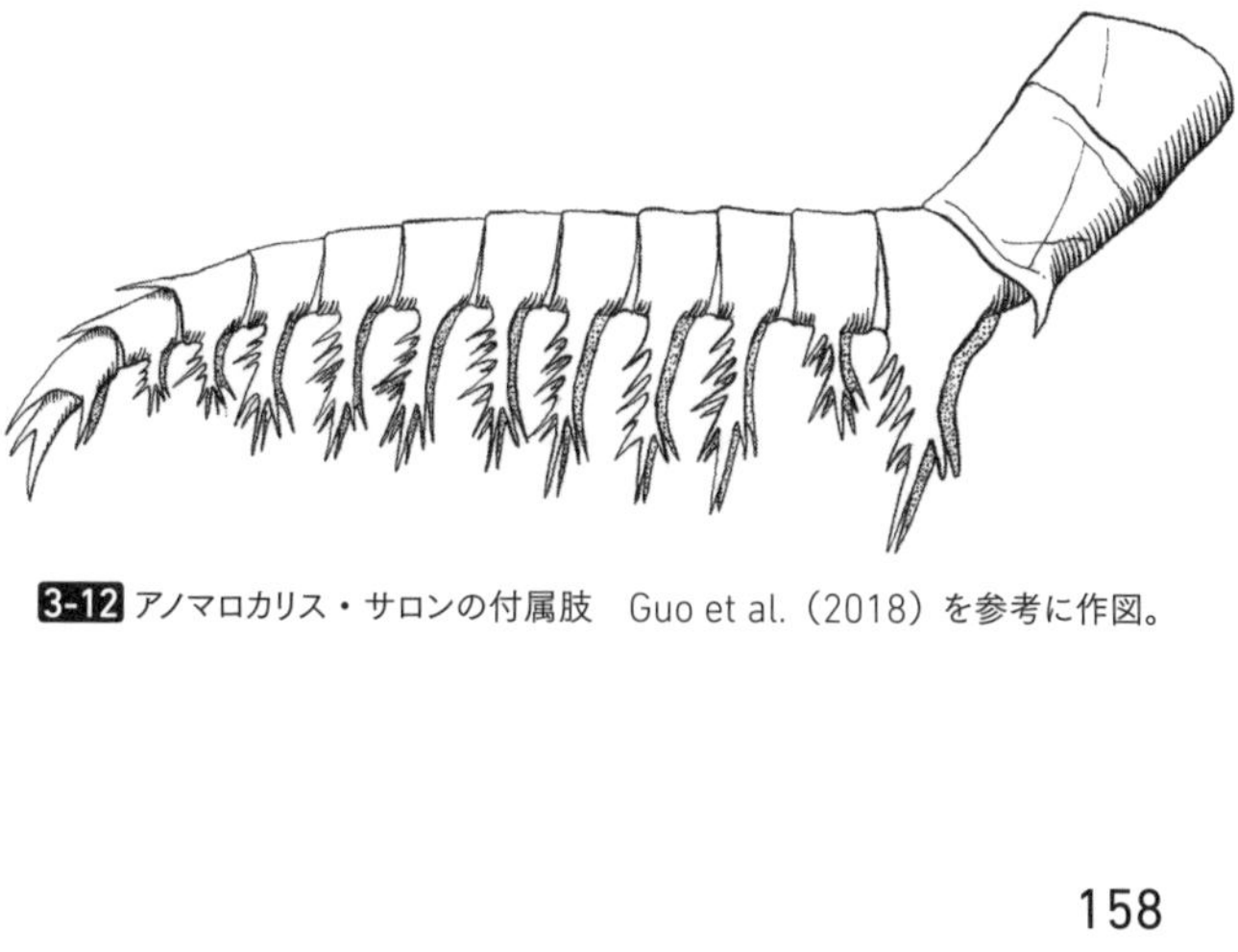

3-12 アノマロカリス・サロンの付属肢　Guo et al.（2018）を参考に作図。

澄江におけるカンブリア紀の化石群の発見は、奇しくもカナダでウォルコットが、バージェス頁岩を発見した時期とほぼ重なっている。1907年から1910年にかけて、複数のフランス人地質学者が、澄江から三葉虫化石などを報告していたのだ。

しかしその後、日中戦争から国共内戦と混乱期が続いた。ようやく落ち着いて本格的な発掘が始まったのは1980年代からだ。

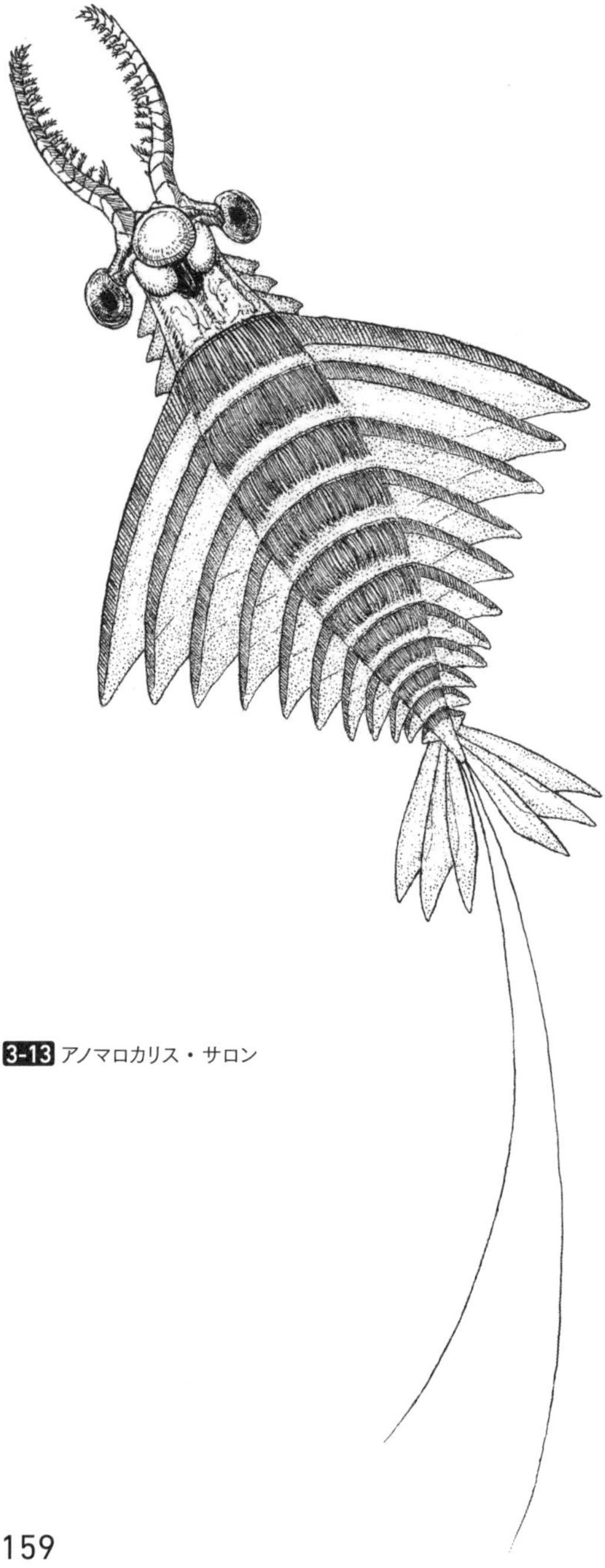

3-13 アノマロカリス・サロン

このときから中国科学院のチームと西北大学のチームが競うように発掘し、発見した化石を論文に書いて発表してきた。両機関の競争の結果として、1990年代にはすっかり、澄江は世界を代表する化石産地の一つとなっていた。

澄江とバージェス頁岩は、いくつもの違いがある。

一つは、その地層が堆積した時期だ。

前述した通り、澄江はバージェス頁岩よりも1500万年ほど古い。カンブリア紀の話をしていると、「億」単位の表記が頻出するためにすっかり感覚が鈍っているかもしれないが、「1500万年」という数字はよくよく考えると相当な値である。なにしろ、人類史をたどれば、人類は出現してから現在までに700万年しか経っていない。私たち「ホモ・サピエンス（*Homo sapiens*）」が分類されるホモ属の歴史にいたっては、230万年と少ししかない。ホモ属誕生から現生人類の登場までにかかった時間を6回以上繰り返して、ようやくなんとか〝バージェス頁岩の時代〟から〝澄江の時代〟まで遡ることができるのだ。

また、化石産地の状況も異なる。

バージェス頁岩におけるウォルコット、レイモンド、コリンズの採掘場は、それなりの高さのある山と山をつなぐ尾根にあり、アクセスするにもそれなりの準備が必要である。そのかわり、俗世から離れた風光明媚な場所として知られる。

一方の澄江は、市街地から5キロメートルほどしか離れておらず、周囲には生活感あふれる農地が点在している。この立地もあって、中国科学院のチームも、西北大学のチームも、現地の農民を雇って組織的な発掘を進めている。

また、地層をつくる岩石も異なり、バージェス頁岩は文字通り「頁岩」であることに対して、澄江の岩石は泥岩から粘土質の岩石である。

化石の産状を見ると、バージェス頁岩で化石が見つかる動物たちは、泥流に巻き込まれて深海まで運ばれたものだ。一方、澄江で化石が見つかる動物たちにはそこまで極端な移動はなかったとみられている。ぺしゃんこに潰されたものばかりのバージェス頁岩の化石と比べ、澄江の化石には厚みが残っているものもある。

当時の地図で見れば、バージェスはローレンシア大陸の北岸にあった。澄江は緯度はローレンシア大陸北岸とさほど変わらないけれども、ゴンドワナ超大陸の沿岸に位置していた。より正しく言えば、ゴンドワナ超大陸が完成する直前に、その西に存在していたいくつかの小規模な陸塊の北沿岸にあったとみられている。

澄江の動物たち

アノマロカリス・サロンとともに生きていた動物たちをいくつか紹介しておこう。なお、アノマロカリス属の近縁種は第4部でまとめる。本項ではその他の動物からピックアップしたい。

まずは、「ハルキゲニア」だ。バージェス頁岩でも化石が見つかっている、チューブ状のからだとトゲの列をもつ動物だ。ただし、バージェス頁岩のハルキゲニアは「ハルキゲニア・スパルサ」というカナダの固有種であり、澄江のハルキゲニアは「ハルキゲニア・フォルティス（*Hallucigenia fortis*）」という中国の固有種である。

ハルキゲニア・フォルティスは、全長2・2センチメートルとハルキゲニア・スパルサとほぼ同サイズ。ただし、背中のトゲが両種では異なっていて、スパルサと比べるとフォルティスのそれは太くて短い。また、スパルサの

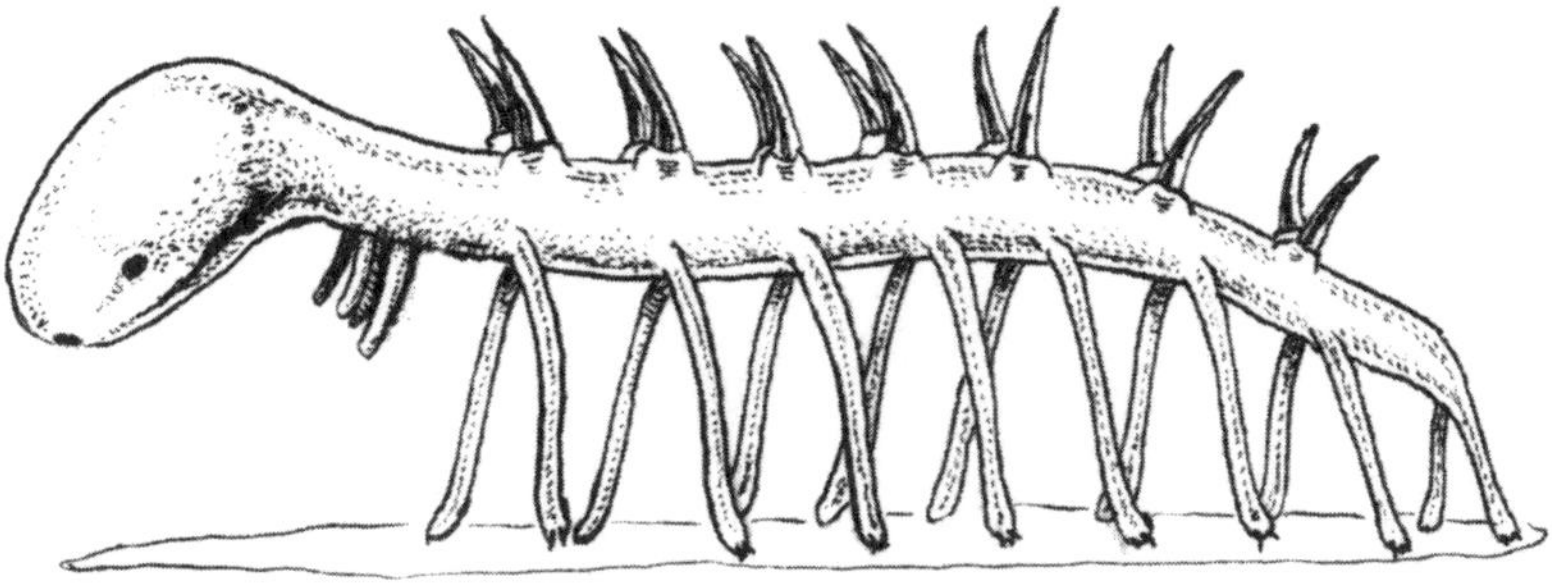

3-14 ハルキゲニア・フォルティス

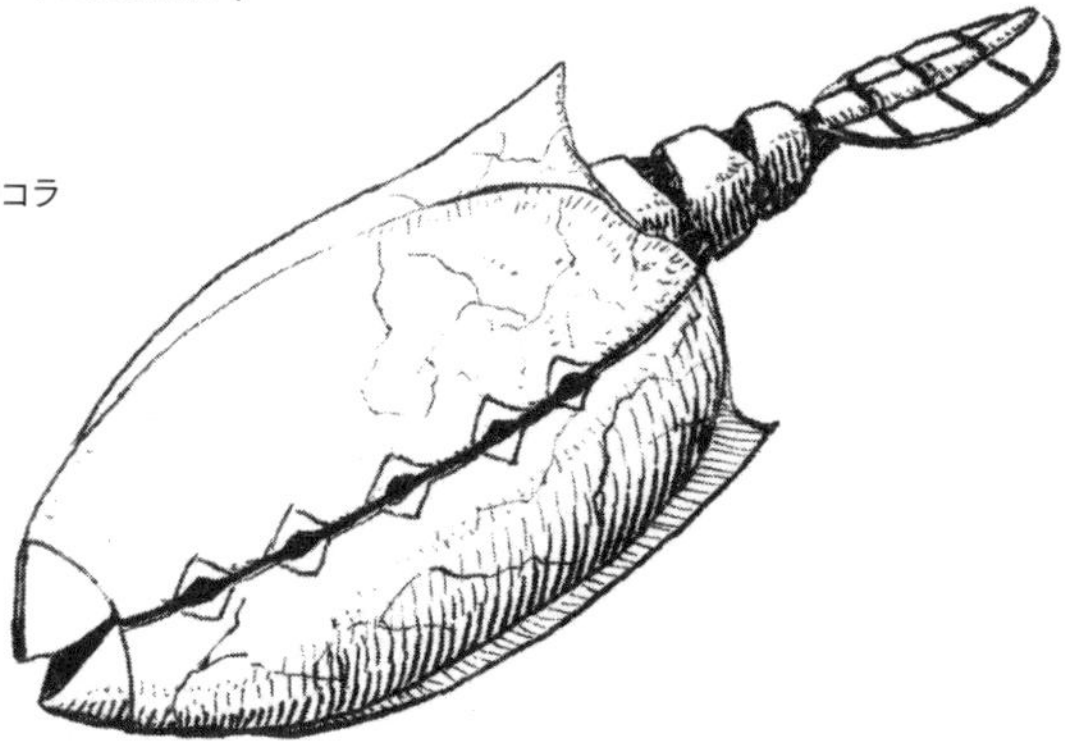

3-15 ヴェトゥリコラ

場合、発見当初に「頭部のような膨らみ」とみられていた構造はのちに否定されたが、フォルティスには明瞭な「頭部のような膨らみ」がある。……いや、眼のようなつくりも確認されているので「頭部のような膨らみ」ではなく「頭部」と言うべきかもしれない 3-14。

「ヴェトゥリコラ（*Vetulicola*）」も紹介しておこう。この動物は全長10センチメートルほどで、殻のようなものでできた頭部と、エビのような形状の腹部で構成され、腹部の末端は団扇のようになっていた。「殻のようなものでできた頭部」とは言っても、それは前章で紹介したブランキオカリスのようなつくりではない。ブランキオカリスのような殻をもつ動物において、通常、その殻の腹側は開いている。その開いた腹側から、場合によってはチラリと付属肢が見えるものだが、ヴェトゥリコラは違っていた。腹側で開かず……したがって付属肢は見えず、そして殻の側面に五つの切れ込みが水平に並んでいた 3-15。おそらく濾過食者で、口から吸い込んだ水をこの切れ込みから排出

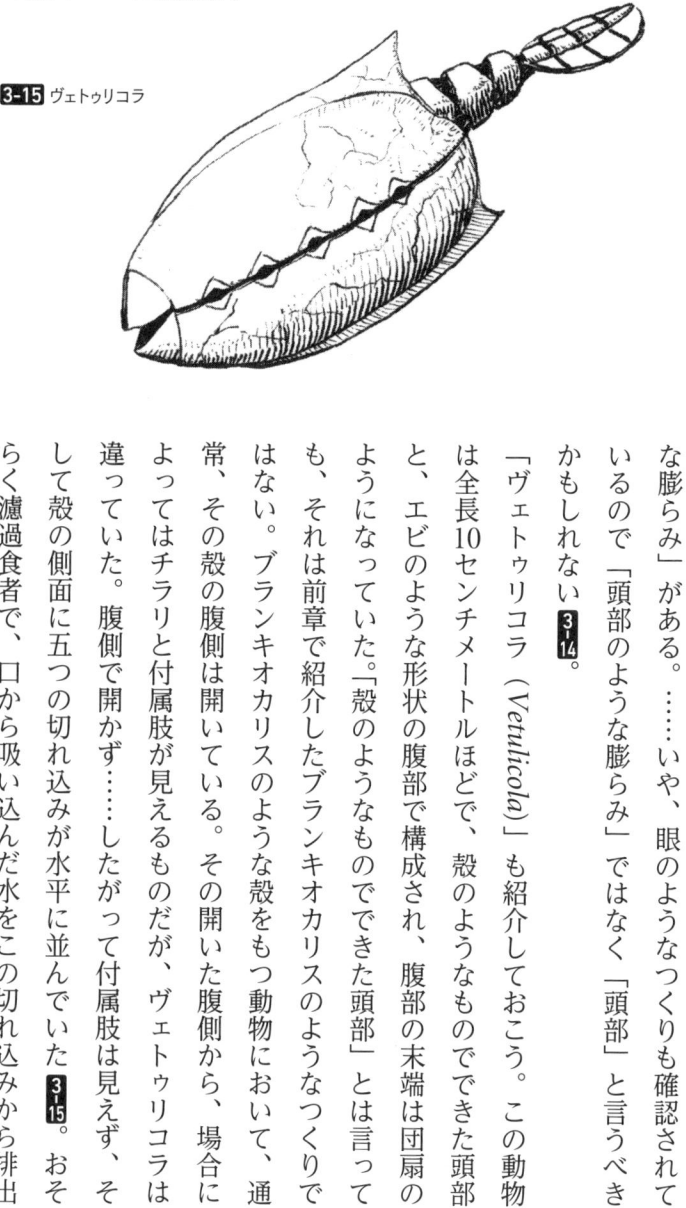

していたものとみられている。

ヴェトゥリコラのような動物の化石は、澄江以外でも発見されている。つまり、この時代においては、唯一無二の形態というわけでもなかったようだ。しかし一方で、現生動物の中にはこんな奇妙なからだのつくりをしたものは確認できていない。そこでヴェトゥリコラを報告した西北大学のシュ・デェガンは、この特異な動物たちのために、2001年に「古虫動物門」というグループを創設している。「門」という分類単位は、階層分類法ではかなり上位にあたり、代表的なものでは「脊椎動物門」「節足動物門」「軟体動物門」などがある。これがどのくらいの規模のものなのかといえば、脊椎動物門には、ヒト（哺乳類）やカラス（鳥類）、トカゲ（爬虫類）、カエル（両生類）、メダカ（条鰭類）がまとめられているほどだ。節足動物門には、昆虫もカニもクモもムカデも含まれる。

門が創設されるほどの独自性があるということは、すなわち、そのくらいの高次レベルで、ヴェトゥリコラとその近縁種は、独特の存在ということになる。

さて、澄江の動物で絶対に忘れてはいけないのは「ミロクンミンギア（*Myllokunmingia*）」と「ハイコウイクチス（*Haikouichthys*）」だ。両種とも、ある意味で、澄江産の動物化石の中では最も重要といえる。

なぜならば、ミロクンミンギアもハイコウイクチスも、「魚」だからだ。

両種ともに2～3センチメートルほどの大きさ。メダカよりもやや小さいといったところ。この本を読んでいる、あなた自身の親指を見て欲しい。その親指の先端から第一関節までの長さがおよそ2～3センチメートルだろう。

ミロクンミンギアとハイコウイクチスはよく似た姿をしていて、実際に同種と考える研究者もいる（その場合、名前はミロクンミンギアに統一される）。背中には小さな背びれがあり、眼や口、えらなども確認されている。その一方で、からだは鱗に覆われておらず、口に顎はなかった3-16。

ミロクンミンギアやハイコウイクチスは「無顎類」と呼ばれる魚であり、現生種でいえば、ヤツメウナギとヌタウナギがこのグループに属している。文字通り「顎のない魚」たちのことである。

もっとも、前述した通りのミロクンミンギアたちの姿は、ヤツメウナギともヌタウナギとも似つかない。数千万年後に顎をもった魚が登場するまで、無顎類にはさまざまな姿をも

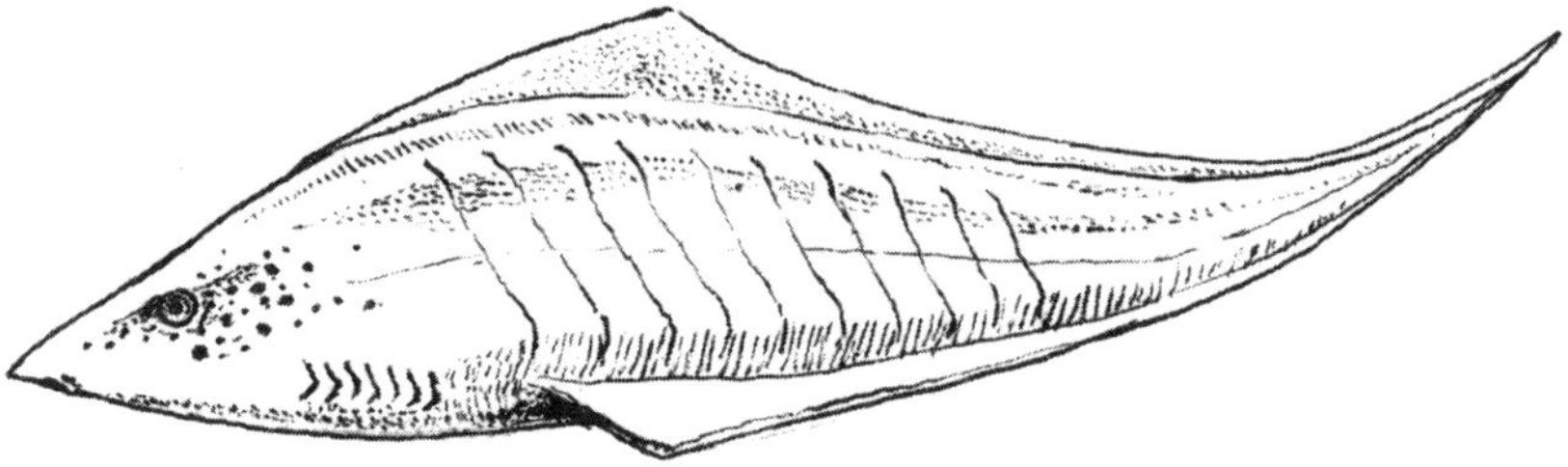

3-16 ミロクンミンギア

つ多様な種が存在した。ミロクンミンギアたちは、そうした魚たちの〝はしり〟だったようだ。彼らは、約5億2000万年前に「すでに魚がいた」という証拠なのである。

さて、本書はアノマロカリスの本なので、バージェス頁岩と澄江における他の動物たちについては、これくらいにしておこう。もしも、こうした動物たちについて更なる好奇心を満たしたいというのであれば、バージェス頁岩に関してはロイヤル・オンタリオ博物館のウェブサイトを、澄江に関しては2017年に刊行された『THE CAMBRIAN FOSSILS OF CHENGJIANG, CHINA』のSECOND EDITIONをおすすめしたい。「英語はちょっと……」という方には、両資料より掲載種数は劣るものの、2013年に上梓した拙著『エディアカラ紀・カンブリア紀の生物』（技術評論社）あたりはいかがだろうか。ウェブサイトのURLと各書の刊行元は、本書巻末の参考資料欄を参考にされたい。

第4部

アノマロカリスとともにあらんことを

第0章

彼らを「ラディオドンタ類」と呼ぶ

多様な近縁種

ヨセフ・F・ファイティーブスによる最初の論文から120年以上の歳月が経過した。この間に発見と研究が進み、「アノマロカリス・カナデンシス（*Anomalocaris canadensis*）」には多様な近縁種がいたことが明らかになってきた。

本書ではすでに同じアノマロカリス属として「アノマロカリス・サロン（*Anomalocaris saron*）」を紹介した（157ページ参照）。また、初めにアノマロカリス属として復元された旧ラッガニア・カンブリアこと「ペイトイア・ナトルストアイ（*Peytoia nathorsti*）」も、現在はアノマロカリス属ではないとはいえ〝よく似た付属肢〟をもつ近縁種である（36ページ参照）。

2010年、スウェーデンのウプサラ大学に属するアリソン・C・ダレイとグラハム・E・

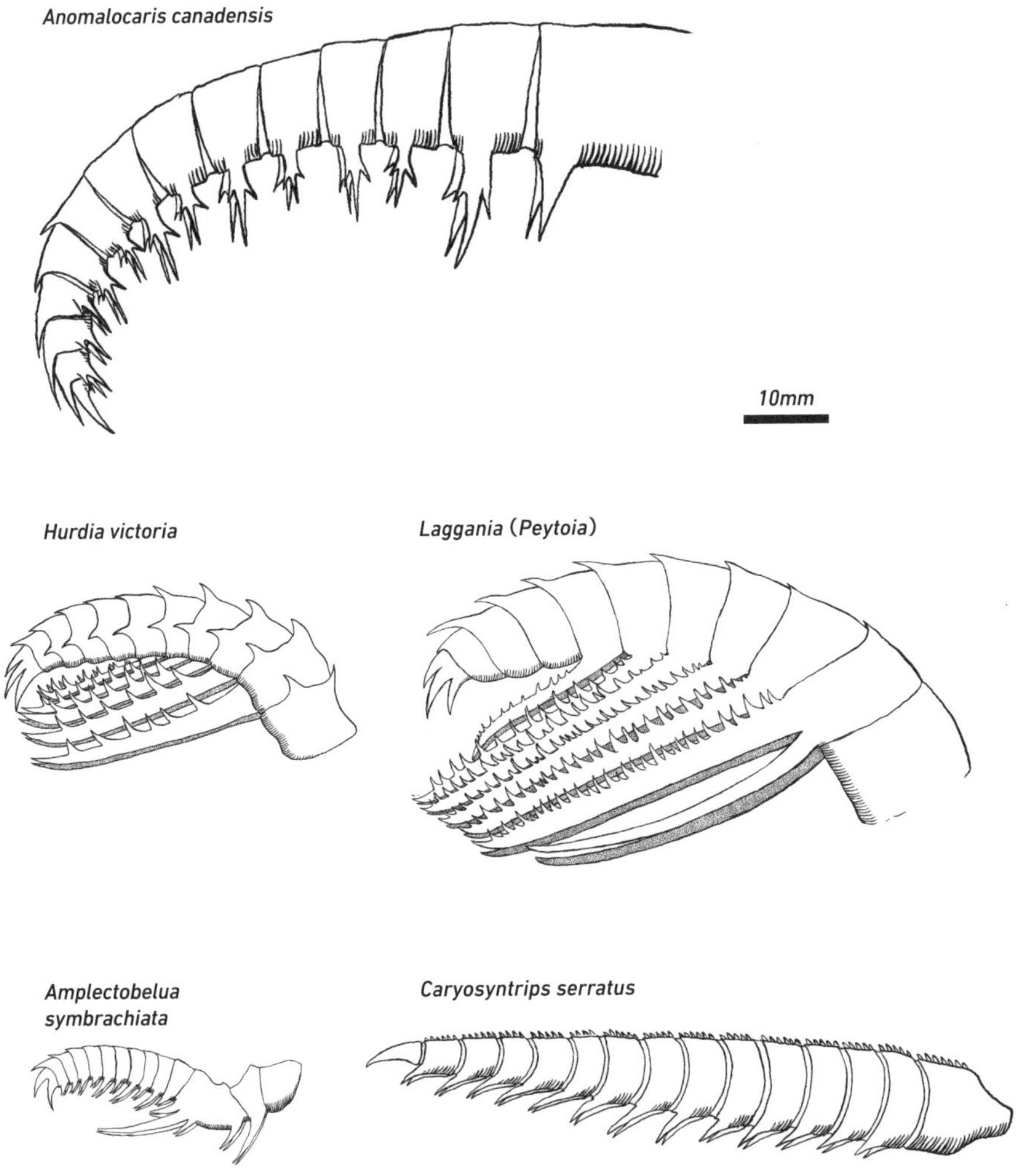

4-1 アノマロカリス・カナデンシスとその近縁種の付属肢
いずれもバージェス頁岩産。それぞれに関しては、のちほど本文で詳しく解説する。Daley and Budd (2010) を参考に作図。

バッドは、バージェス頁岩から産するアノマロカリス属とその近縁属として計5属の付属肢の特徴をまとめた 4-1 。そして、それぞれの付属肢の形は、異なる摂食戦略を反映していると指摘している。

その後、ダレイは、アノマロカリス・カナデンシスとその近縁種の概要を簡単にまとめた論文を2013年に発表している。この論文によると、アノマロカリス・カナデンシスとその近縁種は、少なくとも7属13種の多様性があるという。

そもそもアノマロカリス・カナデンシスとその近縁種には、どのような「共通の特徴」があるのだろうか？

大英自然史博物館のグレゴリー・D・エジコムベと、インペリアル・カレッジ・ロンドンのデヴィッド・A・レッグは、2013年に刊行された『Arthropod Biology and Evolution:』（編：アレッサンドロ・ミネリ他）に節足動物の化石記録についての原稿を寄稿し、その中でアノマロカリス・カナデンシスの近縁種に共通する特徴を次のようにまとめている。

曰く、「頭部の底に多数のプレートで構成された円形の口」があり、「付属肢は摂食用のみ」で、「眼は柄の先」にあり、そして「遊泳用のひれは最低7対」ある、という。また「付属肢の特徴が種によって異なる」とした。

グループの創設

「アノマロカリス・カナデンシスとその近縁種」と書き続けるのも、読み続けるのもいささか迂遠だろう。今更ながらではあるけれども、彼らをまとめた〝便利なグループ名〟に注目しよう。

実は、カナダのロイヤル・オンタリオ博物館に所属するデスモンド・コリンズが、1996年にすでに二つのグループの創設を提唱していた。それが、「ラディオドンタ類」と「ダイノカリダ類」だ。第1部第1章で少しだけ言及していたアレである。

ラディオドンタ類は、階層分類上は「目《もく》」に相当するものとして提唱された。その名は、円形の口に放射状に歯が並ぶという特徴に由来する。つまり、先ほどのエジコムベとレッグの論文でまとめられていた「頭部の底に多数のプレートで構成された円形の口」のことである。

このグループの特徴として挙げられているのは、次のようなものだ。

まず、左右相称の動物であること。そして、からだが鉱物化していないこと……つまり、三葉虫類のような硬い殻をもたないこと。からだのつくりは大きく二分することができ、頭胸部のような部分と、腹部のような部分があること（「ような（like）」であって、断言はされていない）。頭部を分けるような線構造は確認されず（たとえば、三葉虫類にはこれがある）、口よりも前に〝爪〟を一対もつこと……これはエジコムべとレッグがいうところの「摂食用付属肢」のことだ。眼は1対。腹側にある口には放射状の歯が並び、胴体には約13の節があって、遊泳のためのひれをもつこと。種によっては3対の尾びれがあること、などである。

こうして書き連ねてみると、概ねエジコムべとレッグが「アノマロカリス・カナデンシスとその近縁種の特徴」としてまとめた条件と符合する。

一方、ダイノカリダ類は、階層分類上は「綱」に相当するものとして提唱された。綱は目の1ランク上の分類単位である。名前の由来は「大きなカニ」であり、カンブリア紀の海におけるトップ・プレデターとしての意味合いが込められている。

上位分類群なので、ラディオドンタ類ほどその特徴は細かくない。

まず、左右相称の動物であること。からだは鉱物化しておらず、大きく二分されること。頭部を分けるような線構造はなく、口より前に1本か2本の〝爪〟をもつこと。口は腹側についていること。胴体には13以上の節があって、遊泳用のひれとえらをともなうこと。また、種によっては3対の尾びれがあること、などである。

一見すると、ラディオドンタ類とダイノカリダ類はほぼ同義のように見えるが、〝爪〟……摂食用の付属肢について、ダイノカリダ類では「1本でもＯＫ」としている点が大きな違いである。コリンズがダイノカリダ類を考えたとき、念頭には第3部第2章で紹介したオパビニア（*Opabinia*）の存在があったようだ。オパビニアには1本だけ〝ノズル《爪》〟がある。つまり、ダイノカリダ類は、ラディオドンタ類とオパビニアで構成されるグループとしてつくられたのである。

コリンズの論文では、ダイノカリダ類は、節足動物に属すると考えられている。節足動物の中にダイノカリダ類があり、ダイノカリダ類の中にラディオドンタ類があるというわけだ。この分類は現在でも使われており、たとえばロイヤル・オンタリオ博物館のウェブサイトでは、アノマロカリス・カナデンシスの分類に対して「節足動物門ダイノカリダ綱ラディオドンタ目」という表現が使用されている（もちろん英語で）。

ただし、すでに第1部第2章の「節足動物なのか？」で触れた通り、現在では、アノマロカリス・カナデンシスとその近縁種を「節足動物ではない」とする見方が優勢となっている。また、グループの創設から20年以上の歳月を経て、「ラディオドンタ類」「ダイノカリダ類」というグループのあつかいにも、多少の変化が見られるようになった。

近縁種たちの〝再分類〟

少し状況と情報を整理しよう。

まず、ダイノカリダ類という分類群は、あまり積極的には用いられていない傾向にある。一方、ラディオドンタ類に関しては、節足動物ではなく、その近縁にして原始的な動物群と位置付けられ、そして、ラディオドンタ類内の分類は研究者によって違いがある。

ラディオドンタ類は、その第一の特徴として「頭部の底に多数のプレートで構成された円形の口」が挙げられている（分類名の由来でもある）。しかし、実際のところは、口器が発見されている種は希少だ。そこで分類は、事実上、付属肢の形状にもとづいて行われている。

まずは、アノマロカリス属に注目しよう。

本書では、これまでにアノマロカリス・カナデンシス 4-2 とアノマロカリス・サロン 4-3 を紹介した。ここでもう1種のアノマロカリス属にも触れておきたい。

「アノマロカリス・ブリッグスアイ（*Anomalocaris briggsi*）」である 4-4。

アノマロカリス・ブリッグスアイは、付属肢だけが知られている。その化石は、オーストラリアに分布するエミュー・ベイ頁岩から発見されている。エミュー・ベイ頁岩は、約5億1400万年前から約5億900万年前に堆積したものとされる。澄江が約5億

4-2 アノマロカリス・カナデンシスの付属肢 Briggs（1979）を参考に作図。

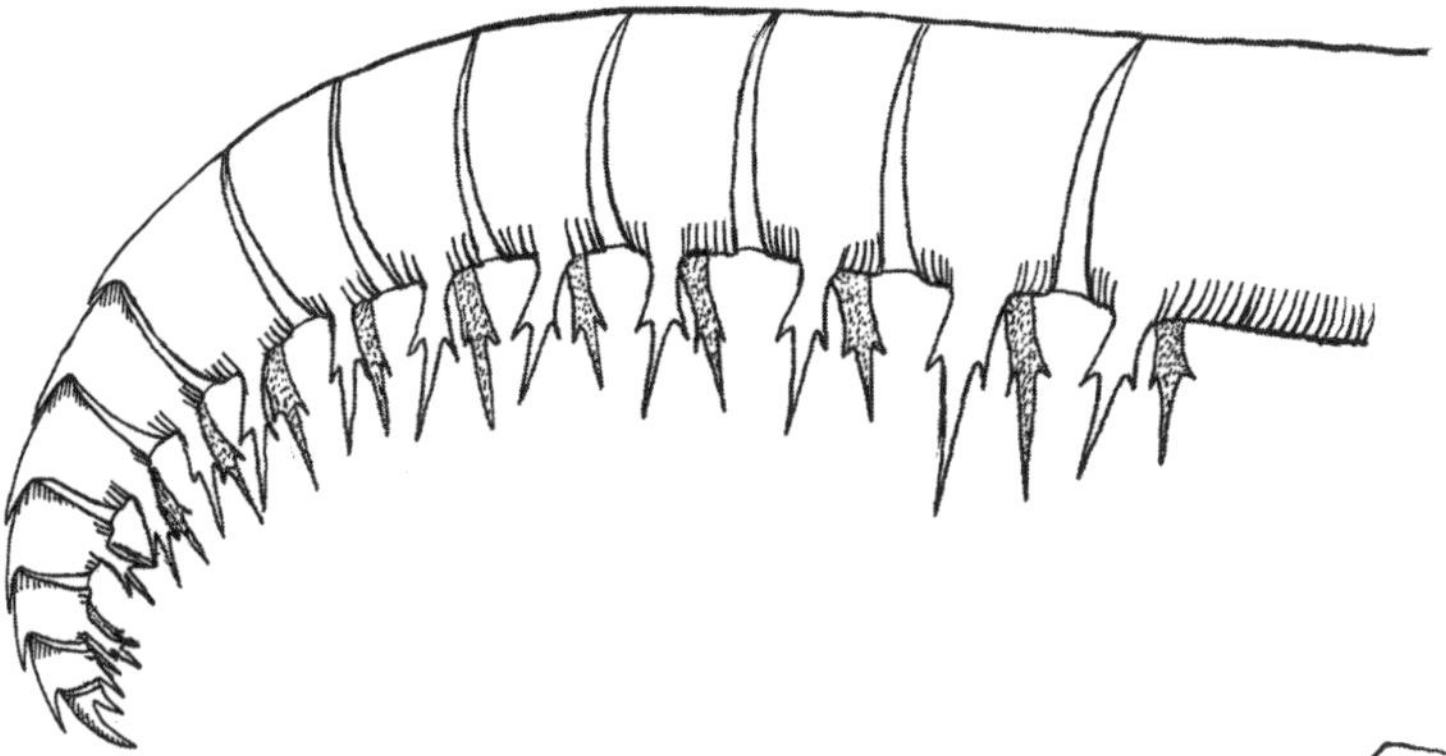

4-3 アノマロカリス・サロンの付属肢 Guo et al.（2018）を参考に作図。

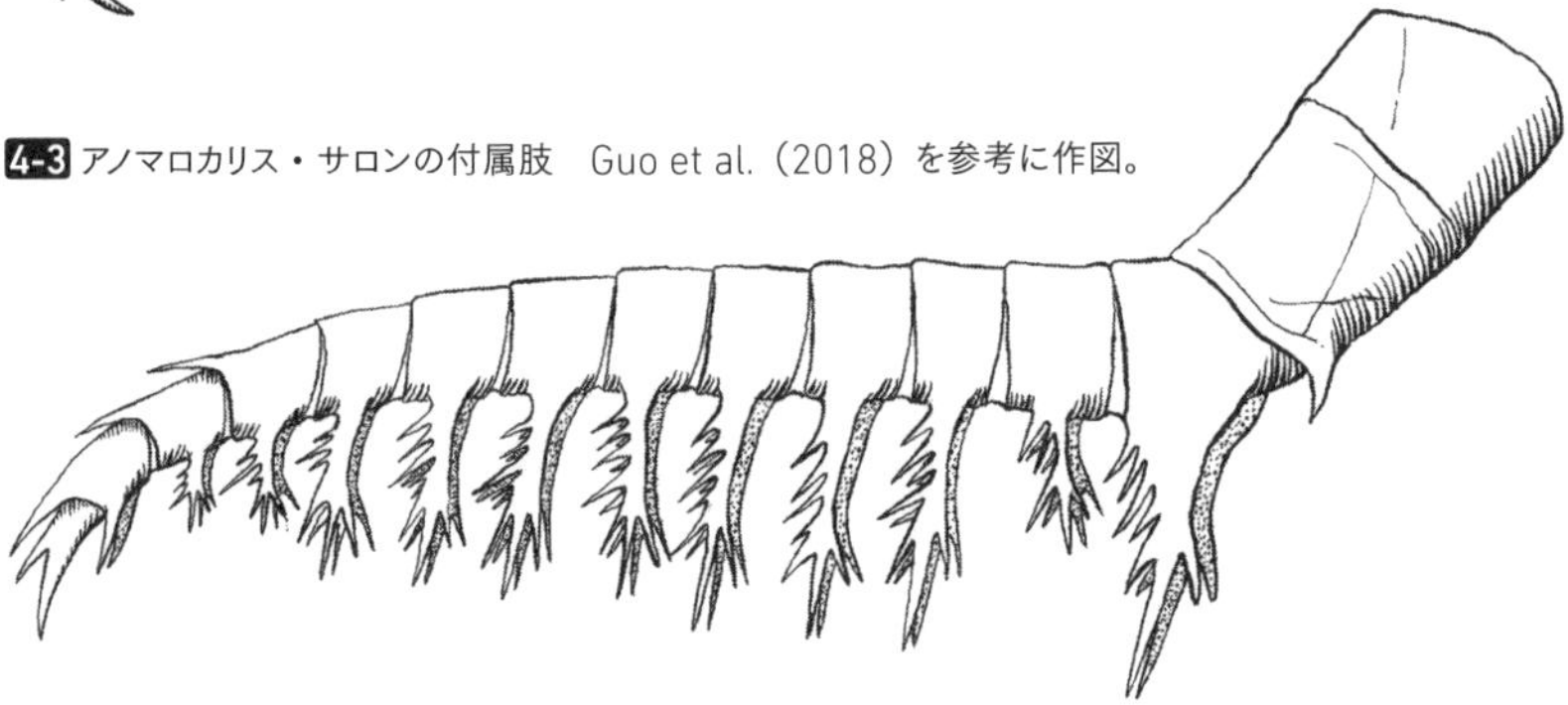

4-4 アノマロカリス・ブリッグスアイの付属肢 Daley et al.（2013）を参考に作図。

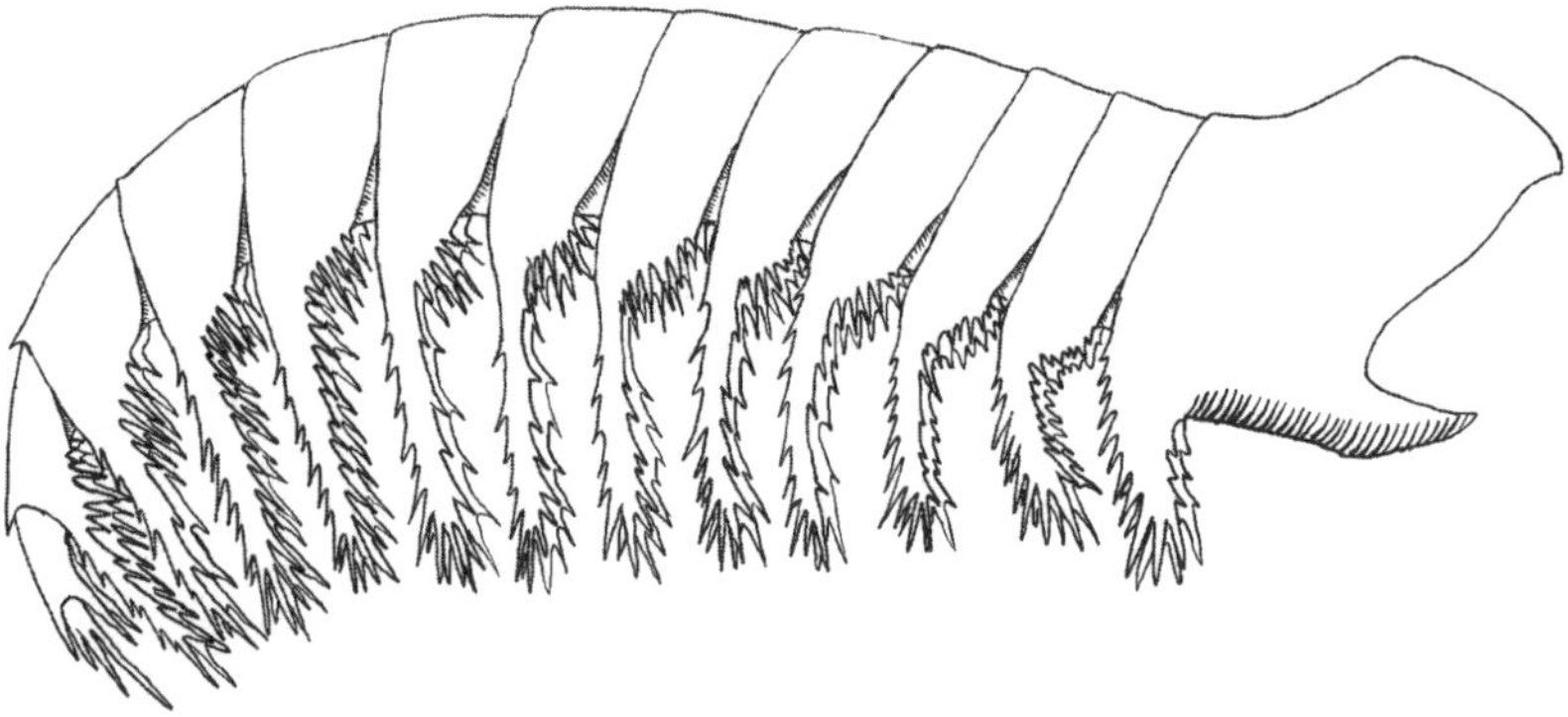

2000万年前、バージェス頁岩が約5億500万年前だから、タイミングとしては、エミュー・ベイ頁岩は澄江とバージェス頁岩の〝間を埋める地層〟だ。

アノマロカリス・ブリッグスアイの付属肢は、大きなもので長さ17・5センチメートルほど。カナデンシスより小さく、サロンより大きいといったところだ。カナデンシスやサロンとどことなく似ているけれども、内側に伸びるトゲの形状が両種とは大きく異なっていた。長く伸びるトゲの両側が、わずかに〝ジャギっている〟のだ。そして、トゲの根元にはより細かなトゲが密集して並んでいた。

アノマロカリス属と同じような付属肢をもつ仲間……つまり、ラディオドンタ類として、本書ではペイトイア属をすでに紹介した。同じように、カンブリア紀の地層から産出する特徴のある付属肢をもつ属は、アムプレクトベルア属とライララパックス属、タミシオカリス属、フルディア属、スタンレイカリス属、カリョシントリプス属などがある。

ぽんぽんと固有名詞を並べたけれども、ここでこれらを覚えていただく必要はまったくない。次章で個別に解説していくので、ここでは「あー、なんか、いっぱいあるんだな」というくらいの認識でいていただければ十分だ。

2014年、イギリスのブリストル大学に所属するヤコブ・ヴィンターたちは、タミシオカリス属に関する論文の中で、ラディオドンタ類は大きく四つのグループに分けられるとしている（ただし、この論文では「ラディオドンタ類」という単語は使われていない）。

まずは、アノマロカリス・カナデンシスに代表される〝肉食性〟の付属肢をもつグループ。付属肢の内側には三叉の鉾《ほこ》のようなトゲが並ぶ。比較的大型で、自由に泳ぎ回る動物や海底表面にいる動物を狩ることに向いていた、と指摘している。

次に、付属肢の根元近くの突起が発達し、まるで釘抜きのように見えるグループ。この付属肢の形は、ゆっくりと動く比較的大きな獲物を狩ることに適しているという。アムプレクトベルア属がここに分類されるほか、アノマロカリス・サロンもカナデンシスよりはこちらに近いものとされている。

第3に、節の数が少なく、ノコギリのように一辺がギザギザした突起のある付属肢をもつグループ。この付属肢は顎の代用か、あるいは堆積物を持ち上げるときに使われた可能性があるという。フルディア属がその中心で、ペイトイア属やスタンレイカリス属がここに分類される。

第4に、現生のヒゲクジラ類のヒゲのように、網のような役割を果たすトゲをもつ付属肢のグループ。タミシオカリス属とアノマロカリス・ブリッグスアイがこれにあたるとされ、このグループに「ケティオカリダ類」という名称を与えている。

これらの情報をまとめ、簡略化した図を用意した 図4-A。

重要なポイントは、同じアノマロカリス属であっても、カナデンシスとサロン、ブリッグスアイの位置は、けっして近縁と考えられていないことである。ここをはっきりと認識しておかないと、今後の情報把握に混乱をきたすことになるかもしれない（個人的には、研究者のみなさまに、属名の変更をお願いしたいところです）。

ヴィンターたちの分類が、その後、すべての研究者に受け入れられたわけではない。

たとえば2015年、アメリカのイェール大学に所属するピーター・ヴァン・ロイたちは、

図4-A ラディオドンタ類の系統関係の例その1
本書で既出のみ、付属肢のイラストを添えた。未出の種は、のちほど本文で紹介する。Vinther et al.（2014）を参考に、簡略化して作図。

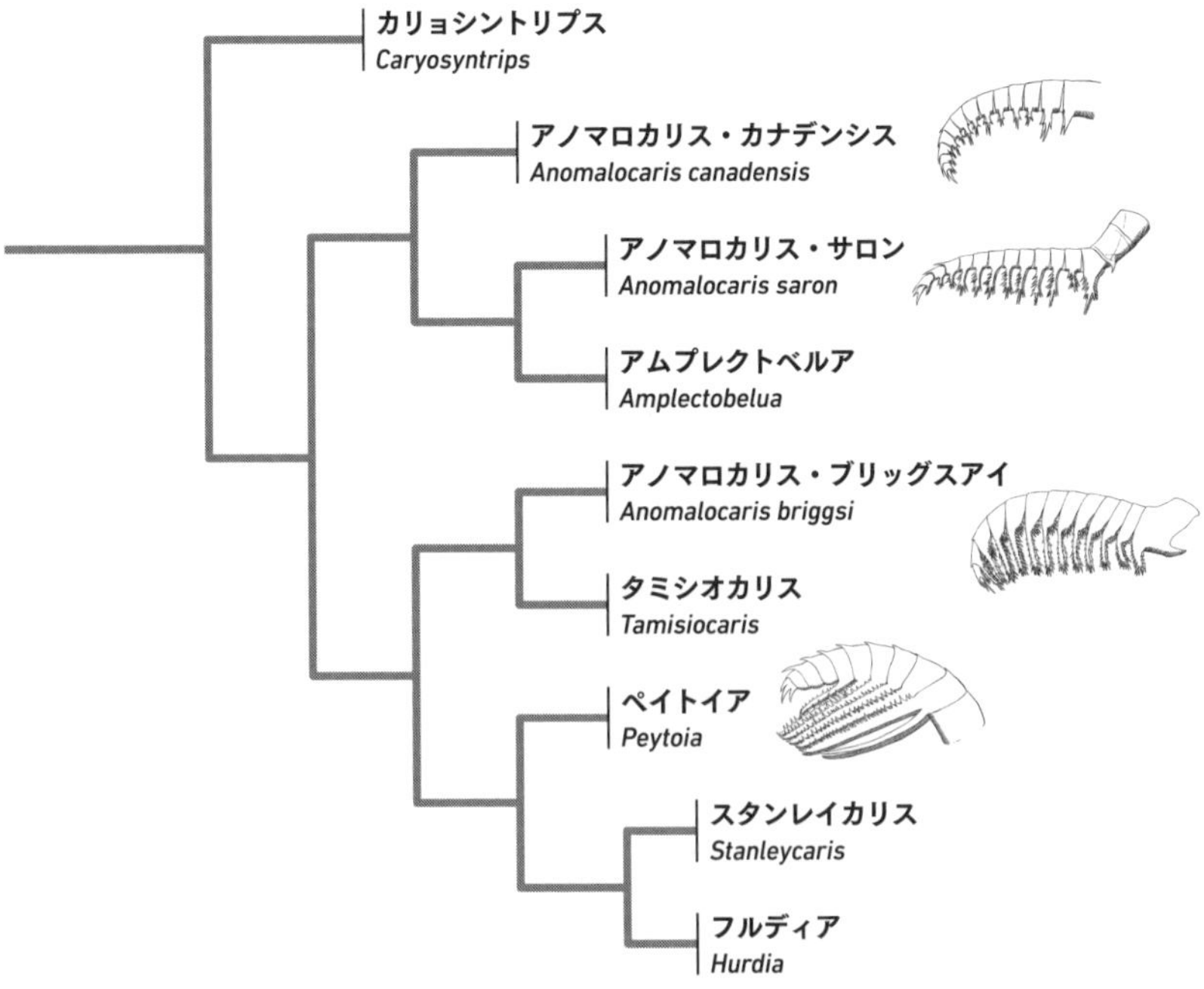

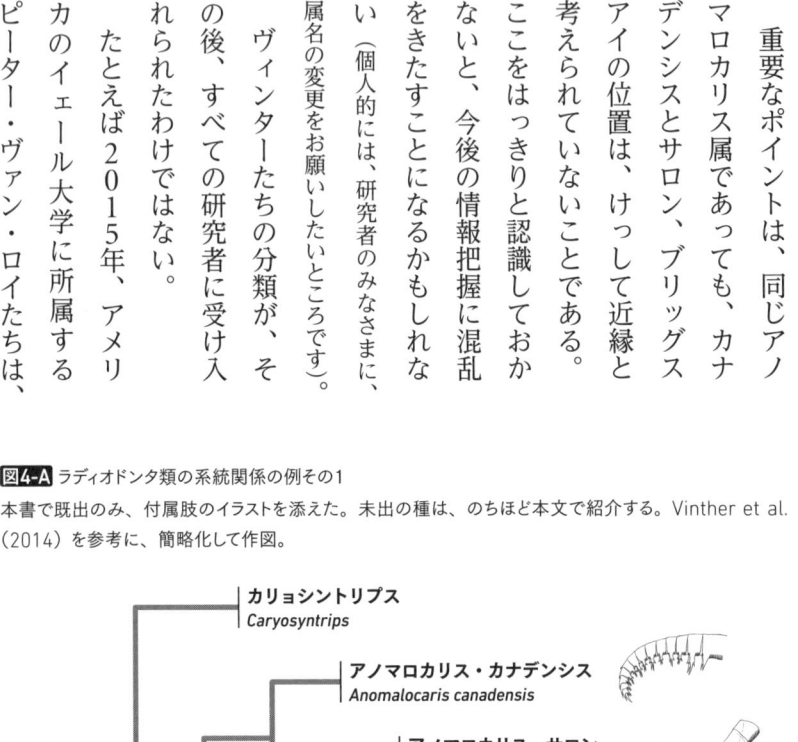

ラディオドンタ類をケティオカリダ類とフルディア類、アノマロカリス類、アムプレクトベルア類の四つに大別した。なお、ケティオカリダ類に関しては、「〝〟」付きで表現されているので、暫定的な名称と位置付けていることになる。

そして、ケティオカリダ類（名称暫定）にタミシオカリス属とアノマロカリス・ブリッグスアイ、フルディア類にフルディア属とペイトイア属とスタンレイカリス属、アノマロカリス類にアノマロカリス・カナデンシスとアノマロカリス・サロン、ア

図4-B ラディオドンタ類の系統関係の例その2

Roy et al.（2015）を参考に、簡略化して作図。右ページの図との違いがわかるだろうか。

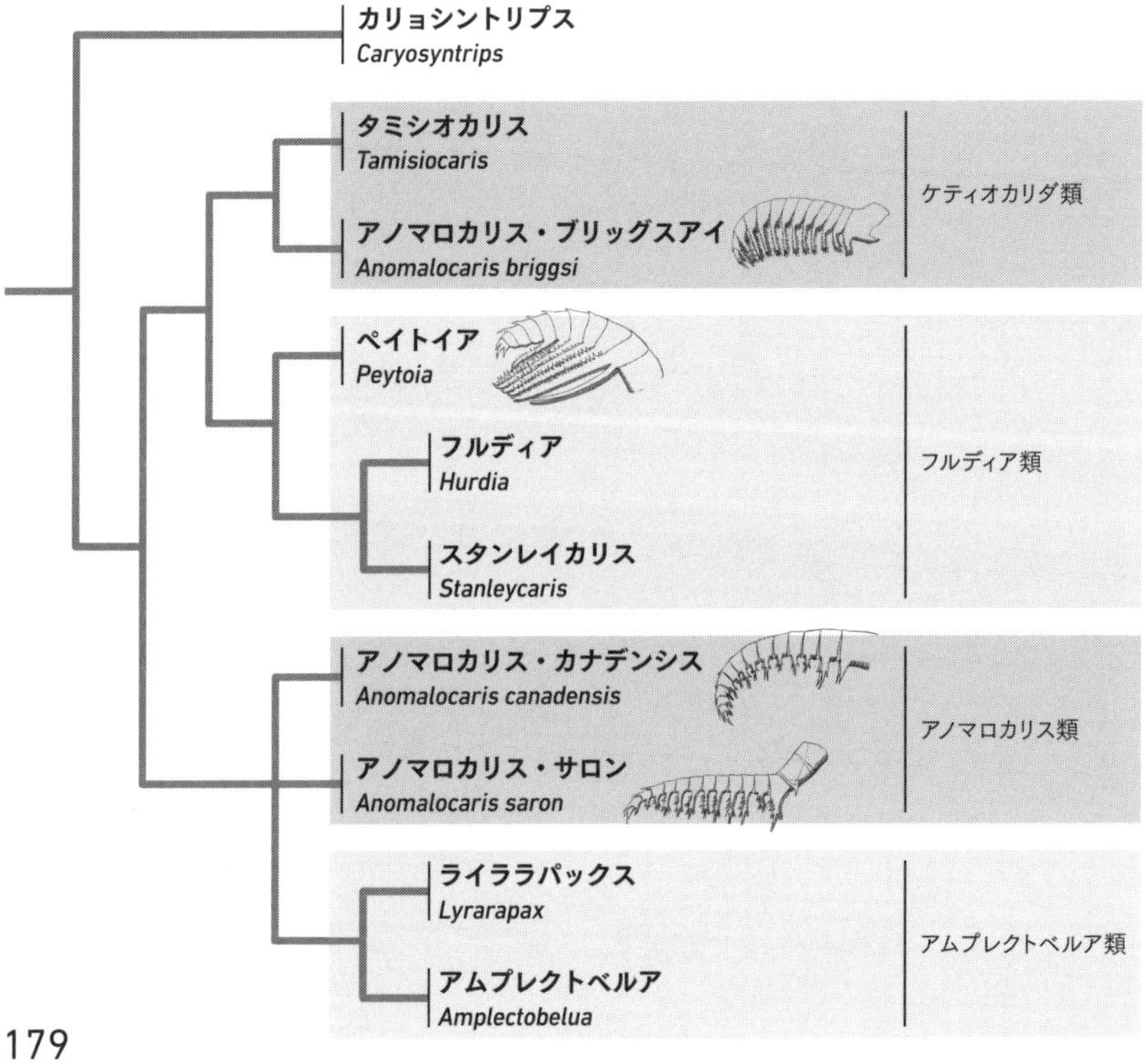

ムプレクトベルア類にアムプレクトベルア属とライララパックス属を配置した図4-B。ここでいう「類」は階層分類法でいうところの「科」に相当する。

さらっと読んでいると気づきにくいだろうが、ヴィンターたちがアノマロカリス・サロンをアムプレクトベルア属の近縁種と位置付けたことに対し、ロイたちはサロンをカナデンシスの近縁と位置付けた点が異なる。

実際、158ページに用意したサロンの付属肢の復元画を見て欲しい。その分類が難しいことがわかるだろう。根元のトゲが長い点はアムプレクトベルア属の近縁のようにも見えるし、トゲが三又になっている点はカナデンシスの近縁のようにも見える（169ページ参照）。

また、2018年にオーストラリアのニューイングランド大学に所属するルディ・レロセイ・アウブリルと、イギリスのスティーブン・ペイツが発表した研究では、ラディオドンタ類をアノマロカリス類とアムプレクトベルア類、タミシオカリス類、フルディア類に大きく分けたのち、カリョシントリプス属はこれらの4グループに属さないラディオドンタ類とされた。そして、ロイたちの論文では〝ケティオカリダ類〟とされていたグループが、タミシオカリス類と名称が変更され、また、アノマロカリス・サロンはヴィンターたちと同じようにアムプレクトベルア属に近縁とされている図4-C。

研究者たちの手探りが見えてくるような、そんな展開といえるだろう。今後も研究の進展で、名称の変更や、細かな分類の変更が行われる可能性は十分ある。それでも、ラディオドンタ類というグループがあり、その付属肢の特徴によって、概ね四つのグループに細分されるという点は、大きな傾向として一致している。

なお、本書ではこれまでラディオドンタ類のことを「アノマロカリス・カナデンシスとその近縁種」というなんとも歯切れの悪い書き方をしてきた。実は、かねてより「アノマロカリス・カナデンシスとその近縁種」を指す単語として「アノマ

図4-C ラディオドンタ類の系統関係の例その3

Lerosey-Aubril and Pates（2018）を参考に、簡略化して作図。「その1」や「その2」と比べられたし。

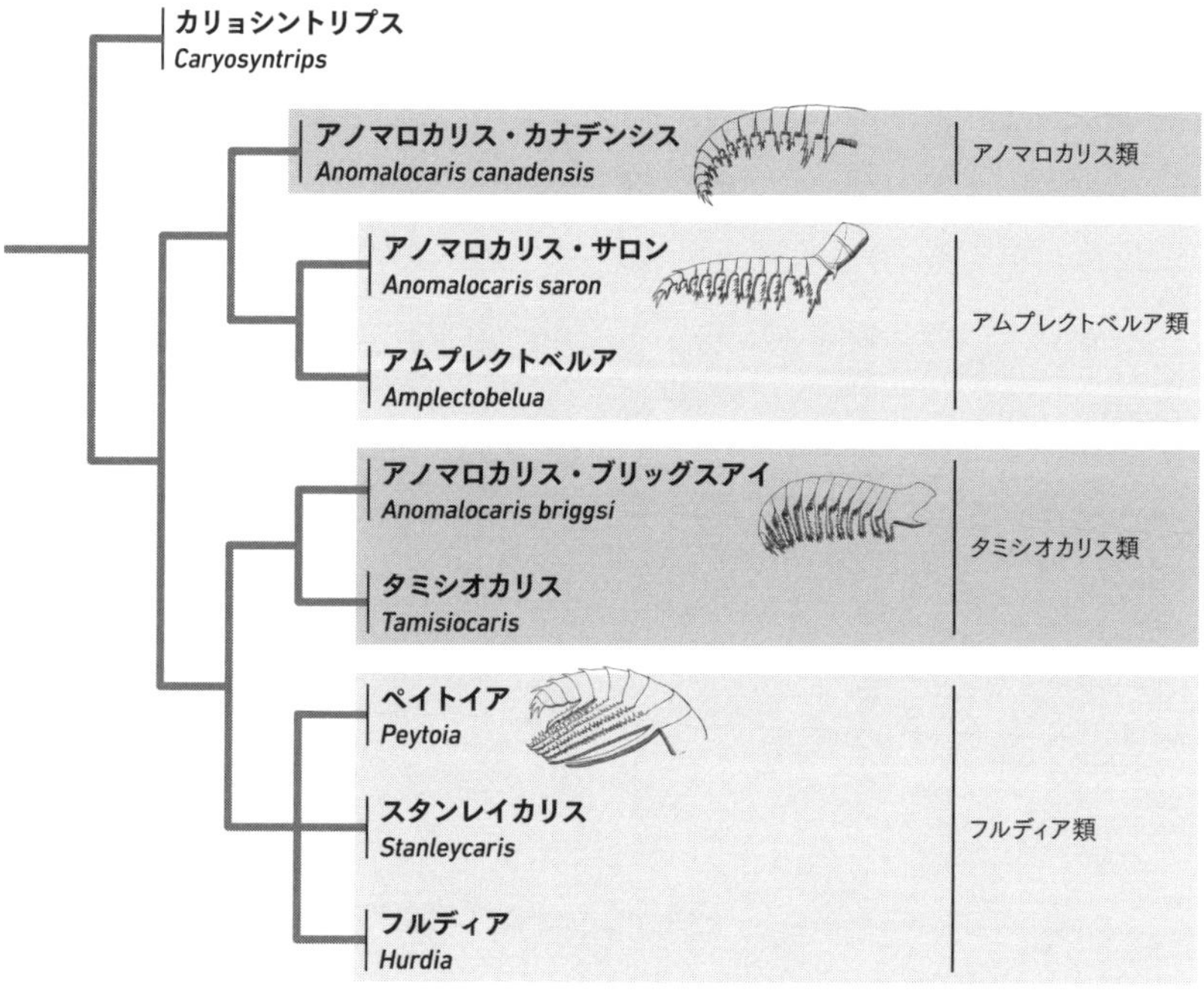

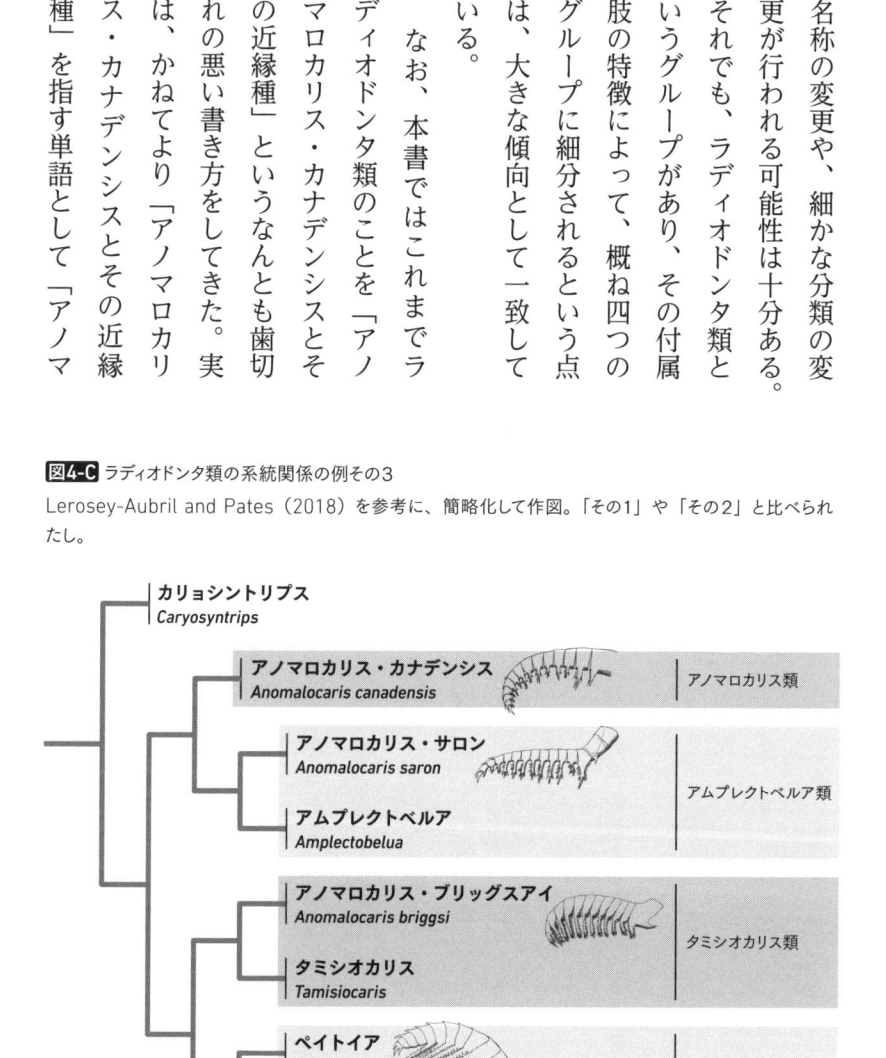

ロカリス類」という言葉が存在し、筆者もこれを他書で使ってきた。

しかし、こうした近年の研究の動向を見るに、「アノマロカリス類」という言葉は、どうやらアノマロカリス・カナデンシスと未同定の一部の種を含む〝小さなグループ〟の呼称とした方が混乱を招かずにすみそうだ。そこで、本書ではラディオドンタ類を指す言葉としてのアノマロカリス類は採用してこなかった。実際、アノマロカリス属であっても、アノマロカリス類ではないというややこしさがある。読者のみなさまにおかれては、こうした事情をどうかご理解されたい。また、ラディオドンタ類、ケティオカリダ類などのカナ表記による名称は、本書における暫定的なもので、今後の学界の動向では表記が変更される可能性がある。本書におけるこれらの名称は、英語名のカナ読みに単純に「類」をつけたものであることをご承知されたい。

さて、次章からは、ラディオドンタ類を構成する代表的な種の特徴を見ていこう。アノマロカリス・カナデンシスの仲間たちはかくも多様で、おもしろいのである。

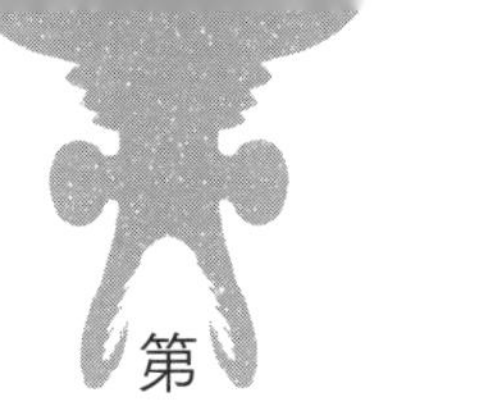

第1章 カンブリア紀の仲間たち

ラディオドンタ類の化石は、古生代第1の時代であるカンブリア紀（約5億4100万年前～約4億8500万年前）、第2の時代のオルドビス紀（約4億8500万年前～約4億4400万年前）、第4の時代であるデボン紀（約4億1900万年前～約3億5900万年前）の地層から発見されている。

第4部では、それぞれの時代ごとに主要なラディオドンタ類を紹介していこう……とはいっても、圧倒的に多いのは、カンブリア紀の仲間たちである。

第1節　澄江の狩人　アムプレクトベルア

中国のシムブラキアタ

ラディオドンタ類の二大化石産地の一つである澄江。この地では、第3部第2章で紹介した「アノマロカリス・サロン（*Anomalocaris saron*）」の他にもいくつかのラディオドンタ類が報告されている。

澄江の化石に関しては、2017年に刊行された『THE CAMBRIAN FOSSILS OF CHENGJIANG, CHINA』のSECOND EDITIONが詳しい。この本によれば、澄江で発見されているラディオドンタ類の中で最も数多く見つかっているのは、「アムプレクトベルア・シムブラキアタ（*Amplectobelua symbrachiata*）」であるという。なにしろ、知られているだけでも200個以上の付属肢が発見されている。

アムプレクトベルア属は、2014年にイギリスのブリストル大学に所属するヤコブ・ヴィンターたちが「根元近くのトゲが発達し、まるで釘抜きのように見える」と評した付属肢で知られ、ラディオドンタ類を構成する四つのグループのうちの一つ、「アムプレクトベルア類」の代表でもある。アノマロカリス・サロンを近縁種とする場合もあるが、これに関しては研究者間で見解が分かれている。

アムプレクトベルア・シムブラキアタの付属肢は、大きなも

4-5
アムプレクトベルア・シムブラキアタの付属肢
Guo et al.（2018）を参考に作図。

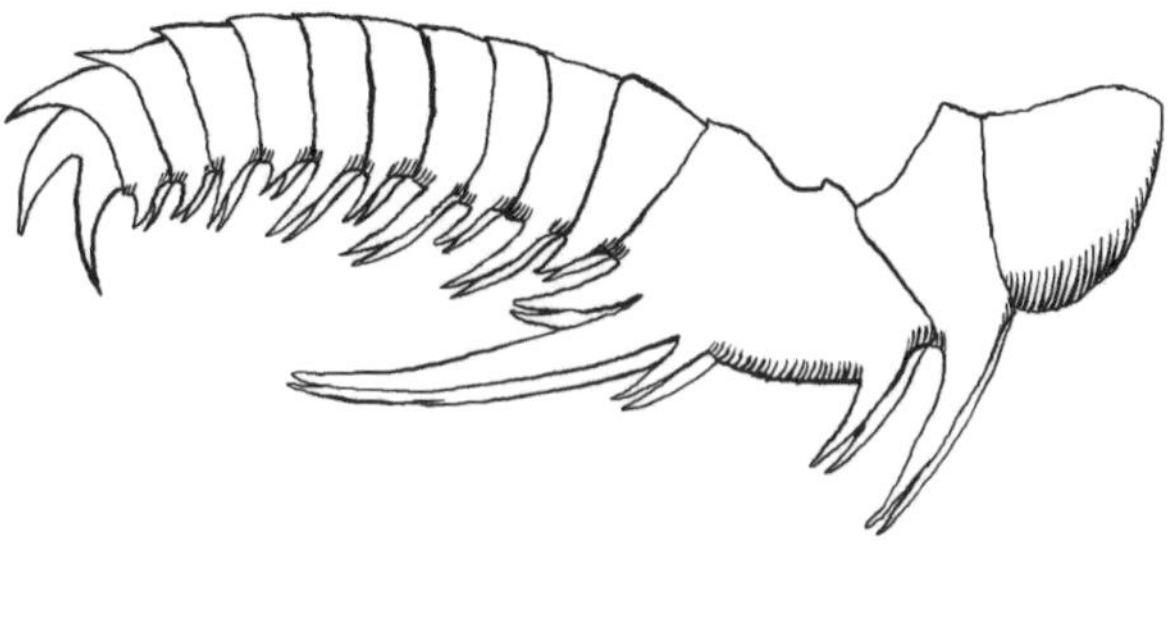

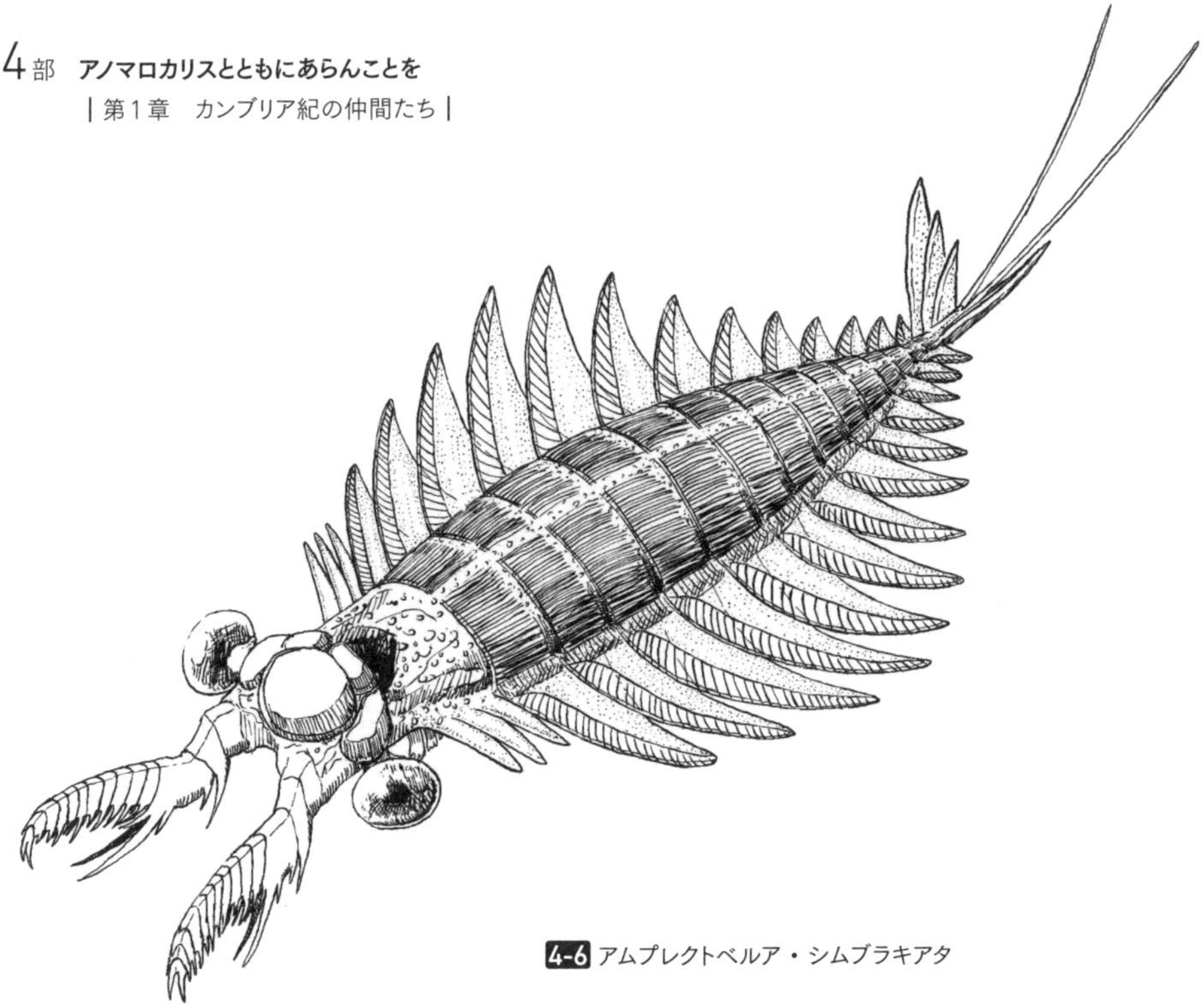

4-6 アムプレクトベルア・シムブラキアタ

のでで長さ15センチメートルほど。ヴィンターたちの「釘抜きのように見える」という表現は言い得て妙で、根元に大きな突起が発達していることがポイントだ 4-5。

付属肢の発見数に比べると完全体の発見数は極端に少なく、2017年刊行の『THE CAMBRIAN FOSSILS OF CHENGJIANG, CHINA』のSECOND EDITIONでは、わずか4～5体とされている。

その数少ない完全体標本から見えるアムプレクトベルア・シムブラキアタの全身像は、アノマロカリス・カナデンシス（*Anomalocaris canadensis*）と基本的には似た姿をしているものの、胴体はやや幅広で、尾部先端には1対2本の尻尾のような構造があるというものだ。全長はその〝尻尾〟を含めて1メートル。尻尾を除いたからだの長さは、その半分ほどである 4-6 。

2017年、中国の雲南大学に所属するペイユン・コンたちは、アムプレクトベルア・シムブラキアタの頭部構造に関する詳細な論文を発表している。この論文によると、アムプレクトベルア・シムブラキアタには、アノマロカリス・カナデンシスのものと似た円形の甲皮が頭頂付近にあるという。そして、カナデンシスとは違って、頭頂の甲皮の後端から頭部の両サイドに向かって伸びる甲皮も確認されている。その甲皮は根元で細く、先端で広がっており、アルファベットの「P」のような形状をしていた。

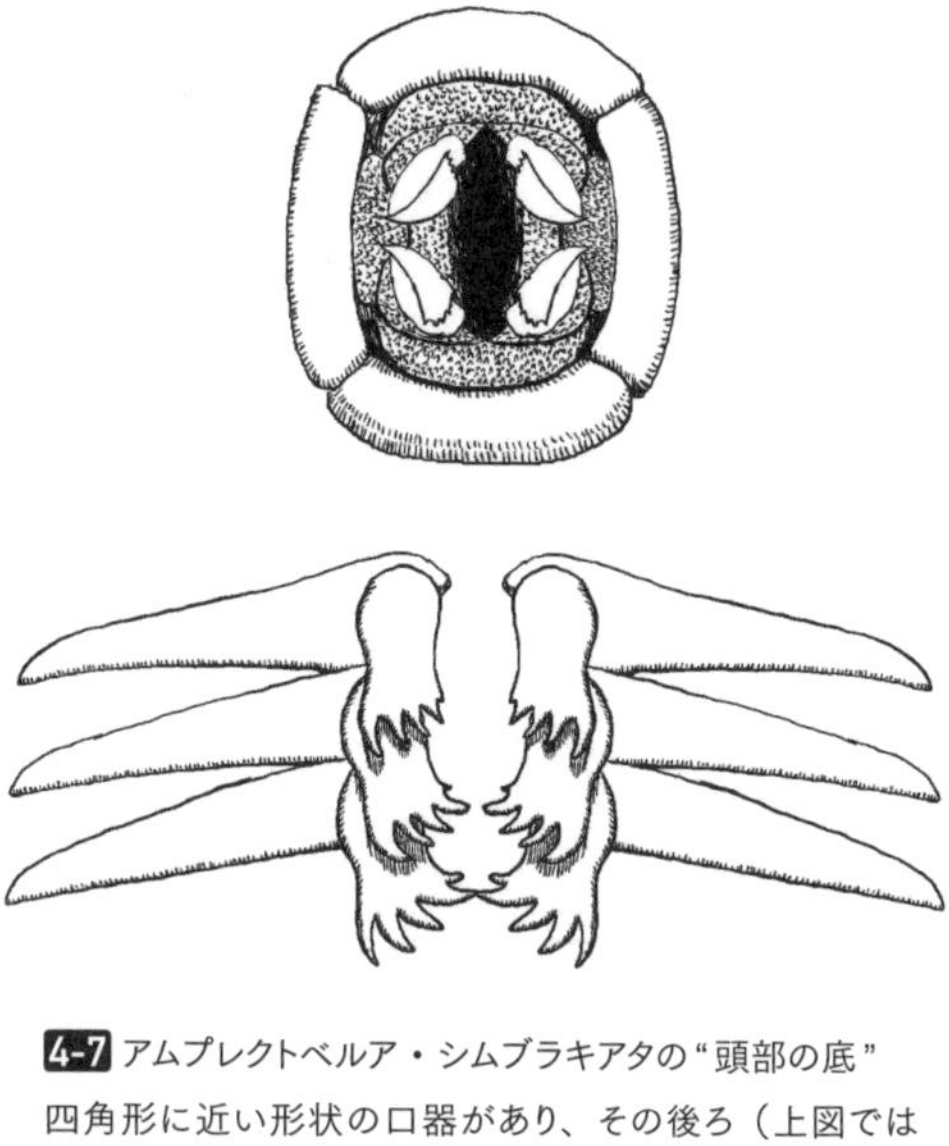

4-7 アムプレクトベルア・シムブラキアタの“頭部の底”
四角形に近い形状の口器があり、その後ろ（上図では下部）にヒトの手のひらのような構造が並んでいた。Cong et al. (2017) を参考に作図。

口の後方には、ヒトの手のひらのような構造が3対6個確認されている。コンたちによるとこれは、獲物を引き裂き、切り刻むことに役立っていたとみられている 4-7 。

カナダのステフェネンシス

アムプレクトベルア属のラディオドンタ類として、「アムプレクトベルア・ステフェネンシス（*Amplectobelua stephenensis*）」も紹介しておこう。こちらはバージェス頁岩の産だ。

カナダのロイヤル・オンタリオ博物館のウェブサイトによると、アムプレクトベルア・ステフェネンシスの付属肢の大きさは、長いものでも5・8センチメートル。アムプレクトベルア・シムブラキアタの半分以下という小ささである。発見されているのは付属肢だけで、完全体はもとより、他のパーツに関しても見つかっていない。

アムプレクトベルア・ステフェネンシスの付属肢の形状は、シムブラキアタのそれとよく似ている。スウェーデンのウプサラ大学のアリソン・C・ダレイは、両種の大きな違いとして、根元の大きな突起がシムブラキアタでは1本であることに対し、ステフェネンシスのそれは2本ある点を指摘している。また、各節の内側に並ぶ小さなトゲは、シムブラキアタと比べると短い。その他、各資料で使用されている図では、その根元の2本の突起に挟まれる内側にも突起が存在したことが示唆されている 4-8。

いずれにしろ、アムプレクトベルア属の付属肢は、この根元の突起のおかげで獲物を保持しやすくなっているとの見方が強い。

この形状に注目して、複数の研究者がアムプレクトベルア属は積極的な狩人だったとみている。また、アメリカのモアブ博物館に所属するジョン・フォスターは、2014年に発表した著書『CAMBRIAN OCEAN WORLD』でもう一歩踏み込んで、他のラディオドンタ類よりも硬い獲物を襲うことができたと書いている。

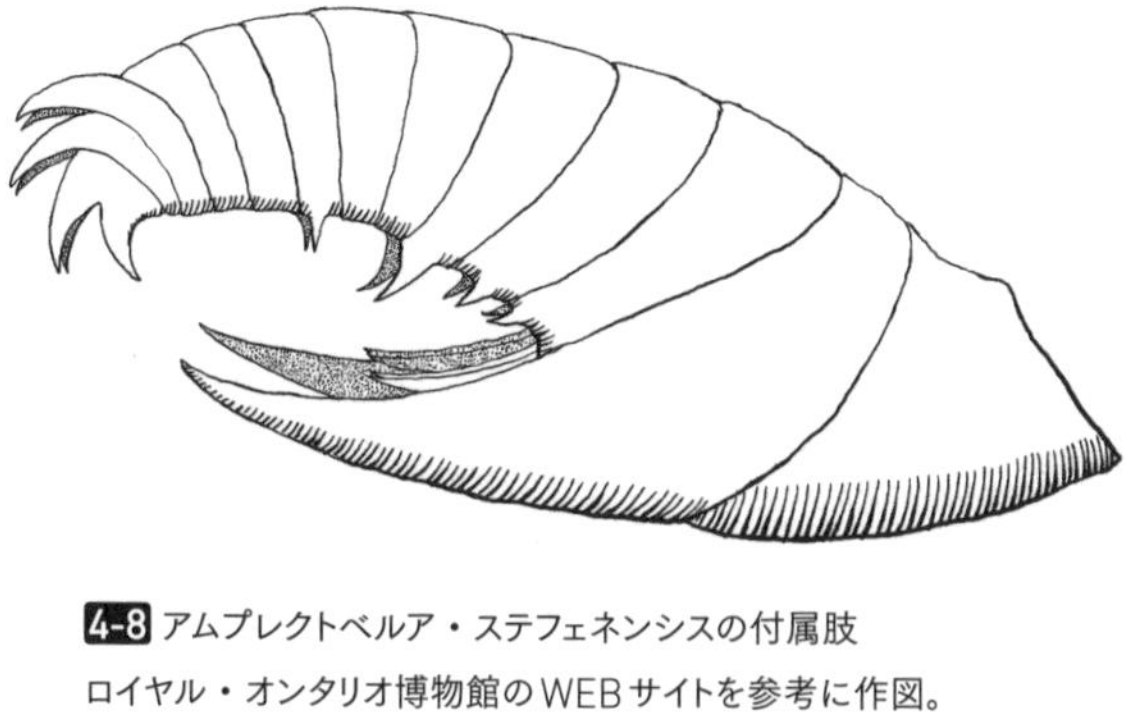

4-8 アムプレクトベルア・ステフェネンシスの付属肢
ロイヤル・オンタリオ博物館のWEBサイトを参考に作図。

第２節　幼いころからプレデター　ライララパックス

脳構造が残るウングイスピナス

ラディオドンタ類の新種報告《デビュー》は、大なり小なり驚きをもって歓迎されるものだけれども、「ライララパックス・ウングイスピナス（*Lyrarapax unguispinus*）」ほどインパクトをともなったものもそうそうないだろう。なにしろ、２０１４年に雲南大学のコンたちがこのラディオドンタ類の発見を報告した論文には、その脳構造について言及がなされていたのだ。もちろん、良質の標本が発見され、その解析によるものである。

そもそも生物の遺骸は、硬いものほど化石として残りやすく、柔らかいものほど化石として残りにくい傾向がある。バージェス頁岩や澄江で見つかる化石は、本来であれば残りにくい柔らかい構造が残っているという意味で、とても貴重だ。そんな特別な地層でも、軟組織の代表のような脳が確認されることはほとんどない。

しかし、２０１０年代の各種研究によって、とくに澄江産の動物化石からはそうした神経系が報告されるようになった。そして、研究が進む中で、ライララパックス・ウングイスピナスの2014年の報告となったわけである。

サイズは、小型である。全長は8センチメートルほどと、ヒトの手のひらに乗るくらい愛らしい（思わず飼いたくなる）。

ライララパックス・ウングイスピナスの付属肢は短く、どっしりとしていて、根元にはアムプレクトベルアのような突起が発達。そして、その突起の根元には櫛《くし》のような小さなトゲが並んでいた。また、付属肢の内側に並ぶトゲは節ごとに大小を繰り返している 4-9。

細い柄の先にある眼は現生のカニの眼のような楕円体だ。そして、頭部の底には大きな口があった。

胴体の両脇にはひれが並び、3対6枚の尾びれも確認されている。頭部には甲皮が確認されているけれども、この論文の段階では、その形状は明らかになっていない。

これだけ情報があるにもかかわらず、この段階ではライララパックス・ウングイスピナスの生態復元はなされていない。

一方、注目の脳構造は、いたってシンプルなものだった。コンたちによると、現生の動物

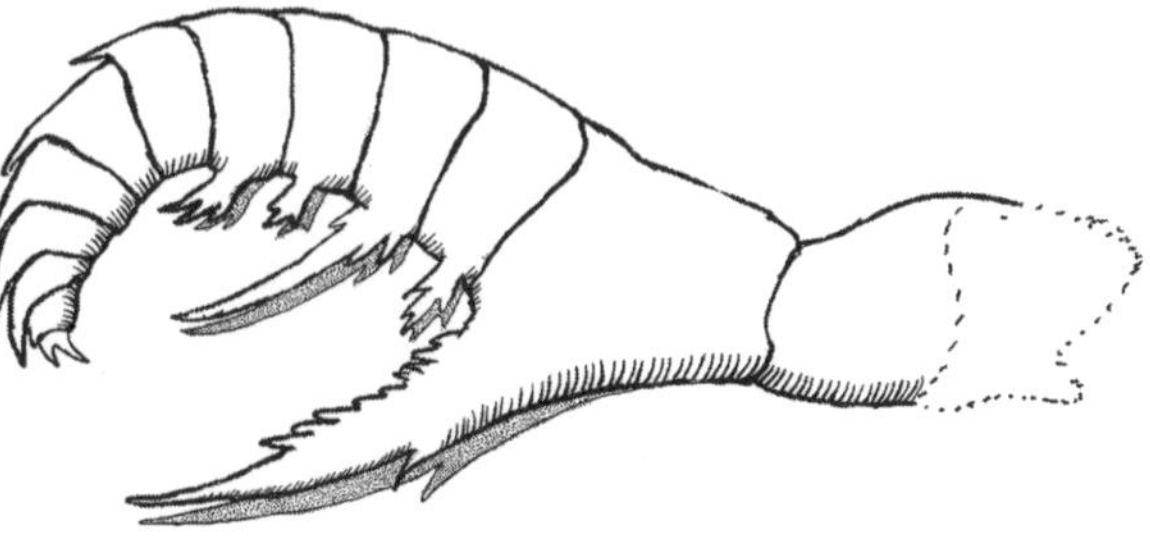

4-9 ライララパックス・ウングイスピナスの付属肢
Cong et al.（2014）を参考に作図。

との比較の結果、それは節足動物よりも、有爪動物（カギムシの仲間）のものに近いという。

有爪動物は節足動物よりも原始的とみられるグループである。もしも、ラディオドンタ類のすべての種が同様の脳構造をもっていたとしたら、〝史上最初の覇者〟は、脳構造としては原始的だった、ということになる。

2018年、ライララパックス・ウングイスピナスの亜成体とみられる標本が、中国の西北大学のジィアンニ・リウたちによって報告された。その個体は、全長わずか1・8センチメートル。ペッ

4-10 ライララパックス・ウングイスピナスの亜成体
詳細は本文参照。

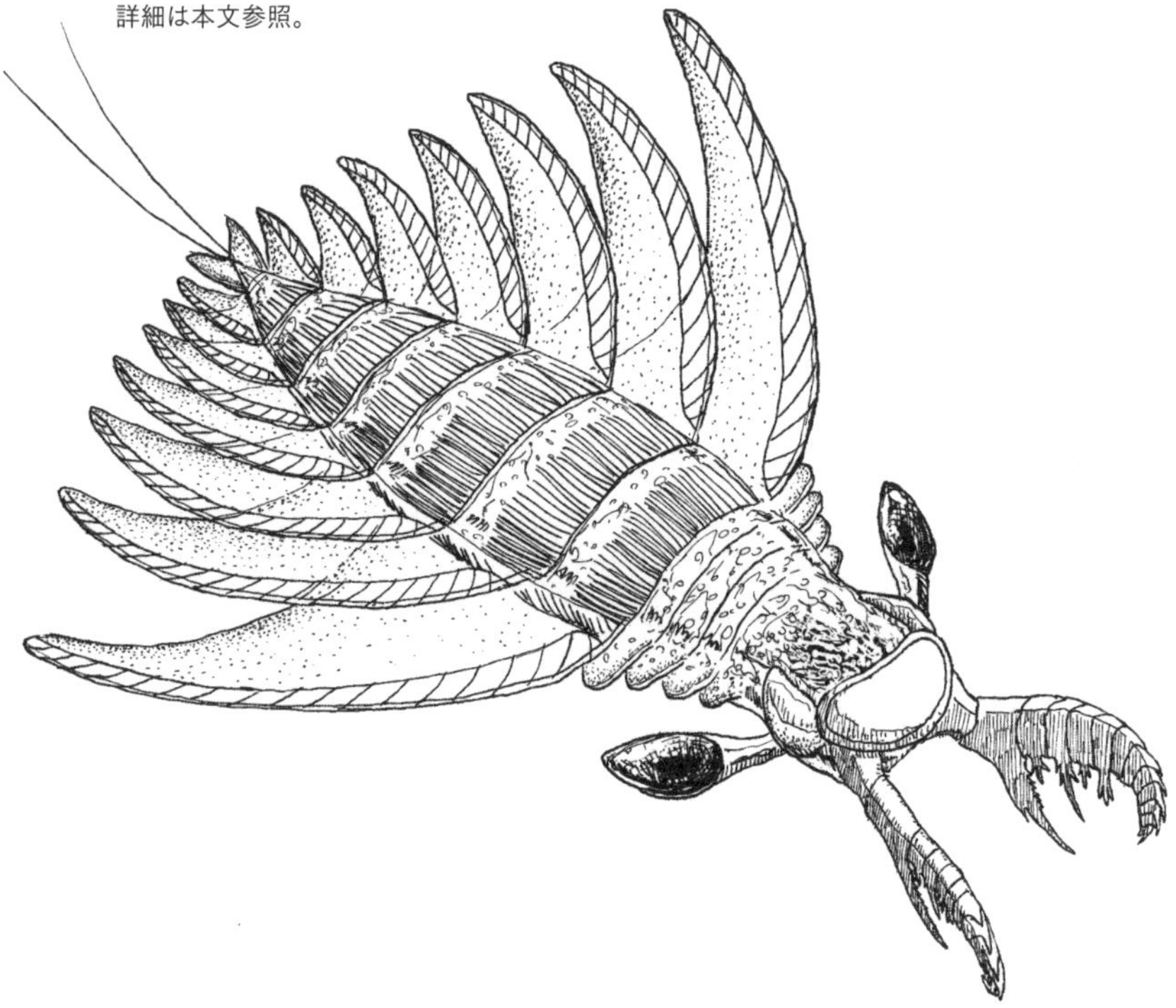

トボトルのキャップに収まるサイズである。これは、これまでに知られているラディオドンタ類の〝完全体標本〟としては、最も小さい。

これほどに小さなラディオドンタ類が独立種ではなく、ライララパックス・ウングイスピナスの亜成体とされたのは、その姿が成体とよく似ていたためだ。とくに、付属肢と口器はそっくりだった。そして、付属肢と口器という摂食に関わる部位が発達していることから、ライララパックス・ウングイスピナスは「幼いころから〝武装した狩人〟だった」とリウたちは指摘している。

なお、この亜成体標本によって、ライララパックス・ウングイスピナスの頭部にある甲皮の形状も明らかになった。それは楕円形に近いものと、そのやや後方両脇（眼柄の付け根）に位置する〝豆を潰したような形〟をしたもので構成されていた 4-10 。

シンプルなトリロボス

ライララパックス属は、コンたちによって2016年に新種が報告されている。その名は、「ライララパックス・トリロボス（*Lyrarapax trilobus*）」。

この新種は、形状といい、サイズといい、ライララパックス・ウングイスピナスとよく似ていた。

しかし、ラディオドンタ類の分類の肝である付属肢に違いがあった。付属肢の内側にあるトゲが、ウングイスピナスでは各節に確認できることに対し、トリロボスはトゲのある節とトゲのない節が交互になっているのである。また、ウングイスピナスと比べるとトリロボスはやや細長かった 4-11。コンたちは、この付属肢の形状は、アノマロカリス・サロンのそれに似ていると指摘している。

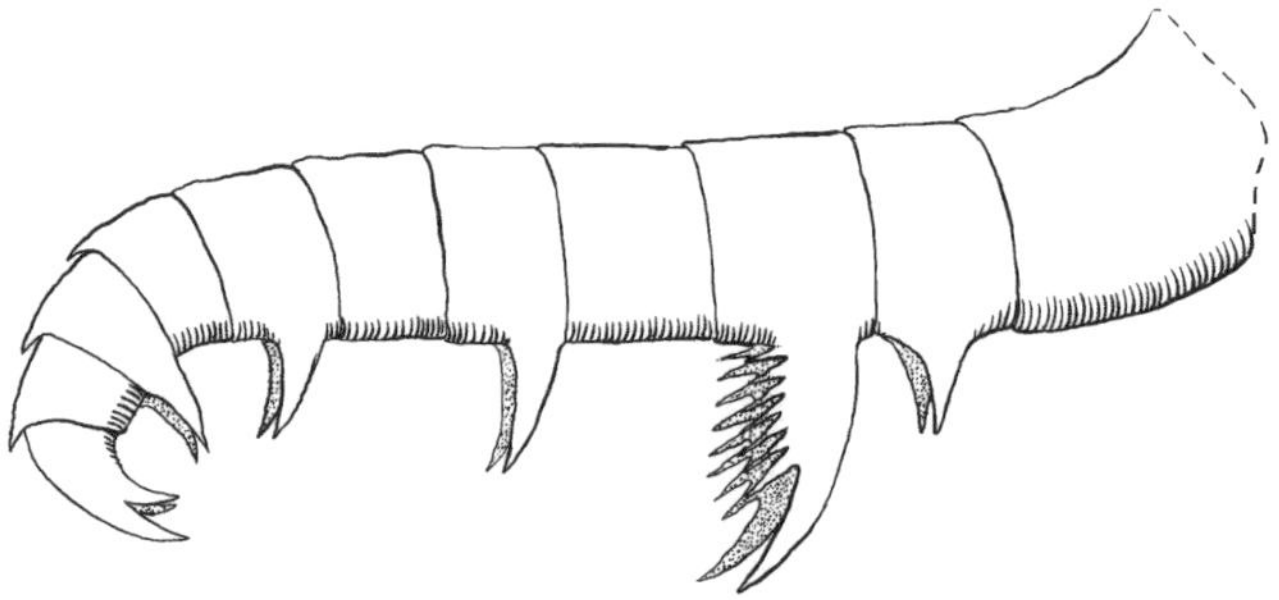

4-11 ライララパックス・トリロボスの付属肢
Cong et al.（2016）を参考に作図。

第3節　サスペンションフィーダー　タミシオカリス

網をもつボレアリス

グリーンランド北部に「シリウス・パセット」と呼ばれるカンブリア紀の化石産地がある。そこに分布する地層は、約5億2100万年前から約5億1400万年前のどこかで堆積したものとみられている。澄江とほぼ同時期か、少し新しい地層というわけだ。そして、オーストラリアのエミュー・ベイ頁岩よりは古い。

そんなシリウス・パセットから、ウプサラ大学のダレイとジョン・S・ピールによって新たなラディオドンタ類が報告されたのは、2010年のことだ。付属肢のみの記載であり、「タミシオカリス・ボレアリス（*Tamisiocaris borealis*）」と名づけられた。

この論文では、タミシオカリス・ボレアリスの付属肢は、長さ約8・5センチメートルで、その内側には最大で長さ1・4センチメートルのトゲが並ぶシンプルなものとして報告されていた。それは、概形としてはラディオドンタ類の付属肢に見られるものの、アノマロカリス・カナデンシスのようにトゲに何らかの形が確認できるものとは異なる。ダレイとピールは、今一つラディオドンタ類と決めかねていたようで、「questionably（疑わしい）」という単語を論文中で使っている。

タミシオカリス・ボレアリスが注目を浴びるようになるのは、2014年にブリストル大学のヴィンターたちが、より良質な標本にもとづいて新たな論文を発表してからだ。新たに発見された付属肢の標本は長さ12センチメートル超という大きなもので、その内側には細くて長いトゲが並んでいた。

……ここまでであれば、ダレイとピールが報告した付属肢の〝大型版〟にすぎない。

しかし、もちろん、単純に大きいから注目を浴びたわけではない。ポイントは、その細いトゲの構造にあった。細いトゲの両脇にさらに細かいトゲがびっしりと並んでいたのだ。トゲとトゲの間隔は、最も狭いところでわずか0・3ミリメートルという密集具合である 4-12。

ヴィンターたちは、密集する細かなトゲが現生のヒゲクジラ類のヒゲと同じような役割を果たしていたのでは

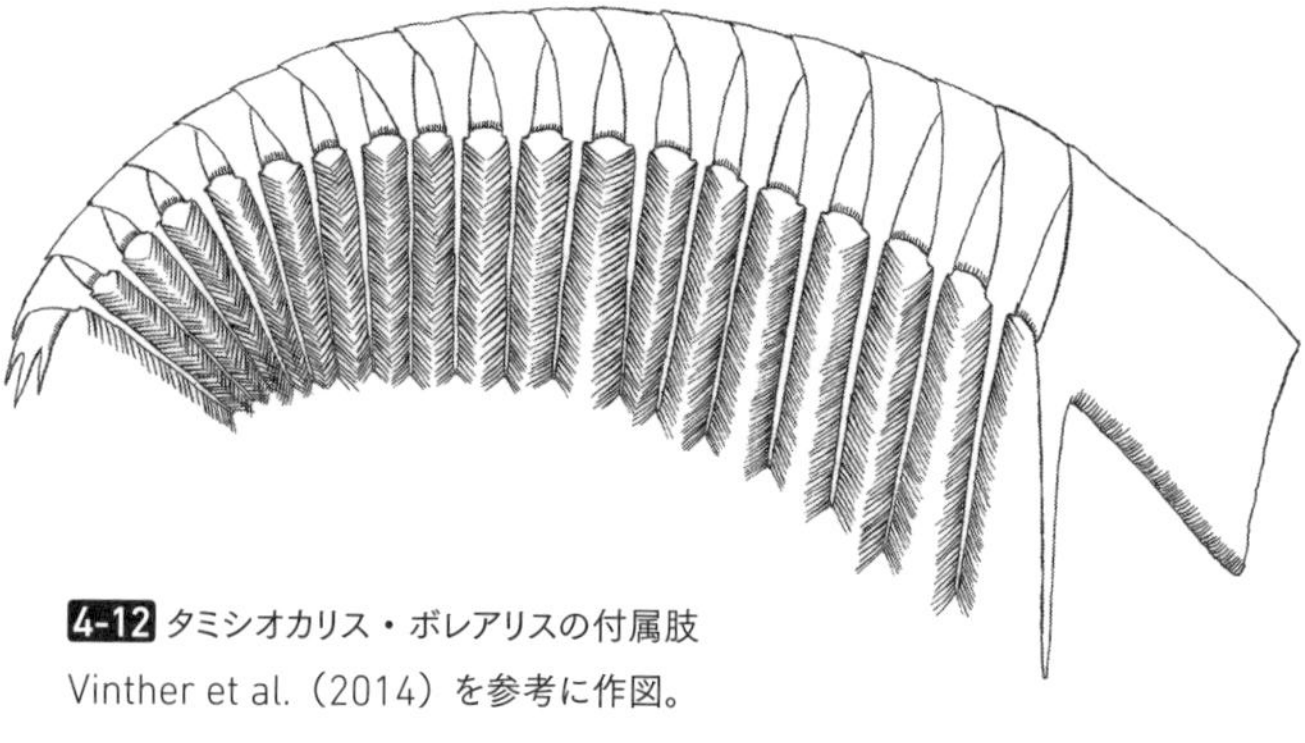

4-12 タミシオカリス・ボレアリスの付属肢
Vinther et al.（2014）を参考に作図。

ないか、と指摘している。すなわち、プランクトンを捕獲するための網としての役割だ。トゲの密集具合から算出された獲物のサイズは0・5ミリメートル以上。カイアシ類のような中型の動物プランクトンであるという。

タミシオカリス・ボレアリスは、この付属肢を振ることで水中のプランクトンを捕まえて、食べていたというわけである。

こうした生態をもつ動物は、「懸濁物食者《サスペンションフィーダー》」と呼ばれる。

タミシオカリス・ボレアリスは付属肢しか発見されていないけれども、それでも12センチメートル超というその付属肢のサイズは、ボレアリスがなかなかの大きさだったことを示唆している。

思い出して欲しい。

この時代、大半の動物の大きさは、全長10センチメートルに満たないのだ。

シリウス・パセットという産地が示す時代、付属肢のサイズ、付属肢の形状が示す生態。これらは、タミシオカリス・ボレアリスが生命史上最初期の〝大型懸濁物食者〟だった可能性があることを示唆している。

ヴィンターたちは、「ケティオカリダ類」という名称をもったグループを提唱し、タミシオカリス・ボレアリスと、よく似た形状の付属肢をもつ「アノマロカリス・ブリッグスアイ

（*Anomalocaris briggsi*）」をこのグループに分類した。「ケティオ」は「Cetus」にちなむもので、これは「クジラ」という意味だ。そして、「カリダ」は「caris」にちなみ、「エビ」という意味である。アノマロカリスの「カリス」でもある。

つまり、ラディオドンタ類の一員であること、そしてその生態がヒゲクジラ類に似ていること、この両方を示唆するグループ名を提案したことになる。

しかし、「ケティオカリダ類」という名称はその後の研究では採用されてはいない。タミシオカリス・ボレアリスにちなむ「タミシオカリス類」の方が有効とされている。

第4節　ジェネラリスト　フルディア

大きな頭部のヴィクトリアとトライアングラ

フルディア属は、他のラディオドンタ類とちょっと毛色が異なる。

全身像がわかっている他のラディオドンタ類は、基本的に扁平なからだつきだ。

しかし、フルディア属のラディオドンタ類は縦方向にもそれなりの厚みがあった。また、全長のほぼ半分を大きな頭部が占める。そして、その上面と側面……つまり、計3面を3枚の甲皮で覆っていた。その様は、さながら中世ヨーロッパの騎士の兜《かぶと》のようである。

頭部上面の甲皮の形状によって2種が報告されている。幅に対して長さが2倍ある「フルディア・ヴィクトリア（*Hurdia victoria*）」4-13と、幅に対して長さが1・5倍の「フルディア・トライアングラ（*Hurdia triangula*）」だ。

2013年に、フルディア属の情報をまとめたダレイたちの論文によれば、ヴィクトリアの標本数は267に対して、トライアングラの標本数は103。圧倒的にヴィクトリアの方が多い。ただし、この2種のどちらにも属さないが、フルディア属のものとされている標本が197も存在する。

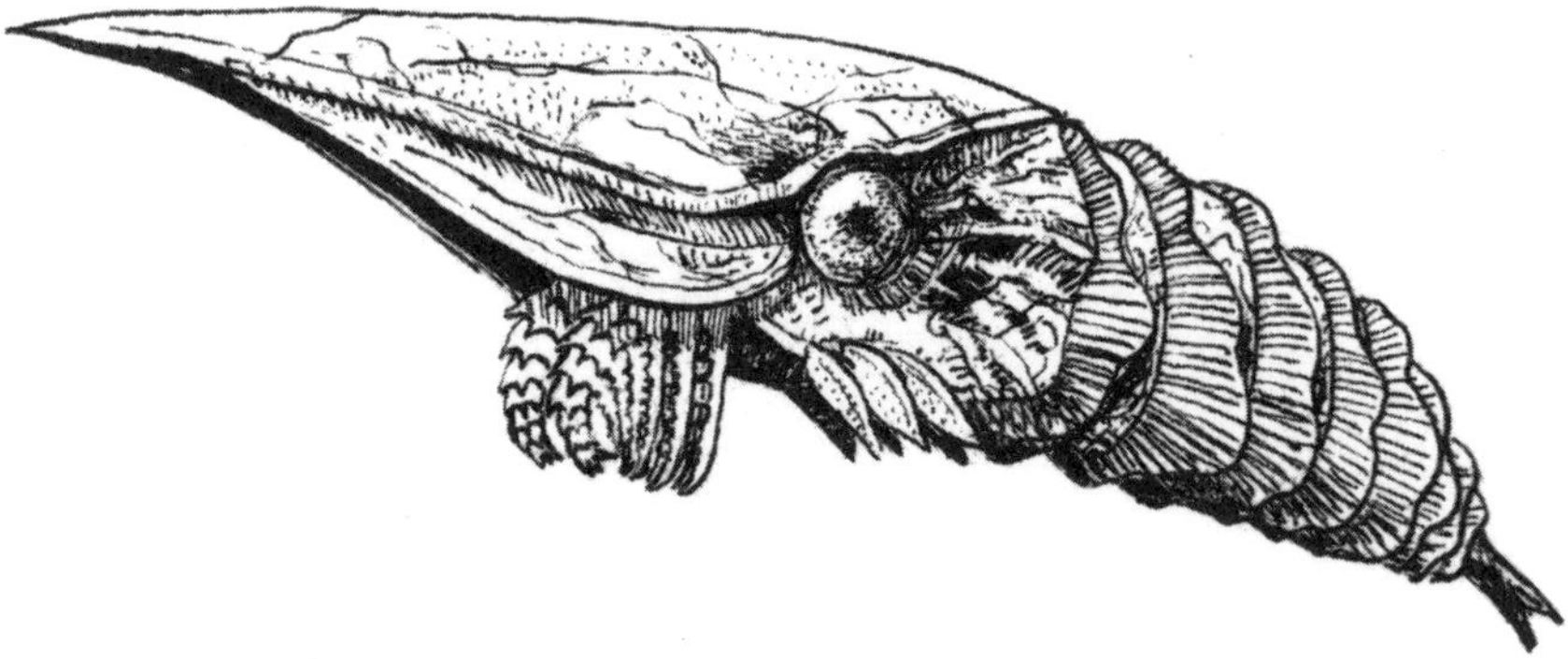

4-13 フルディア・ヴィクトリア

この標本数が示唆するように、フルディア属は比較的よく見つかるラディオドンタ類だ。産出場所によっては、アノマロカリス属の16倍もの標本が見つかっている。発見されている部位は上面の甲皮が多い。これは、付属肢が多く見つかる傾向にある他のラディオドンタ類との大きな違いの一つだ。

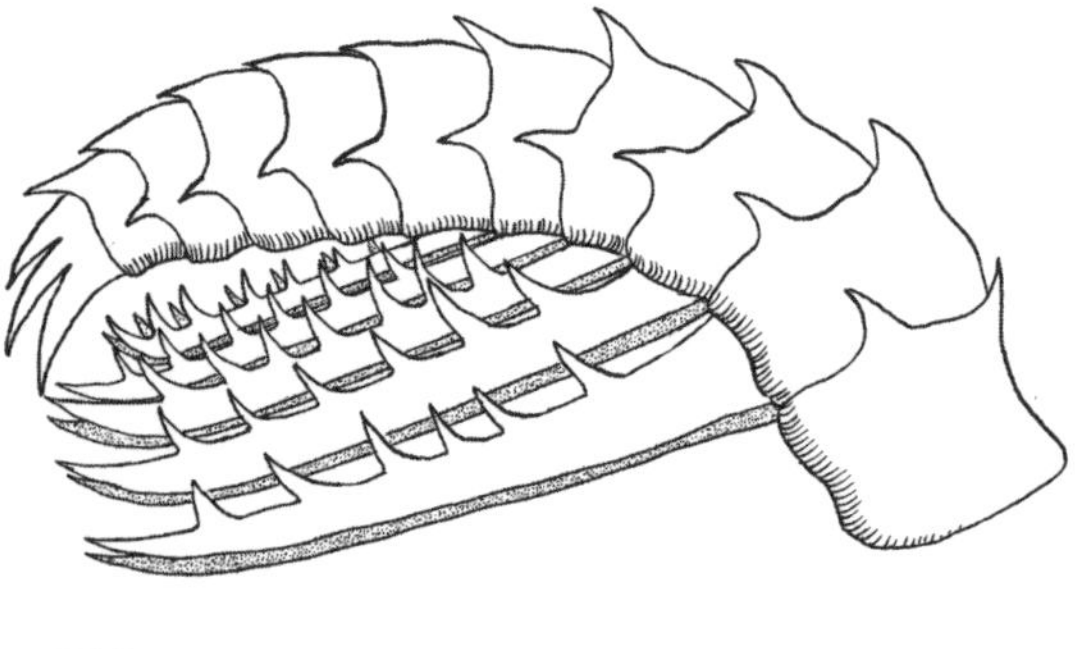

4-14 フルディア・ヴィクトリアの付属肢
ロイヤル・オンタリオ博物館のWEBサイトを参考に作図。

付属肢の形は、「ペイトイア・ナトルストアイ（*Peytoia nathorsti*）」とよく似ている。すなわち、内側にノコギリのような突起が並ぶタイプである 4-14。ただし、付属肢のサイズ自体は小さくて、角度によって側面の甲皮に隠れ、外からはほとんど見えない。

口器もペイトイア・ナトルストアイとよく似ている。しかし、ダレイが2012年にまとめたところによれば、中心に細かなトゲが並んでいる点が、ペイトイア・ナトルストアイとは異なっている 4-15。

眼は大きく、側面に配置され、ひれはほぼ垂直に立つという独特なつくりながらも、そのサイズは大きく、そして各ひれにはえらが発達している。こうした特徴から、フルディア属の2種はともに、遊泳型の狩人だったのではないか、と指摘されている。大きな眼は獲物探知に便利だし、発達したえらは、一定以上の遊泳速度を示唆している。

ただし、アノマロカリス・カナデンシスなどと比べると、あまり速度は出せなかったのではないか、との指摘もあり、海底付近をゆっくりと泳ぎながら、あまり動きの速くない獲物を狩っていた可能性が指摘されている。その際には独特の形状をもつ頭部が役立ったという見方もあるが、実際のところはよくわかっていない。

A

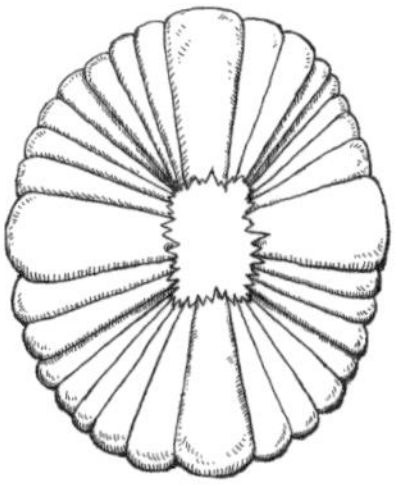

ペイトイア・ナトルストアイの口器

B

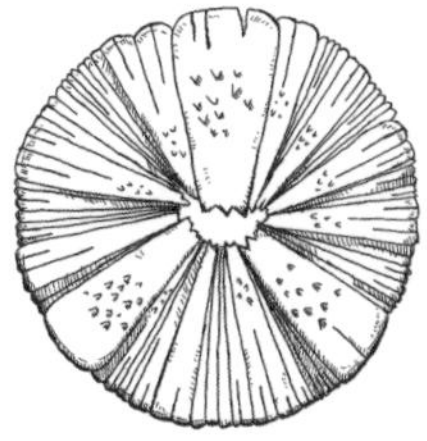

アノマロカリス・カナデンシスの口器

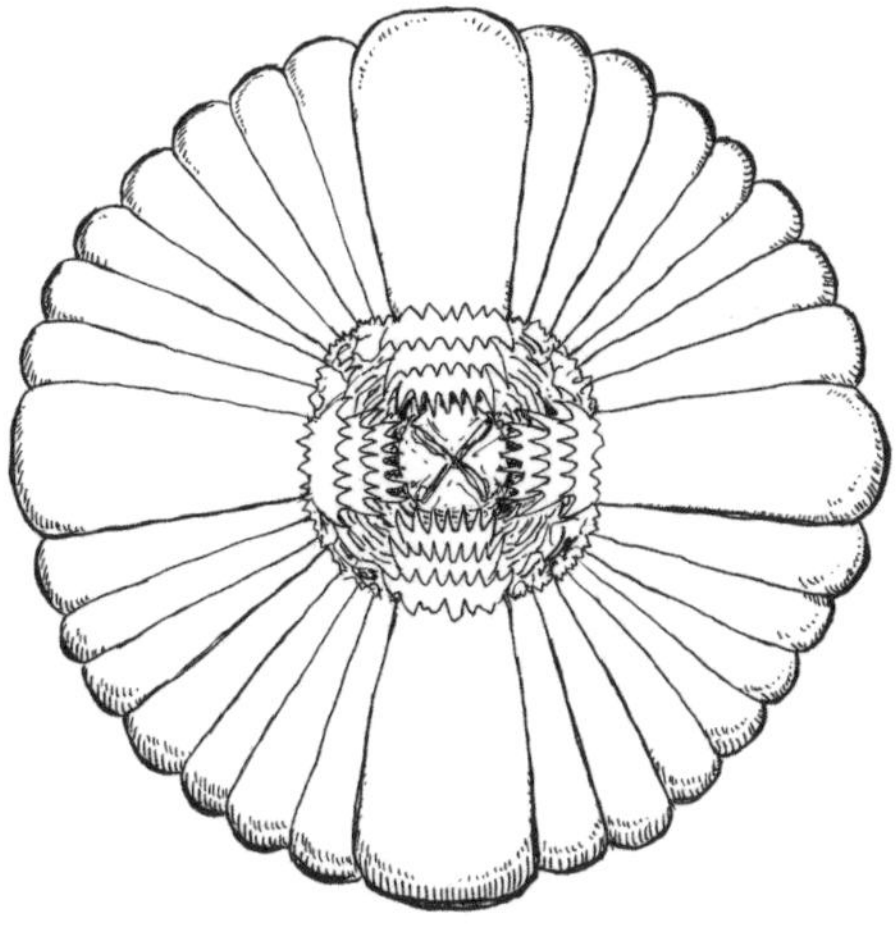

4-15 フルディア・ヴィクトリアの口器
Aや**B**と比較してみてほしい。Daley and Bergström(2012)を参考に作図。

複雑な来歴のもち主

フルディア属の2種はともに、チャールズ・ドゥーリトル・ウォルコットによって、1912年に報告されている。アノマロカリス・カナデンシスほどではないにしろ、ペイトイア・ナトルストアイのような〝古参のラディオドンタ類〟とほぼ同時期の命名であり、その歴史は古い。

……古いけれども、2009年にダレイたちが完全体を報告するまで、あまり注目を集めていなかった。その背景には、アノマロカリス・カナデンシスやペイトイア・ナトルストアイと複雑に絡み合った研究史がある。

フルディア属の研究史は、カナダのロイヤル・オンタリオ博物館のウェブサイトによくまとめられている。

もともとウォルコットがフルディア属を報告したとき、その標本は頭部の甲皮だけだった。ラディオドンタ類の分類の肝である付属肢はこのとき、「シドネイア・インエクスペクタンス（*Sidneyia inexpectans*）」の付属肢として報告されていた。

シドネイア・インエクスペクタンスの付属肢と聞いて、「そういえば」と思い出した読者もいるかもしれない。そう、かつて「付属肢F」と呼ばれていた標本の中に、フルディア属の付属肢も含まれていたのだ。

同様に、フルディア属の口器に関しても、当初はペイトイア・ナトルストアイとしてまとめられていた。

第1部第1章で見たように、付属肢Fと口器としてのペイトイア・ナトルストアイはその後、〝統合〟され、「アノマロカリス・ナトルストアイ(*Anomalocaris nathorsti*)」、そして「ラッガニア・カンブリア（*Laggania cambria*)」と名前を変えて、そして、現在では「ペイトイア・ナトルストアイ」と呼ばれている。

この間にフルディア属の各パーツが認識されるようになり、2009年のダレイたちによる報告となったのだ。このとき、ダレイたちが分析に用いた標本は、数百個におよんだ。

先ほど、フルディア属の付属肢と口器がペイトイア・ナトルストアイのものとよく似ている旨に触れた。

それもそのはずで、もともとは同じ種のものとして認識されていたのである。

どことなく、アノマロカリス属の研究史に埋もれてしまいそうなフルディア属の研究史だけれども、今ではフルディア属はラディオドンタ類の中で重要な位置を占めるにいたっている。フルディア属は、ラディオドンタ類を構成するグループの一つ、フルディア類の代表的な存在であり、フルディア類はラディオドンタ類の中でもアムプレクトベルア類と同等かそれ以上の多様性を誇っている。

また、フルディア属の化石産地は世界各地に散らばっている。フルディア・トライアングラこそ産地はカナダに限定されているけれども、フルディア・ヴィクトリアに関しては、カナダのほかにチェコからも報告がある。そして、まだ名前がついていないフルディア属に関しては、カナダとチェコに加え、アメリカと中国からの報告もある。産地が異なれば環境も異なるわけで、そんな多様な世界に適応していたフルディア属に対して、ダレイたちは「ジェネラリスト《広範囲適応者》」という表現を使っている。

第5節　かつての代表　ペイトイア

悠然遊泳のナトルストアイ

もともとペイトイア・ナトルストアイは、ウォルコットが発見した口器につけられた名前である。その後、第1部第1章で紹介したような紆余曲折を経て、一時期、「アノマロカリス・ナトルストアイ」の名前をもっていた。

そして、ラディオドンタ類の代表種であるアノマロカリス・カナデンシスの復元が今一つ定まっていない時期において、アノマロカリス・ナトルストアイこそが、「アノマロカリス」のイメージを代表していた。

ナトルストアイが復元された時期は、折しもスティーヴン・ジェイ・グールドが『ワンダフル・ライフ』を発表し、アノマロカリスをはじめとするバージェス頁岩の動物たちに脚光が当たった時期でもある。

その結果、多くの人々にとって「アノマロカリス・ナトルストアイこそが、アノマロカリス」となったことは否めないだろう。実際、第2部で紹介した2019年放送のアニメ『荒野のコトブキ飛行隊』で登場するアノマロカリスも、ナトルストアイをモデルとしたものに見える。

その後、「アノマロカリス・ナトルストアイ」という名称は「ラッガニア・カンブリア」を経て「ペイトイア・ナトルストアイ」となった。その付属肢は、内側にノコギリ状の突起が並ぶタイプで、アノマロカリス・カナデンシスの〝三又の鉾〟とは明らかに異なる 4-16。

4-16 ペイトイア・ナトルストアイの付属肢
ロイヤル・オンタリオ博物館のWEBサイトのラッガリア・カンブリアのページを参考に作図。

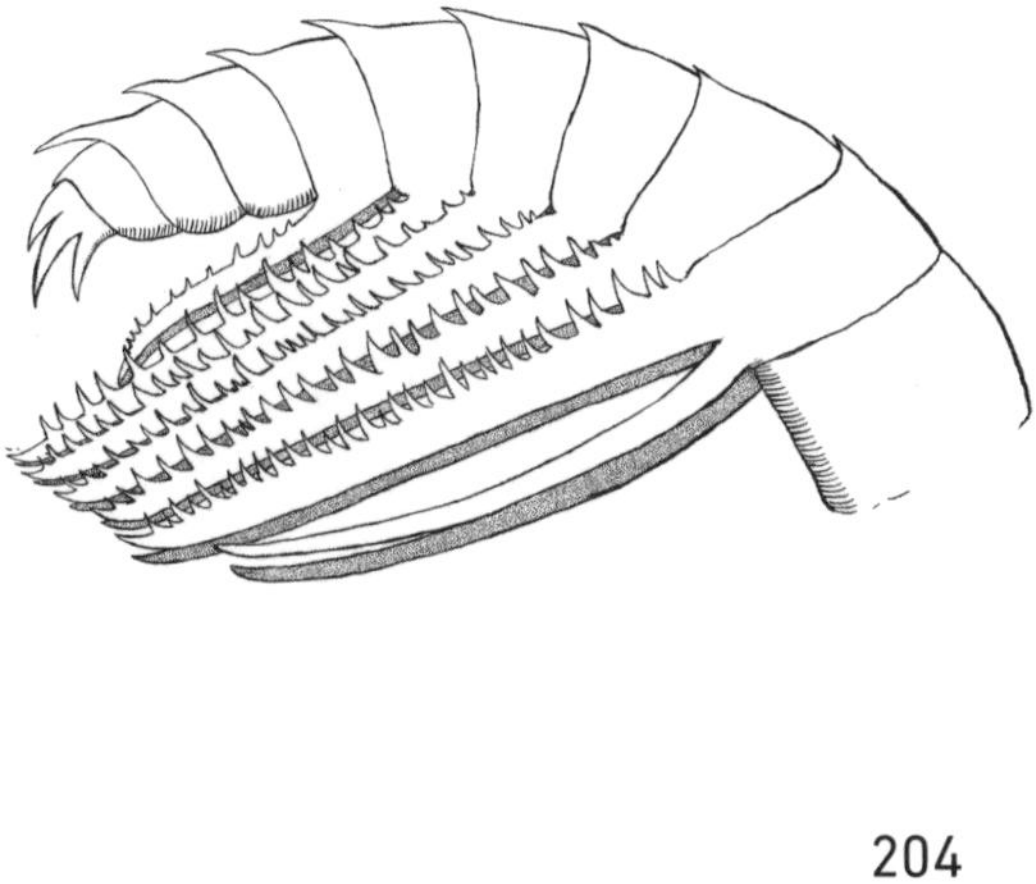

現在、ペイトイア・ナトルストアイはフルディア類に分類されている。かつての〝アノマロカリスの代名詞〟は、現在では同じラディオドンタ類ではあるものの、アノマロカリス類からは外されているのである。

もっとも、フルディア類に属するとはいえ、その姿はフルディア・ヴィクトリアたちとは似ていない4-17。

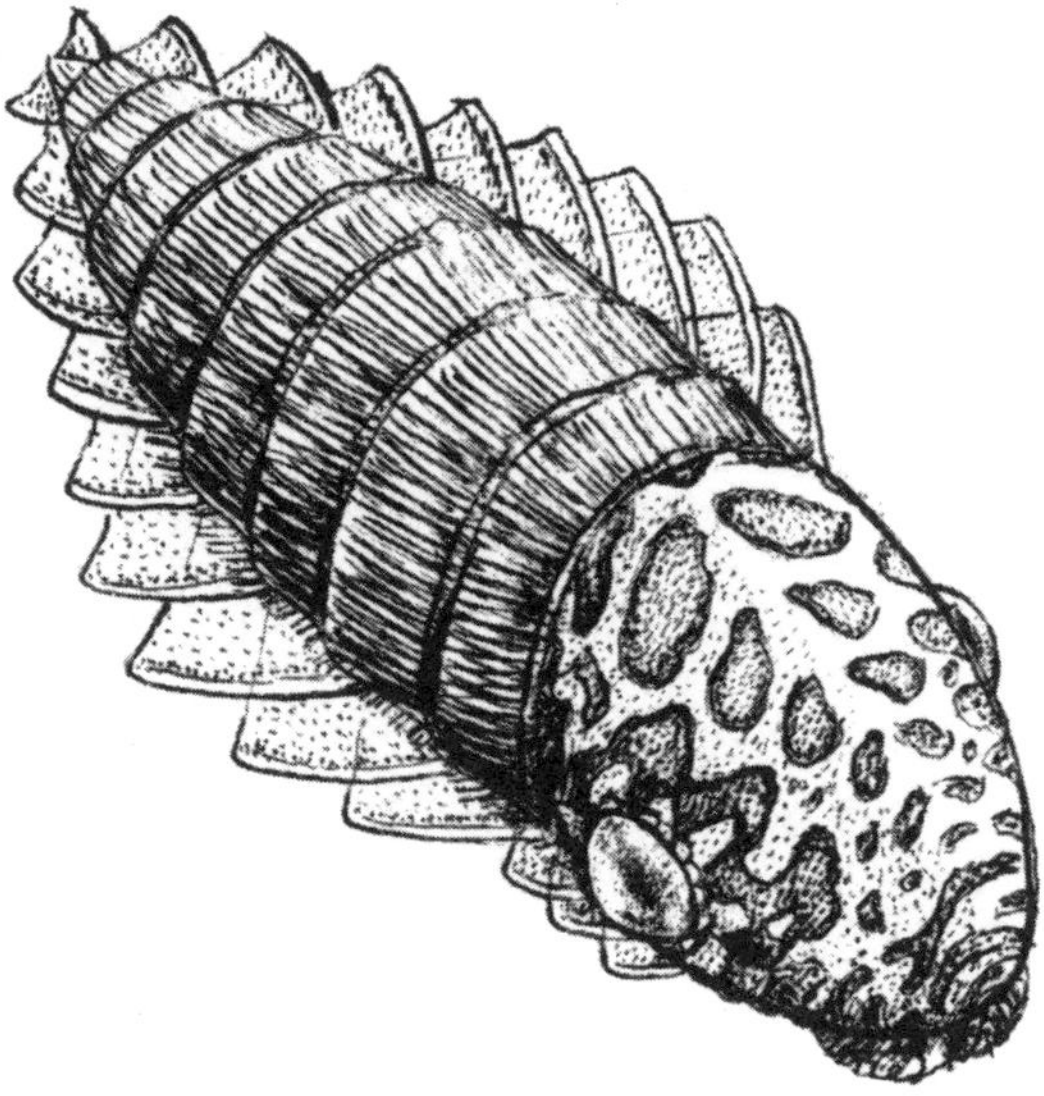

4-17 ペイトイア・ナトルストアイ

ロイヤル・オンタリオ博物館のウェブサイトで、ラッガニア・カンブリアとしてまとめられている情報によると、ペイトイア・ナトルストアイはフルディア・ヴィクトリアのように厚みのあるからだではなく、フルディア属のような大きな頭部とその頭部を覆うような甲皮があるわけでもない……少なくとも、これまでには確認されていない。ただし、頭部上面に〝薄い甲皮〟はあったと記されている。

また、胴部は7～9節に分かれ、各節の背にはえらが並んでいたとされる。その口器はフルディア属のものとよく似ているけれども、ナトルストアイの口器には、フルディア属のそれに確認されているような〝中心部の細かなトゲ〟はない 4-18。

大きな眼、大きなひれなどは、ペイトイア・ナトルストアイもまた、遊泳型の狩人だったことを物語っている。ただし、アノマロカリス・カナデンシスほどの〝遊泳性能〟があったとはみられておらず、海底直上を悠然と泳いでいたとの見方が強い。

発見されている標本のうち、完全体はいずれも全長15センチメートル以下。しかし、部分化石から推定されている全長は50センチメートルに達する。アノマロカリス・カナデンシス、フルディア・ヴィクトリアと並んで、バージェス頁岩における「三大動物」の一つだ。

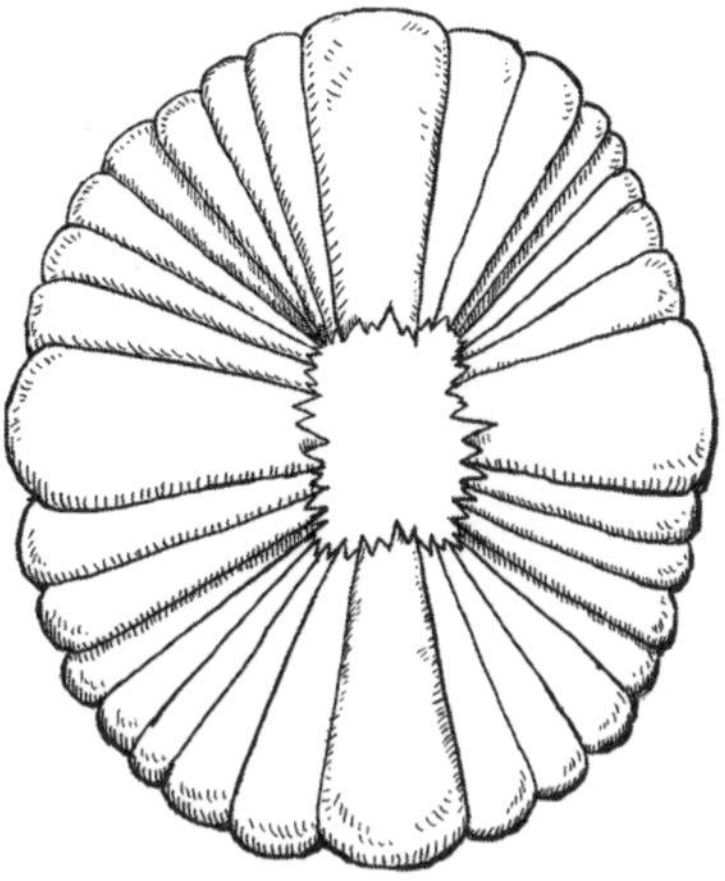

4-18 ペイトイア・ナトルストアイの口器
Daley and Bergström (2012) を参考に作図。

第6節　アイシェアイアとスタンレイカリス

ヒルペクスの悩ましき仲間？

フルディア類には、フルディア属やペイトイア・ナトルストアイといった複雑な来歴をもつラディオドンタ類が属していた。フルディア類の条件に「来歴の複雑さ」が含まれているわけではないけれども、もう一つ、独特の来歴をもつかもしれないフルディア類のメンバーを紹介しておこう。

「スタンレイカリス（*Stanleycaris*）」である。

スタンレイカリス属と現在考えられているある個体は、「有爪動物」というグループに属する「アイシェアイア（*Aysheaia*）」と混同されていた歴史がある。

有爪動物は、太さの差はあるものの基本的には円筒形のからだをもち、その下に多数のあしを並べている。そのあしの先にキチン質でできた爪があり、この爪が動物群の名前の由来となっている。節足動物と比べるとかなり原始的な動物グループとされ、これまでに本書で紹介した動物としては「ハルキゲニア（*Hallucigenia*）」属の2種が有爪動物に近縁な仲間

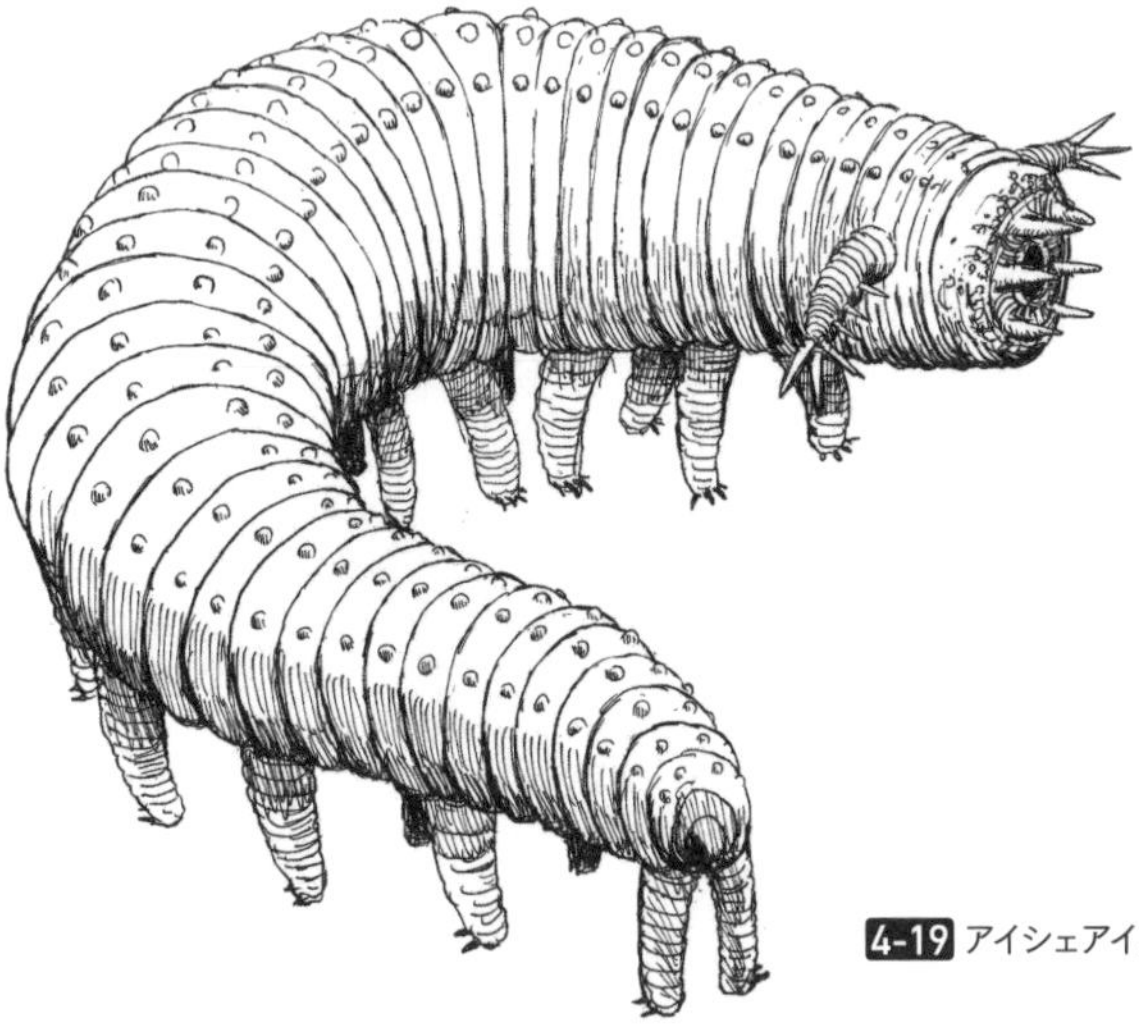

4-19 アイシェアイア・ペドゥンキュラータ

として分類されている。

「アイシェアイア」という有爪動物は、バージェス頁岩から化石が見つかっている「アイシェアイア・ペドゥンキュラータ（*Aysheaia pedunculata*）」に代表される 4-19。アイシェアイア・ペドゥンキュラータは、全長6センチメートルほどの動物で、掃除機のホースのような輪が並んだからだをしていた。その一端にはぽっかりと開いた口のようなつくりがあり、その口のまわりには細くて短いトゲが並んでいる。そして、からだの下には逆円錐形のあしが並び、あしの先には爪があった。

一方のスタンレイカリス属は、「スタンレイカリス・ヒルペクス（*Stanleycaris hirpex*）」に代表される。ロイヤル・オンタリオ博物館のジーン・バーナード・カロンによって2010年に報告されたラディオドンタ類だ 4-20。バージェス頁岩そのものではないが、そう遠くないカナディアン・ロッキーの山中から化石が発見された。

スタンレイカリス・ヒルペクスは付属肢だけしか知られておらず、その付属肢のサイズは最大3センチメートルと小さい。カロンの論文やロイヤル・オンタリオ博物館のウェブサイトで推測されている全長は15センチメートルとされている。ライララパックス・ウングイスピナスほどではないにしろ、小型のラディオドンタ類といえる。

肝心の付属肢は太くて短いという特徴があり、その点で他のフルディア類の付属肢と似ている。また、その先端には、他のラディオドンタ類と同様に小さな鉤爪状構造もある。一方、内側だけではなく外側（背側）にも大きなトゲが発達しているという独自の特徴がある。

さて、アイシェアイア・ペドゥンキュラータとスタンレイカリス・ヒルペクスは、ともにカナダから化石が産する動物である。このカナダ産の2種だけであれば、話はシンプルで、両者に混同の余地はない。

4-20 スタンレイカリス・ヒルペクスの付属肢
ロイヤル・オンタリオ博物館のWEBサイトを参考に作図。

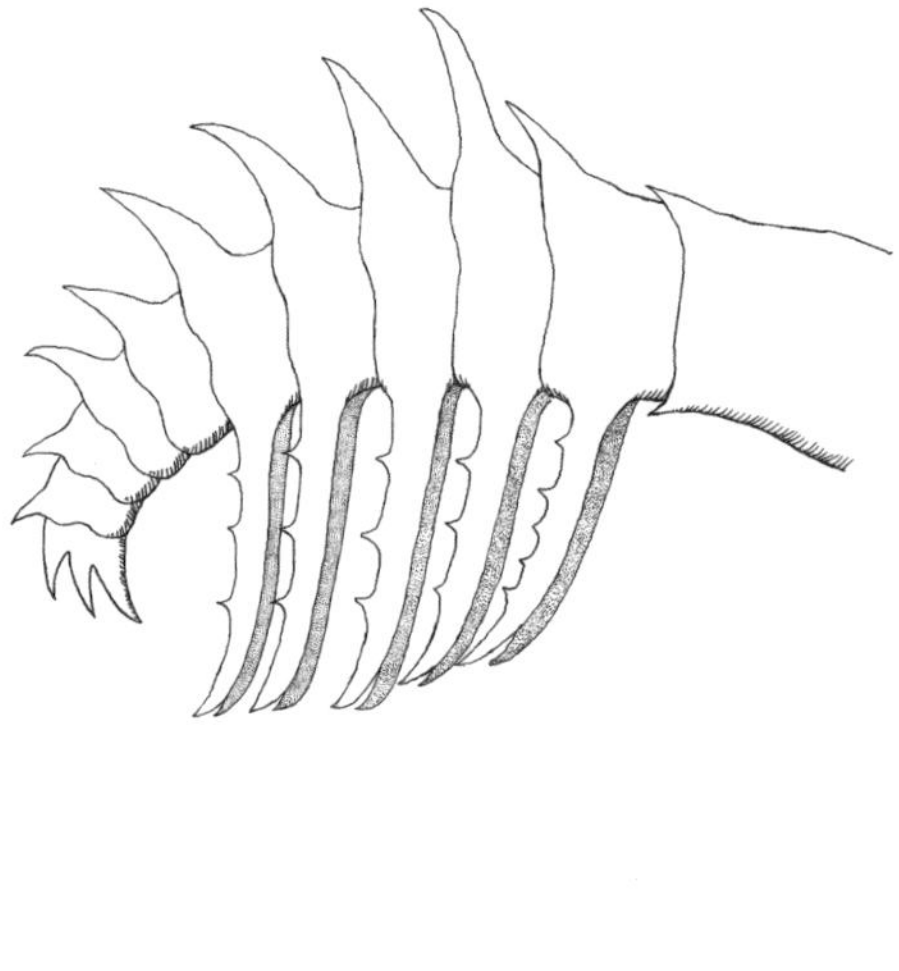

しかし、アメリカのユタ州に分布する約5億400万年前から約5億100万年前の地層……バージェス頁岩よりも〝少しだけ新しい〟地層から問題の化石が発見されている。それはカナダ以外で唯一となるアイシェアイア属の化石として、1985年に報告されたものだ。

そのアイシェアイア属の名を、「アイシェアイア・プロラータ（*Aysheaia prolata*）」という。

アイシェアイア・プロラータの化石は、全長5センチメートルほどの円筒形の胴体で、その片方には円錐形のあしのような突起が並び、もう片方には1本だけ同じような突起がある。

なるほど、化石だけを見比べると、アイシェアイア・ペドゥンキュラータとよく似ているといえる 4-21。このため、アイシェアイア・プロラータは、30年以上にわたって「カナダ以外で発見される唯一のアイシェアイア属」として知られてきた。

4-21 アイシェアイア・プロラータの化石　Pates et al.（2017）を参考に作図。

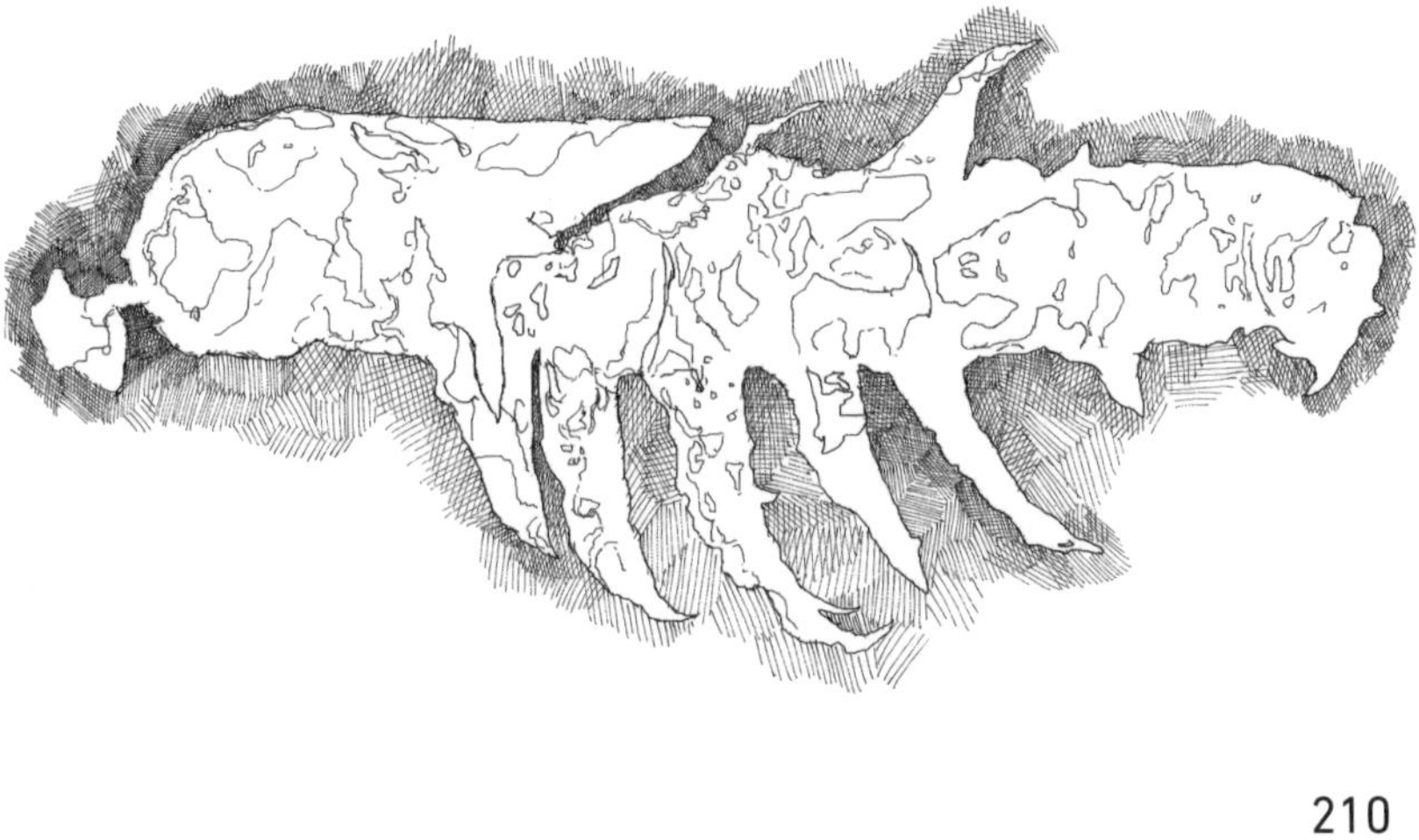

この状況を変えたのは、イギリスのオックスフォード大学に所属するスティーブン・ペイツたちが２０１７年に発表した論文である。

ペイツたちは、アイシェアイア・プロラータの標本を詳細に分析し、かつて「あしのような突起」と認識していたものはすべて「トゲ」であると判断した。そして、アイシェアイア・プロラータの先端にラディオドンタ類によく見られる鉤爪状構造があることも見出した。

こうした分析をもとに、ペイツは、アイシェアイア・プロラータはスタンレイカリス・ヒルペクスと同じ、スタンレイカリス属に属するラディオドンタ類の付属肢であると結論づけた。ただし、ヒルペクスとは断定されておらず、種小名は特定されていない。

いずれにしろ、ユタ州で発見された化石は、「カナダ以外で唯一見つかるアイシェアイア属」のものではなく、「カナダ以外で唯一見つかるスタンレイカリス属のもの」だったということになる。

その後、スタンレイカリス属自体については再検証の必要が指摘され、２０１８年にはペイツたちによって、その論文が発表されている。

第7節 〝曲がらない〟カリョシントリプス

まっすぐ3種

ラディオドンタ類には四つのグループがあり、「アノマロカリス類」と「アムプレクトベルア類」、「タミシオカリス類」（あるいは、「ケティオカリダ類」）、「フルディア類」とそれぞれ名づけられている。

この四つのグループのいずれにも分類されない〝孤高の存在〟が、カリョシントリプス属だ。研究者によっては、ラディオドンタ類には含めないこともあるという〝異端〟である。なお、ラディオドンタ類には含めない場合でも、〝極めて近縁な存在〟として位置付けられている。

カリョシントリプス属は、付属肢の化石だけが発見されている。ラディオドンタ類に含むかどうかという議論があるのもその化石を見れば納得といえば納得だ。なにしろ、その化石は「妙にまっすぐ」なのだ。

ラディオドンタ類の付属肢の化石には、もちろんまっすぐのものもあるけれど、多くは内側に大なり小なり曲がっている（故に本書では「内側」「外側」という表現を採用してきた）。

しかし、カリョシントリプス属の標本は基本的にまっすぐ。より正確に書けば細長い円錐形（厳密には化石は平面なので、二等辺三角形）に近い形状をしている。モアブ博物館のフォスターは、著書『CAMBRIAN OCEAN WORLD』の中で「ロウソクみたいな形状」と表している。

カリョシントリプス属には、付属肢に並ぶトゲの違いから3種が報告されている。

カリョシントリプス属の代表種といえるのは、「カリョシントリプス・セッラタス（*Caryosyntrips serratus*）」だ。バージェス頁岩やアメリカのユタ州から化石が見つかっており、最も大きな標本は長さ11・4センチメートルとなかなかの大きさである。そして、付属肢の外側（背側）には小さいトゲがびっしりと並ぶ。一方、内側（腹側）のトゲは他のラディオドンタ類の付属肢と比べると概ね短い。そして先端には、小さな突起があっ

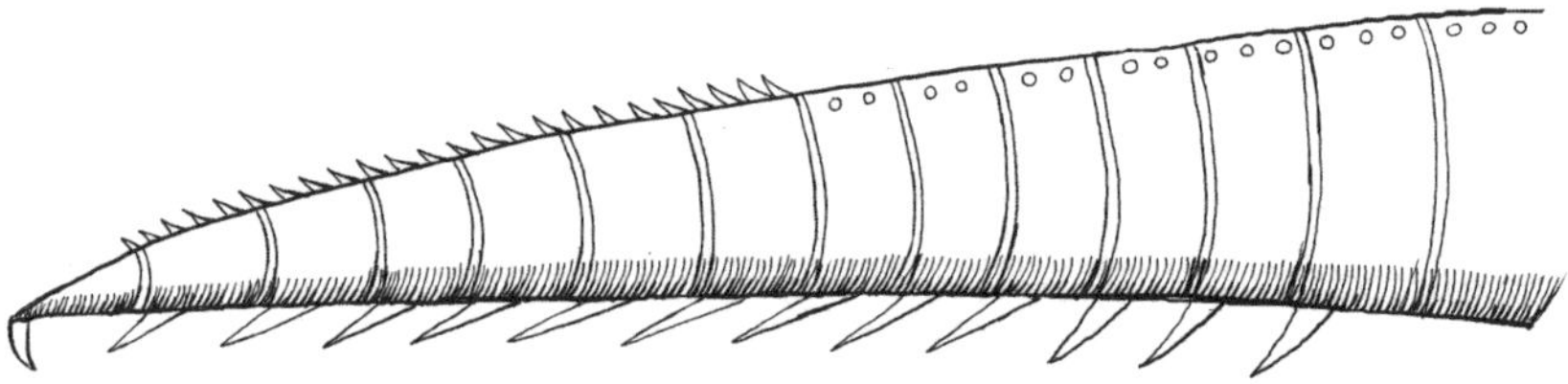

4-22 カリョシントリプス・セッラタスの付属肢
ロイヤル・オンタリオ博物館のWEBサイトを参考に作図。

た 4-22。

「カリョシントリプス・カムルス（*Caryosyntrips camurus*）」も、バージェス頁岩やユタ州で化石が見つかっている。知られている標本の最大サイズは7・2センチメートルほどと、セッラタスと比べるとやや小さい。最大の特徴は外側（背側）にトゲが並んでいないことだ。また、先端にある突起は3種の中で最も長く、鉤爪のように弧を描いていた 4-23。

また、「カリョシントリプス・ドゥルス（*Caryosyntrips durus*）」は、ユタ州からのみ報告されており、今のところバージェス頁岩では未発見である。先端にトゲはなく、内側（腹側）には、セッラタスのものとよく似た短いトゲが並ぶ。大きな特徴として、外側（背側）のトゲは、先端に近い位置では大小混ざっていた……とは言っても、実はドゥルスは不完全な標本が二つ発見されているだけなので、謎は多い 4-24。

こうした情報は、ペイツとダレイが2017年に発表した論文でまとめられている。この論文では、カリョシントリプス属

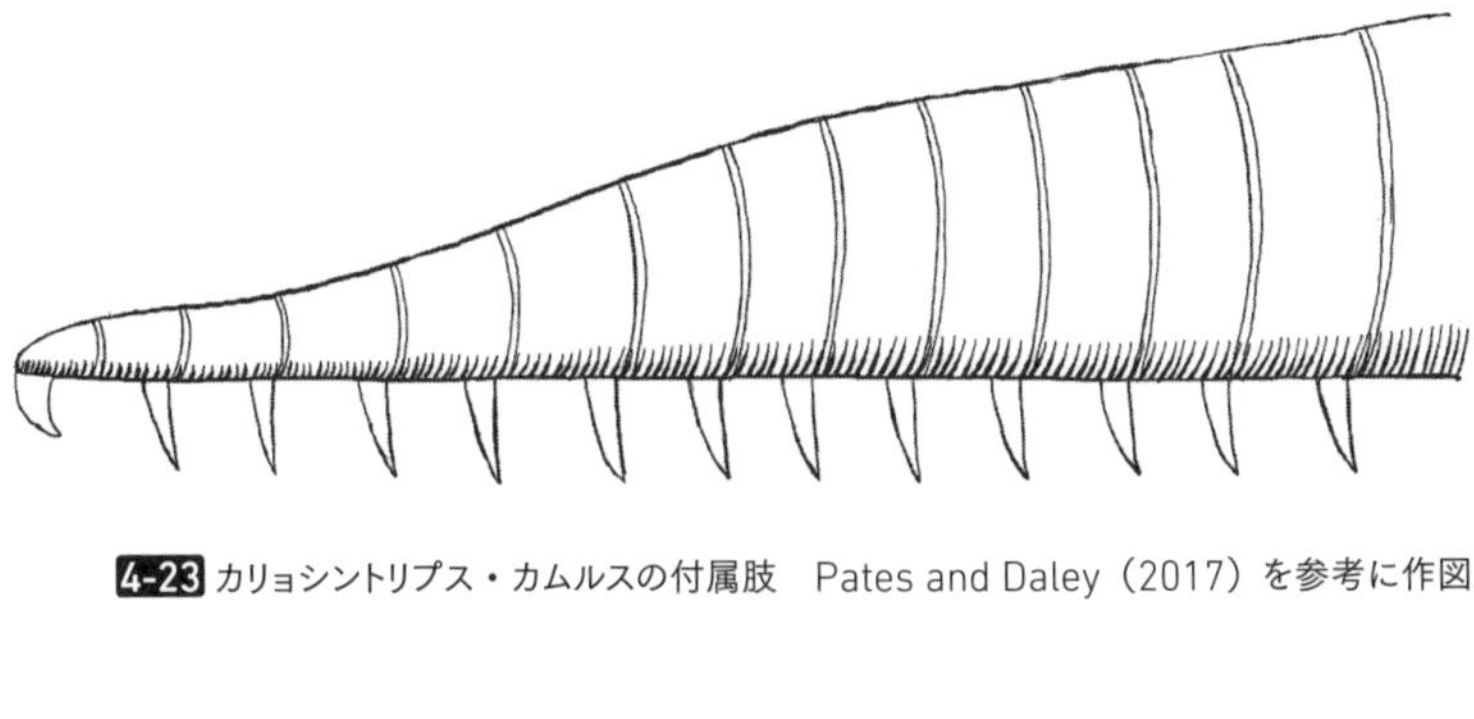

4-23 カリョシントリプス・カムルスの付属肢　Pates and Daley（2017）を参考に作図。

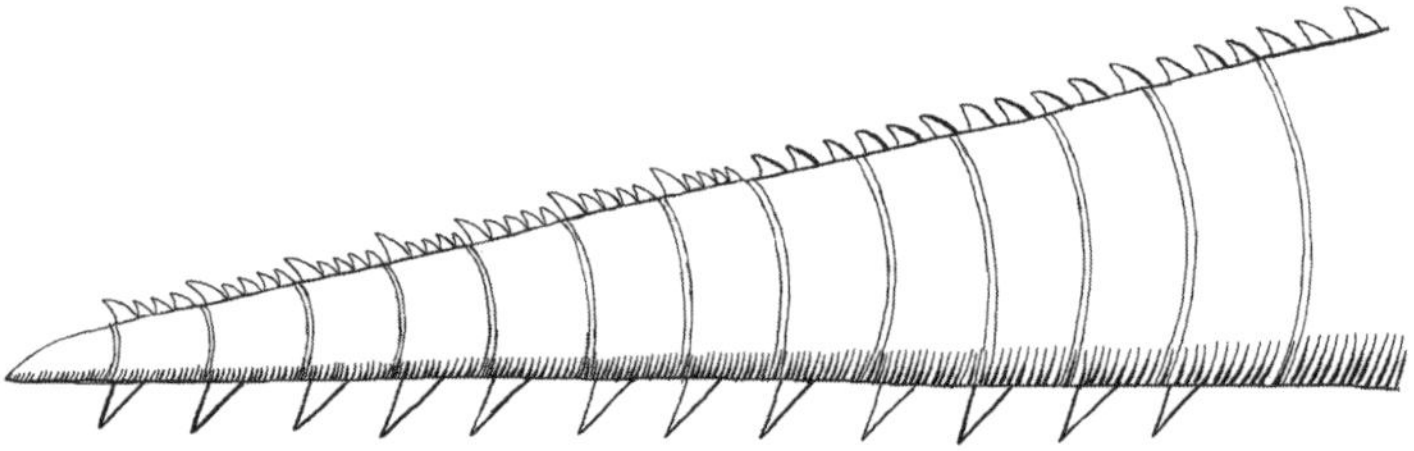

4-24 カリョシントリプス・ドゥルスの付属肢　Pates and Daley (2017) を参考に作図。

の3種に見られるこの微妙な違いは、摂食戦略の違いを表しているのではないか、と指摘している。

そして同じ論文で、スペインで化石が発見されている全長約19センチメートルの有爪動物「ムレロポディア・アパエ（*Mureropodia apae*）」がカリョシントリプス・カムルスである可能性にも触れている 4-25。

スタンレイカリス属でもあった〝有爪動物だと思っていたら、実はラディオドンタ類の付属肢だった問題〟だ。

もしもこの指摘が正しいとなると、カリョシントリプス属の分布域は、カンブリア紀当時のローレンシア大陸の沿岸域に限定されることなく、超大陸として存在していたゴンドワナの沿岸域にまで広がることになる。

4-25 ムレロポディア・アパエの化石
Pates and Daley (2017) を参考に作図。

第8節

他にもいろいろ。カンブリア紀の仲間たち

キメラ・ラディオドンタ

2018年、中国、雲南大学のジン・グオたちによって、なんとも珍妙なラディオドンタ類の付属肢が報告された。

いや、「珍妙な」という表現は、ラディオドンタ類全般にいえるので、正しくはないかもしれない。

……「珍妙すぎる」と言うべきだろうか。

その名前を「ラミナカリス・キメラ（*Laminacaris chimera*）」という。

「薄い刃をもつエビ」を意味する属名よりも、「キメラ（*chimera*）」という種小名がこのラディオドンタ類の特徴を如実に物語る。

キメラ。それは、古代ギリシアの神話に登場する想像上の動物。ライオンの頭、ヤギのからだ、ヘビの尾をもつ怪異の名である。

ラミナカリス・キメラの付属肢は、まさに複数のラディオドンタ類の特徴が混ざっている

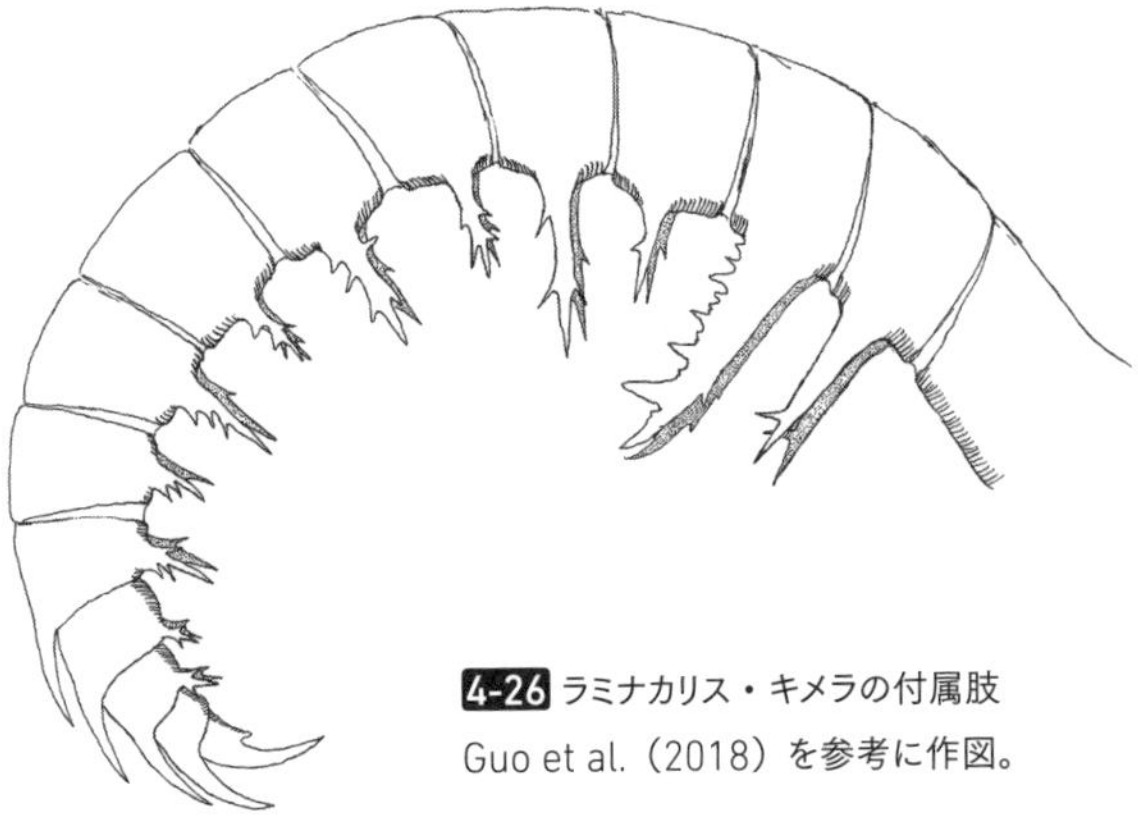

4-26 ラミナカリス・キメラの付属肢
Guo et al.（2018）を参考に作図。

まず、付属肢の根元付近だ。ノコギリ状の突起が内側に2本伸びている。これは、フルディア・ヴィクトリアなどのフルディア類に見られる特徴だ。4-26。

その先に並ぶ付属肢のトゲは、中程度の長さがあり、先端は三叉の鉾のように分かれている。これは、アノマロカリス・カナデンシスのトゲと似ている。ただし、そのトゲの側面には小さなトゲがある。これは、アノマロカリス・サロンと似ているともいえよう。

そして、付属肢の先端には、その外側に長い突起が弧を描くように配置されていた。これは、アムプレクトベルア・シムブラキアタなどに見られる特徴である。

つまり、ラミナカリス・キメラは、ラディオドンタ類を構成する四つのグループのうち、タミシオカリス類をのぞく三つのグループの特徴をあわせもっているのだ。

しかも、デカイ。

ラミナカリス・キメラの付属肢の最大サイズは、28センチメートル超と報告されている。

これは本書で紹介したどのラディオドンタ類の付属肢よりも大きい値だ。

ちなみに、ラミナカリス・キメラはアムプレクトベルア類に位置付けられている。

さらに細かい獲物を

本章の第3節で、タミシオカリス・ボレアリスを紹介した。また、第4部第0章で紹介したアノマロカリス・ブリッグスアイにも触れた。この両種はあわせて「タミシオカリス類」（ケティオカリダ類）をつくり、ともにプランクトンを主食とする懸濁物食者《サスペンションフィーダー》とみられている。

タミシオカリス類の2種が懸濁物食者とされるその理由は、付属肢の内側に長く伸びるトゲにさらに細かなトゲが並んでいるためだ。その細かなトゲが、プランクトンなどを捕獲することに向いていると考えられている。


懸濁物食は、タミシオカリス類の専売特許ではないらしい。

そんな研究が2018年にオーストラリア、ニューイングランド大学のルディ・レロセイ・アウブリルと、オックスフォード大学のペイツによって発表されている。

レロセイ・アウブリルとペイツが注目したのは、アメリカのユタ州から化石が発見されている「パフヴァンティア・ハスタータ（*Pahvantia hastata*）」だ。

推定全長25センチメートル未満のこのラディオドンタ類は、フルディア・ヴィクトリアなどに見られるような甲皮の化石が見つかっている。そして、付属肢に関しても、さほど明瞭ではないにしろ、ノコギリ状突起が並ぶようすが確認されている。こうした特徴から、パフヴァンティア・ハスタータは、フルディア類に分類される。

ポイントは、そのノコギリ状突起に並ぶ細かなトゲだ。タミシオカリス・ボレアリスのトゲよりもずっと高密度だった。

レロセイ・アウブリルとペイツはこの高密度のトゲに注目し、パフヴァンティア・ハスタータはフルディア類でありながらも懸濁物食者だったと指摘している。しかも、タミシオカリス・ボレアリスよりも、より細かいプランクトンを捕まえることができたという。

この研究は、フルディア類の多様性を示す一例といえるだろう。

フルディア類の異端児？

フルディア類の多様性といえば、こんな報告もある。

２０１９年にペイツたちは、カナダのノースウエスト準州とアメリカのユタ州から、新たなフルディア類として「ウルスリナカリス・グララエ（*Ursulinacaris grallae*）」を報告した。

ウルスリナカリス・グララエは付属肢しか発見されておらず、その付属肢の長さは大きなもので2・4センチメートルしかない。ライララパックス・ウングイスピナスに匹敵するような小型種である。

そして、その付属肢は、内側にフルディア類特有のノコギリ状突起があるものの、〝ノコギリの刃〟はさほど発達していなかった。

ポイントは、この突起が2列になっていたということだ。

実は、これまでに多くのフルディア類を紹介してきたけれども、そのいずれもが、内側の突起は1列しかなかった。しかし、ウルスリナカリス・グララエは、まるでアノマロカリス・カナデンシスのように2列に並ぶ突起をもっていたのである **4-27**。

もちろん、そもそも付属肢の化石はぺしゃんこに潰れ、それ故に立体構造はわかりにくい傾向にある。ひょっとしたら、これまでに紹介したフルディア類の付属肢にも、2列の突起が並んでいたのかもしれない。保存状態の良い化石は限られているので、見落とされていた

4-27 ウルスリナカリス・グララエの付属肢
Pates et al.（2019）を参考に作図。

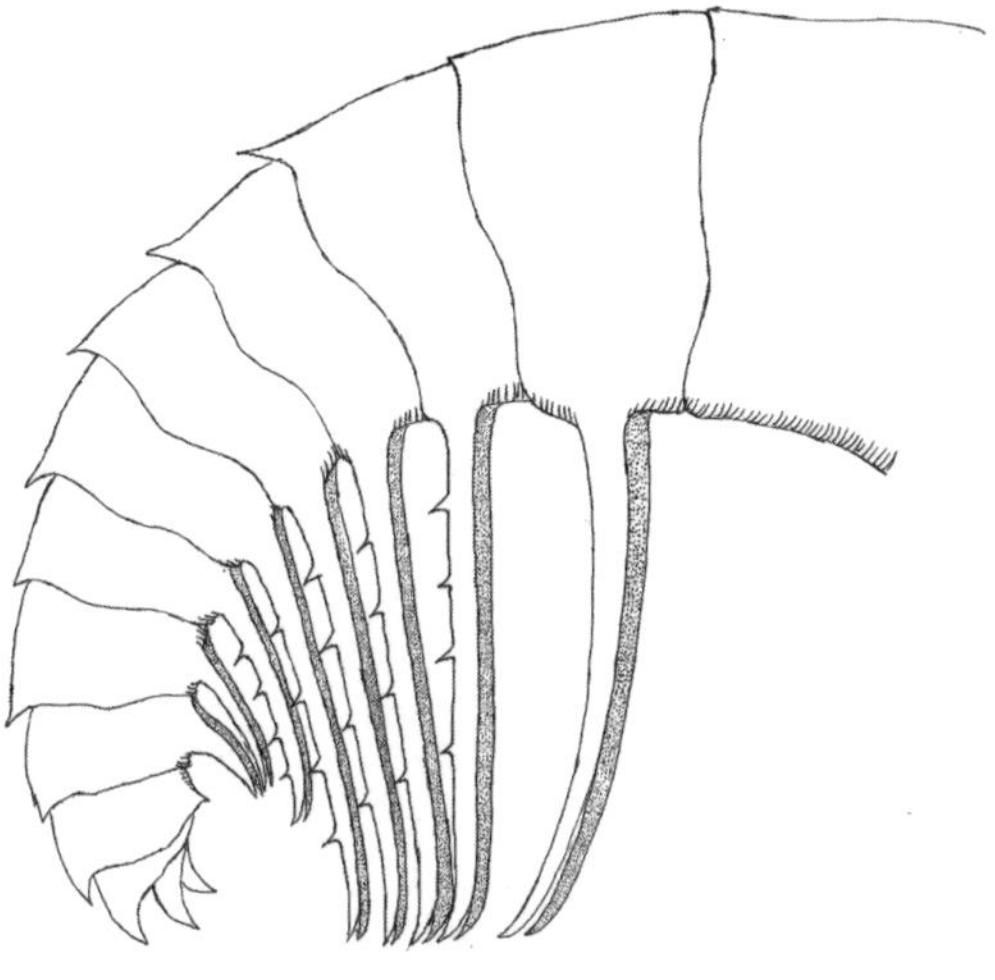

可能性も考えられる。本当に〝ペアのトゲ〟は、ウルスリナカリス・グララエだけのものなのだろうか？

この疑問に対して、ペイツたちは回答を用意していた。ペイツたちは、725個におよぶフルディア属やペイトイア・ナトルストアイの標本などを調べたのである。そして、そこに「2列のトゲ」および、それを示唆するものは確認できなかったという。一方で、パフヴァンティア・ハスタータだけには「2列のトゲ」があった可能性を指摘している。

フルディア類の〝ファルコン号〟

フルディア類は実に多様だ。同じく2019年、カナダ、トロント大学のJ・モイシウクとオンタリオ博物館のカロンが、バージェス頁岩から新たなフルディア類を報告している。その名は「カンブロラスター・ファルカトゥス（*Cambroraster falcatus*）」。実に140個体以上の標本が発見されており、その分析によって全身像の復元もなされているフルディア類である 4-28。

カンブロラスターは、最大全長約30センチメートル。その長さの6割を大きな甲皮が占めている。

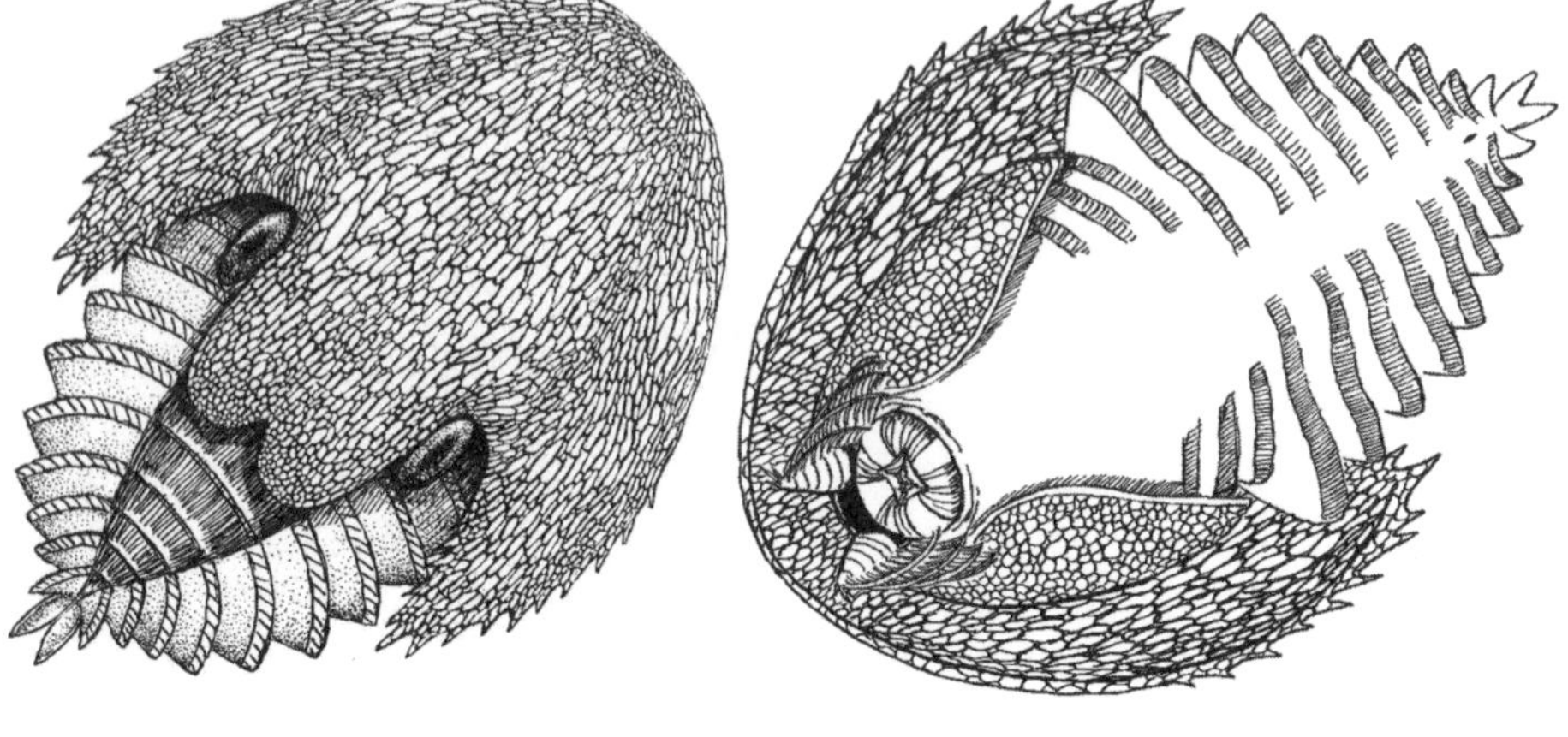

4-28 カンブロラスター・ファルカトゥス　背面（左）と腹面（右）。ファルコン号に似て……いる?

その甲皮の形状は、フルディア類の代表種であるフルディア・ヴィクトリアや、ペイトイア・ナトルストアイとはかなり異なる。先端は弧を描き、後方に向かって突出し、内側には切れ込みがあった。「馬蹄型」とも表現できるだろうし、どことなく現生のカブトガニを彷彿もさせる。

モイシウクとカロンは、甲皮のこの独特の形状に注目し、「ファルカトゥス」という種小名を与えた。この名に、二人のセンスが光る。

通常、学名はラテン語にもとづくものだ。「ファルカトゥス（*falcatus*）」とは、ラテン語の「鎌のような形状」や「鉤（いわゆる「フック」）」を指すものとして、他の動物の学名にも用いられる単語である。

しかしモイシウクとカロンは、この名前を「ミレニアム・ファルコン号」にちなむものとして使っているのである。

ミレニアム・ファルコン号。映画『スター・ウォーズ』シリーズに出てくる宇宙船（軽貨物船）だ。主人公の相棒として活躍するハン・ソロ船長の愛機であり、作中における宇宙船では屈指の快速を誇り、実に〝美味しい場面〟で活躍する。この宇宙船を上から見ると、その形状はいわゆる「涙型」に近く、一端に切れ込みのような凹みがある（この凹みは当初はなかったのだが……気になる方は、同シリーズをご確認ください）。

カンブロラスターの甲皮は、まさにミレニアム・ファルコン号によく似ている。ただし、ミレニアム・ファルコン号の切れ込みは前方にあったことに対し、カムブロラスターの切れ込みは後方にあるという点が大きな違いである（イチ『スター・ウォーズ』ファンとしては、他にもいろいろな違いがあることは気になるが……それでも、モイシウクとカロンの言わんとするところはよくわかる）。

付属肢は熊手のような形状で、アノマロカリス・カナデンシスのそれのような〝狩人タイプ〟ではない。一方で、タミシオカリスのような〝懸濁物タイプ〟ほど細かいものでもなかった。「カンブロラスター（*Cambroraster*）」という属名はこの付属肢の形状にちなむもので、「カンブリア紀の熊手」を意味している。そして、口器の形状は他のフルディア類とよく似ていて、大きな板は４枚あった。

両眼はやや後方の高い位置……甲皮の切れ込みに存在し、からだの両脇には左右８枚ずつのひれが並んでいた。

こうしたさまざまな特徴から推測されているカンブロラスターの生態は、銀河系最速とされるミレニアム・ファルコン号とはかなり異なる。カンブロラスターは海底付近に暮らし、熊手型の付属肢で堆積物をかき回し、有機物や微生物を吸引していたというのだ。復元されたその姿を見ると、口器は真下ではなく、やや前方向斜め下を向いて配置され、熊手型付属肢とあわせてバスケットをつくっているように見える。言い換えると、私たちが山で「ヤッホー」と叫ぶときに口に両手を添えるような、そんな形だ。吸引食に適した形、というわけである。

モイシウクとカロンは、カンブロラスターをフルディア類の中で最も〝進化的〟と位置付けている。同時に、その存在はフルディア類、ひいてはラディオドンタ類が多様な生態をもっていた証拠の一つとしている。甲皮の形状とやや後方の高い位置の眼は、底生生活に適応した結果とされ、現生のカブトガニ類との収斂進化（分類群が異なっていても、姿が似ること）であるとも指摘されている。

まだまだいろいろ。ラディオドンタ類

ラディオドンタ類の多様性は、ここで挙げた各種にとどまらない。

〝最も知名度のあるラディオドンタ類〟であるアノマロカリス属に関しても、2013年に「アノマロカリス・クンミンゲンシス（*Anomalocaris kunmingensis*）」が報告されている。中国雲南省の産ではあるが、澄江ではなく昆明近郊からのもので、澄江の動物たちよりはやや新しい時代のものだ。

他の多くのラディオドンタ類と同じように、見つかっているのは付属肢だけ。この論文の時点で47標本が確認されており、最も大きなもので12センチメートルほどだ。形状はアノマロカリス・サロンのものに近いけれども、太さがあり、内側のトゲは少ない 4-29。

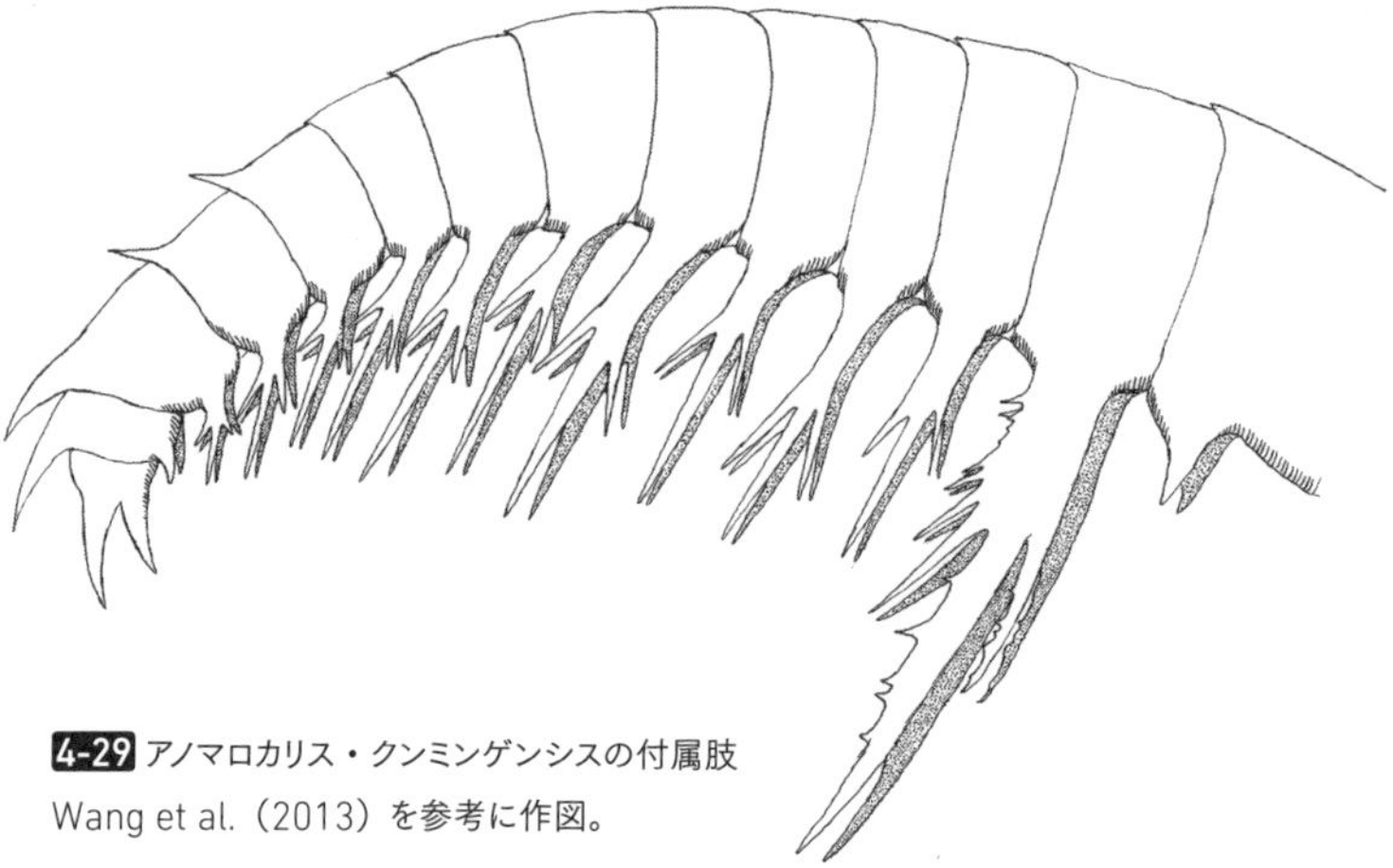

4-29 アノマロカリス・クンミンゲンシスの付属肢
Wang et al.（2013）を参考に作図。

アノマロカリス・クンミンゲンシスを報告した同じ論文では、「パラノマロカリス・マルチセグメンタリス（*Paranomalocaris multisegmentalis*）」が報告されている。やはり付属肢だけで、大きさはわずか3・2センチメートル。やや細身である 4-30。

こうしたさまざまなラディオドンタ類が報告されている。

多くの論文で指摘されているのは、ラディオドンタ類が多様であったことだ。とくに付属肢は摂食用とみられているため、その形状の多様性は、摂食様式の多様性に直結すると考えられている。

つまり、私たちが想像している以上に、ラディオドンタ類は狙う獲物を互いに棲み分けていた可能性がある。

そして、それこそが彼らの繁栄を支えていたのかもしれない。カンブリア紀の海は、まさにラディオドンタ類の海だったのだ。

……ただし、その繁栄はのちの時代には引き継がれなかった。

4-30 パラノマロカリス・マルチセグメンタリスの付属肢
Wang et al.（2013）を参考に作図。

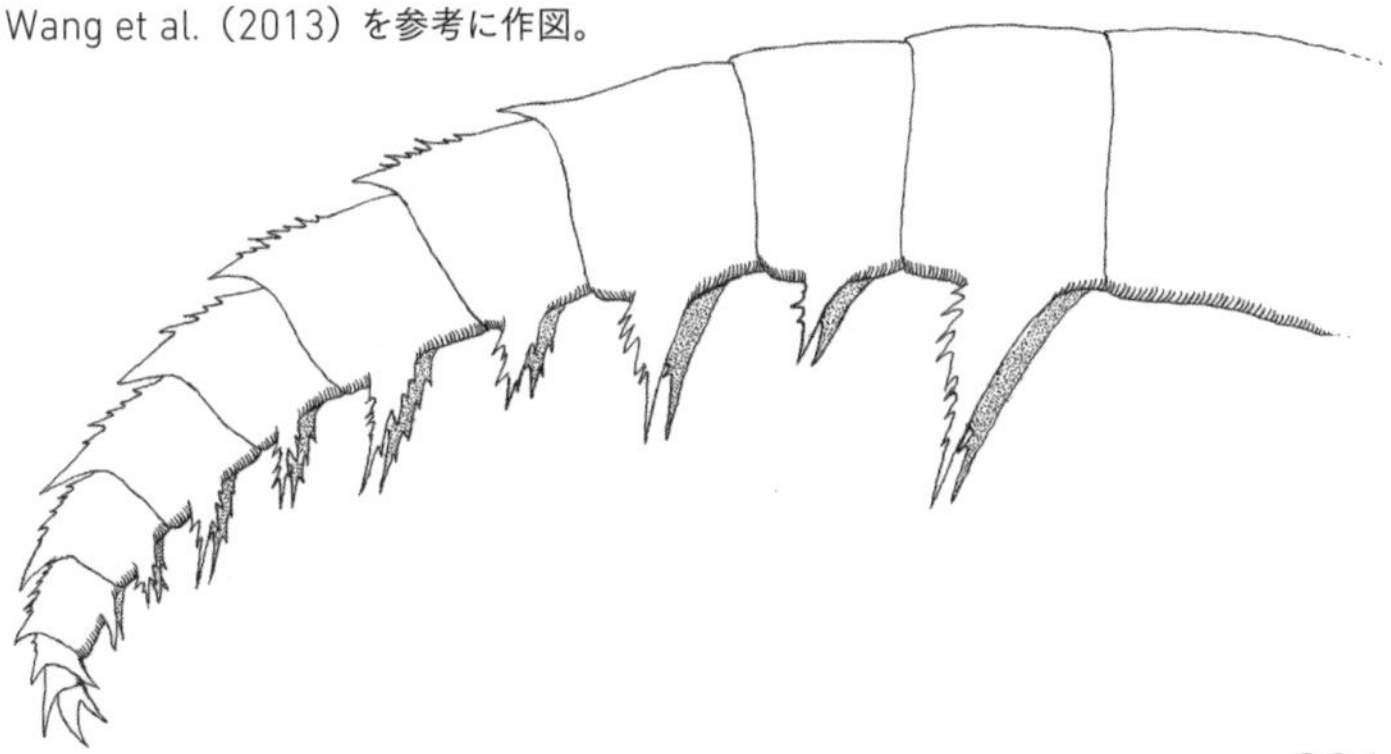

第2章　オルドビス紀へ紡がれた命

第1節　移りゆく世界

大放散事変

約4億8500万年前を境に、古生代の時代は二つ目に移行する。約4億4400万年前までの4100万年間にわたって続く「オルドビス紀」の始まりだ。

オルドビス紀の地球における大陸配置は、カンブリア紀とさほど違いがない。ただし、とくにオルドビス紀の半ばに向けて地球規模の温暖化が進行し、海水準が上昇し、陸地の広範囲が水没していった 4-31。

未だ本格的な陸上植物は登場しておらず、陸の上にはカンブリア紀と同じ荒野が広がっていたとみられている。

変化は海底に起きていた。

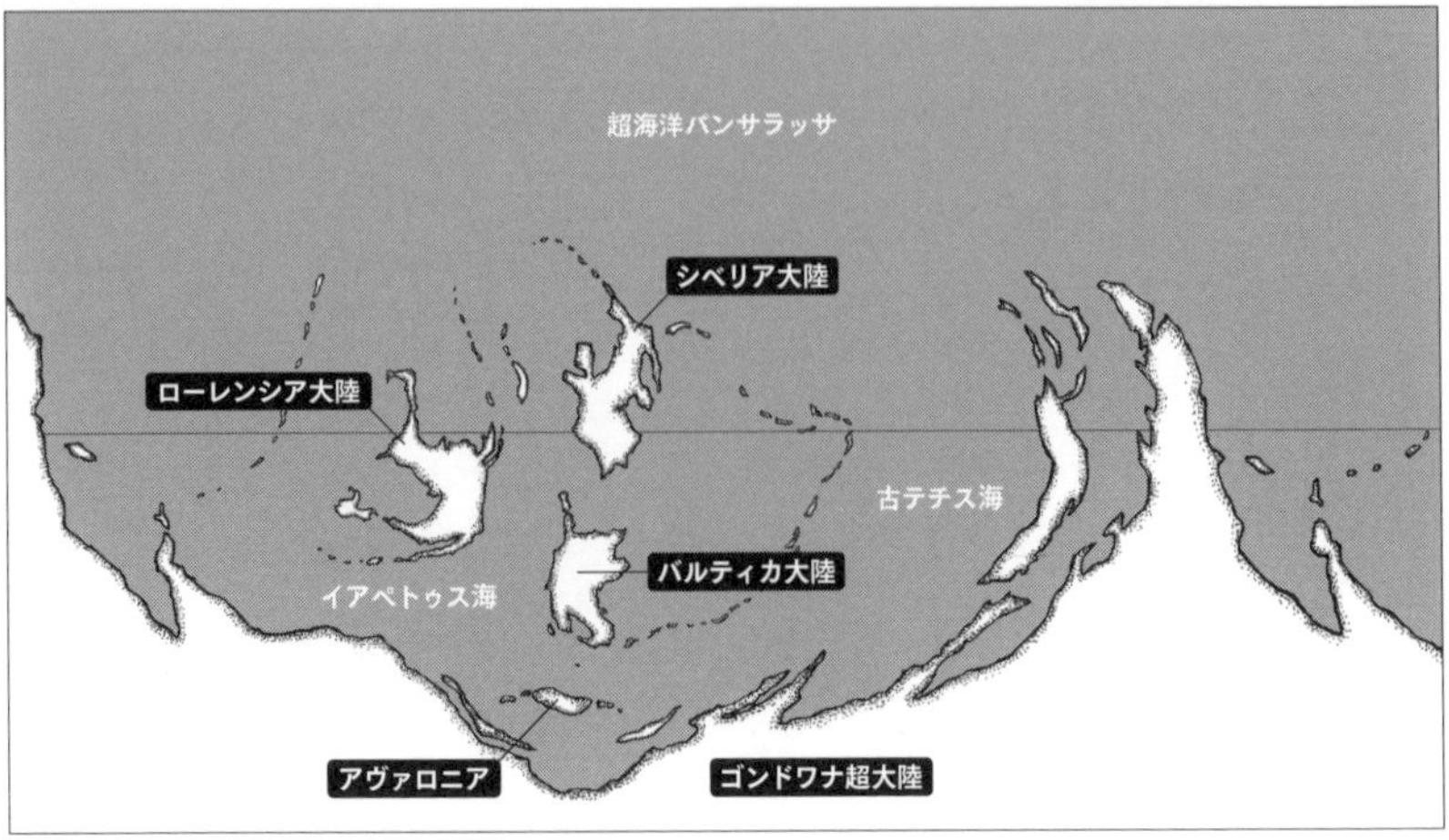

4-31 オルドビス紀の世界地図

コケムシ、カイメン、ウミユリ、床板サンゴ、層《そう》孔虫《こうちゅう》といった複雑な形状をもつ生物による礁の形成が本格化したのだ。

「礁」といえば、現在では「サンゴ礁」が有名だろう。サンゴを中心とした動物の骨格が積み重なってできる複雑な海底地形である。

カンブリア紀に礁がなかった……というわけではない。ただし、その礁をつくっていたのは微生物で、オルドビス紀以降の礁と比べると平坦だった。

オルドビス紀になり、さまざまな形状をもつ生物が礁を形成したことで、海底の地形が一気に複雑化したのだ。

複雑化する礁にあわせて、動物たちの多様化が進んだ。複雑な礁は、動物たちにさまざまな〝住まい〟や〝隠れ場所〟、〝餌場〟を提供することになり、それにあわせるかのように動物種が増えていった。

オルドビス紀に起きた生物の多様化は、「オルドビス紀の生物大多様化事変（Great Ordovician Bio-diversification Event: GOBE)」と呼ばれている。

GOBEはオルドビス紀の約4000万年間にわたって続いた。その結果、階層分類でいうところの「科」と「属」の数が4倍に増えたとされる。

新たな生物たちの台頭

誤解を恐れずに書いてしまえば、カンブリア紀の世界は、ラディオドンタ類の〝一強〟だった。

ラディオドンタ類の大型種は、その付属肢のサイズだけで大半の動物の全長を上回っていた。その生態は積極的な捕食者《プレデター》から懸濁物食者《サスペンションフィーダー》まで実に多様であり、そして、生息範囲も広かった。

オルドビス紀になると、新たに二つのグループが海洋世界に台頭する。

「ウミサソリ類」と「頭足類」だ。

ウミサソリ類は文字通り「サソリ類」に近縁で、海棲の節足動物の絶滅グループである。

知られている限り最も古いウミサソリ類は、「ペンテコプテルス・デコラヘンシス（*Pentecopterus*

decorahensis)」4-32。オルドビス紀中期にあたる約4億6000万年前の地層から化石が発見されている。

ペンテコプテルス・デコラヘンシスは台形状の頭胸部をもち、そこからは6対12本の付属肢が伸びていた。先頭の1対は小さなハサミ状となり、頭胸部の底にある口のそばについている。食事を補助するためのものだ。

第2、第3、第4の付属肢は頭胸部の外へと伸び、それぞれの縁には大小のトゲが発達していた。第5の付属肢も頭胸部の外に伸びるが、こちらにはトゲはない。これらの付属肢は、海底を歩行したり、獲物を捕らえたりする際に使われていたとみられている。

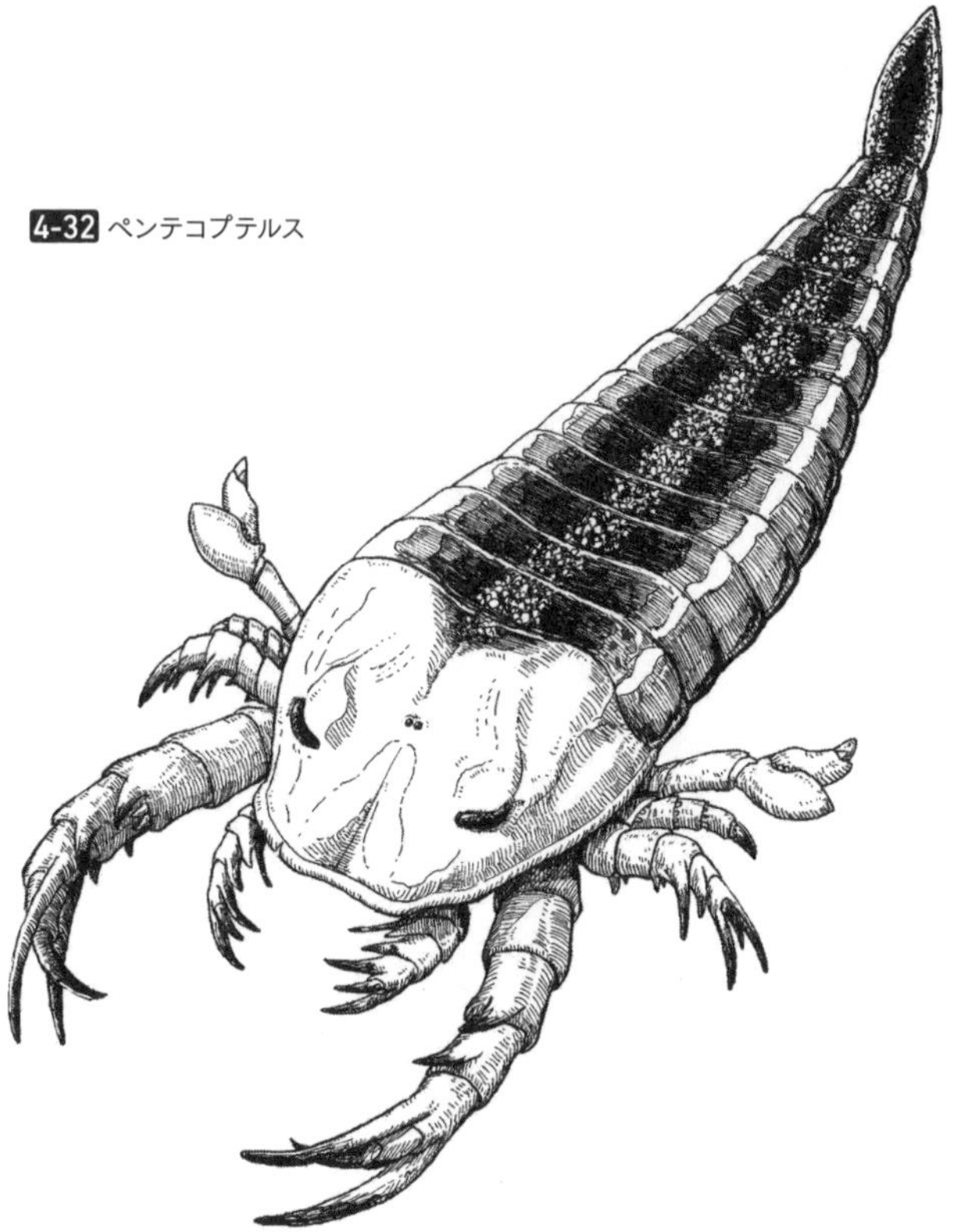

4-32 ペンテコプテルス

特徴的な構造は、最も後ろに位置している第6の付属肢にある。その先端は平たくなり、オールのような形をしていた。ペンテコプテルス・デコラヘンシスはこのオール型の付属肢を用いることで、効率よく泳いでいたと考えられている。

こうした「役割別の付属肢」をもつ点がラディオドンタ類との大きな違いといえるだろう。なにしろ、ラディオドンタ類の付属肢は摂食用のそれしかない。

頭胸部の後ろは幅の広い前腹部、そしてしだいに幅の狭くなっていく後腹部（尾部）と続く。そして、その先端は〝幅広の剣〟（こうしたつくりは「尾剣」と呼ばれる）のようになっていた。

ウミサソリ類はその後、250種を超える多様化に成功し、ペンテコプテルス・デコラヘンシスを超える全長のあるもの、もっと複雑な付属肢をもつもの、さまざまな形状の尾剣をもつものたちが出現した。

なお、ペンテコプテルス・デコラヘンシスは本書執筆時点で「最古のウミサソリ類」ではあるけれども、その形状はウミサソリ類としてあまりにも完成しているため、ウミサソリ類の登場はもっと遡ると考えられている。

頭足類についても触れておこう。

このグループには現生種も存在し、タコ類やイカ類、オウムガイ類などが属している。すなわち、現在の海でも繁栄しているグループであり、また化石種としては、アンモナイト類

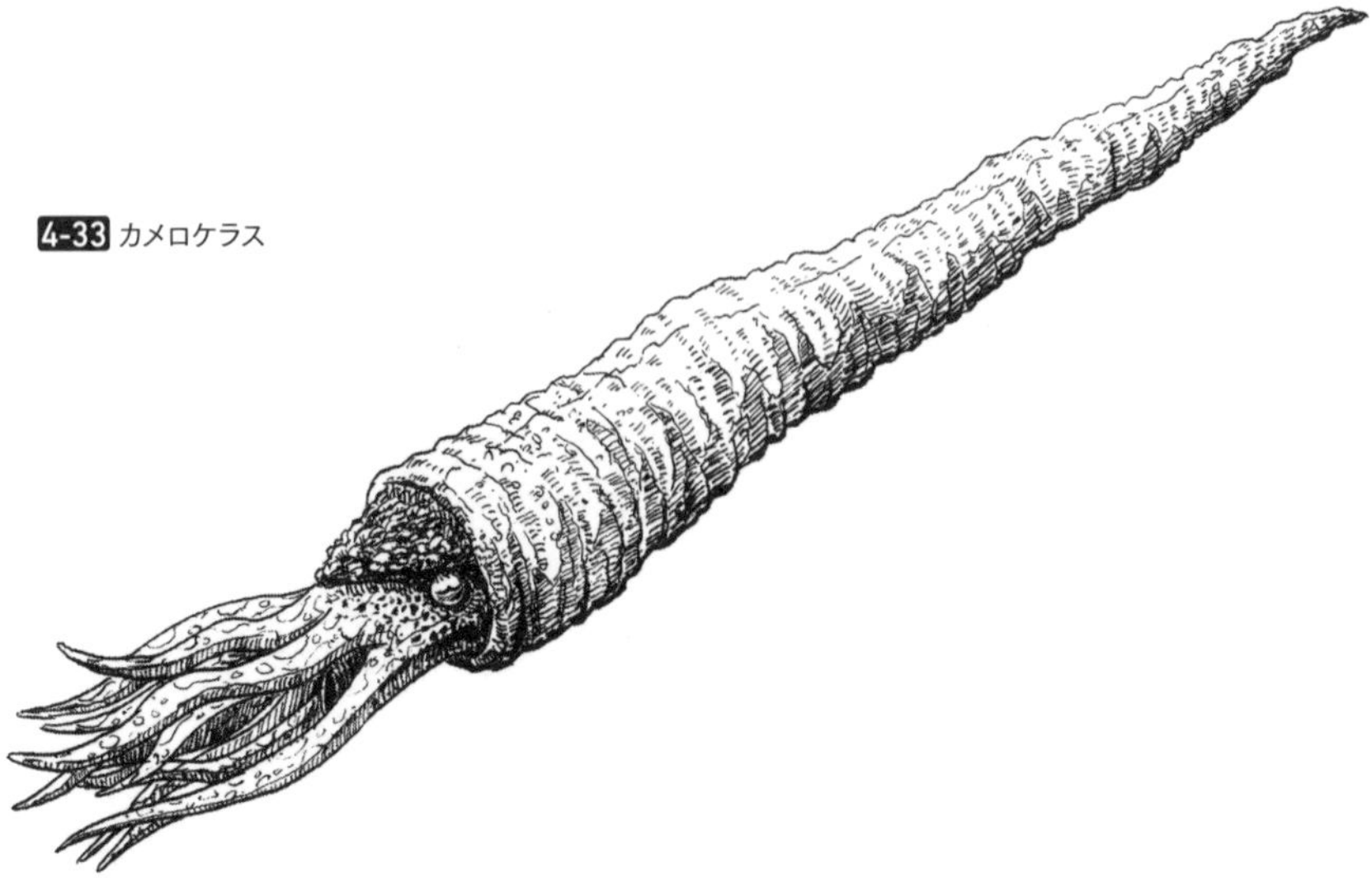

4-33 カメロケラス

などがここに分類される。

　オルドビス紀に台頭した頭足類は、アンモナイト類よりももっと原始的とされる。代表種は「カメロケラス・トレントネッセ（*Cameroceras trentonese*）」4-33で、オウムガイ類に分類される。

　現生のオウムガイ類の殻はくるくると螺旋を描いているけれども、カメロケラス・トレントネッセの殻は違った。まっすぐな円錐形をしていたのである。その円錐形の3分の2は空洞になっており、隔壁で区切られていた。これは、殻をもつ頭足類に共通する特徴で、彼らはこの空洞内の液体量を調整することで、自身の浮力をコントロールしていたと考えられている。

　カメロケラス・トレントネッセは部分化石しか発見されていない。その部分化石から推測される全長は、6メートルとも11メートルとも言われている。6メートルというサイズはオルドビス紀において最大であり、

11メートルともなれば、古生代約2億8900万年間においても最大となる。

なお、この時代の我らが脊椎動物の祖先といえば、全長数十センチメートルほどで、まだ海洋生態系における〝弱者〟だった。カンブリア紀の祖先とは違って、鱗をもつようになり、〝防御性能〟は多少向上したものの、まだ顎をもたず、攻撃力を欠いていた。

第2節　2列ひれのエーギロカシス

近年注目のフェゾウアタ

モロッコ南東部にザゴラという街がある。そのザゴラの北西に分布する地層が「フェゾウアタ層」だ。オルドビス紀初期（約4億8500万年前～約4億7000万年前）の化石を産する地層である。

そもそもラディオドンタ類の化石が残るためには、〝特殊な地層〟が必要となる。カンブリア紀におけるバージェス頁岩や澄江のように軟組織でも保存される地層がなければ、その化石は見つかりにくい。そしてフェゾウアタ層は、そんな〝特殊な地層〟として、2010年

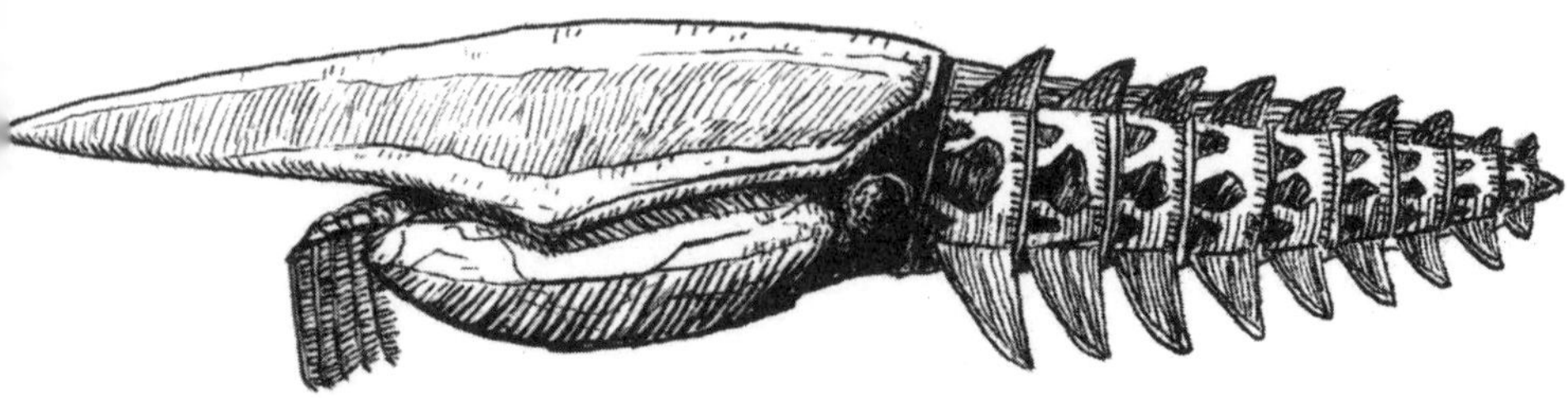

4-34 エーギロカシス

大きな頭部と、上下2列に並んだひれが目立つ。知られている限り最大のラディオドンタ類でもある。

ごろから大きな注目を集めることになった。

バージェス頁岩級の保存率の良い化石を産するフェゾウアタ層。しかも、オルドビス紀初期ともなれば、カンブリア紀の〝生き残り〟を期待できそうだ。実際、この地層からはカンブリア紀の動物たちと同じグループに分類できる新種の化石が報告されてきた。

そして2015年、アメリカのイェール大学に所属するピーター・ヴァン・ロイたちによって、新たなラディオドンタ類が報告された。

大きな頭部のベンモウラエ

ロイたちによって報告されたラディオドンタ類の名は、「エーギロカシス・ベンモウラエ（*Aegirocassis benmoulae*）」という **4-34**。

エーギロカシス・ベンモウラエはまず「大きい」ことが特

徴として挙げられる。そのサイズは、なんと全長2メートル。カンブリア紀のラディオドンタ類で最大とされているアノマロカリス・カナデンシス（*Anomalocaris canadensis*）の2倍だ。オルドビス紀最初期当時の世界で、知られている限り最大の動物である。

その全長の約半分を頭部が占める。そして、頭部は上面をサーフボードのような形状の甲皮、左右を楕円形に近い甲皮で覆われていた。どことなくフルディア・ヴィクトリア（*Hurdia victoria*）を彷彿させる姿だ。実際、エーギロカシス・ベンモウラエはフルディア類に分類される。

胴部の背には節構造が確認でき、その節には繊維状の組織が確認されている。この組織は、えらであるとみられている。

付属肢の形状は独特で、内側に櫛のような突起を左右それぞれ5枚ずつもつ。左の付属肢の櫛状突起は櫛の部分を右へ向け、右の付属肢では櫛の部分を左に向けていた。すなわち、この動物は進行方向に対して櫛の広い面を向けていたことになる。

櫛の目は細かく、それ故に、プランクトンを取って食べていたのではないか、とみられている。タミシオカリス・ボレアリス（*Tamisiocaris borealis*）と同様の生態だけれども、懸濁物食者《サスペンションフィーダー》ではなく、ロイたちは「濾過食者《フィルターフィーダー》」という用語を採用している。ただし、厳密な使い分けの意図は論文では言及されておらず、前後の文脈をみるに、同じ意味で用いられていると言ってよいだろう。

口器と眼は発見されていない。しかしロイたちは、濾過食という生態ならばさほど大きな眼は必要なかっただろうとしている。同様に、口器もあまり強力なものは必要ない。

エーギロカシス・ベンモウラエは、知られている限り「最初の〝最大級の濾過食者〟」である。

カンブリア紀の懸濁物食者……タミシオカリス・ボレアリスや、同様の生態をもつとされるアノマロカリス・ブリッグスアイ（*Anomalocaris briggsi*）、パフヴァンティア・ハスタータ（*Pahvantia hastata*）は、いずれも〝時代の最大級〟ではなかった。

この3種の中で最も大きなものはタミシオカリス・ボレアリスで、全長値は不明ながらも、付属肢のサイズは12センチメートルを少し上回るほど。これは、カンブリア紀最大とされるアノマロカリス・カナデンシスの付属肢の半分以下である。カンブリア紀の動物としてはけっして小型ではないが（むしろ大型だが）、なにしろこの時代にはカナデンシスがいたので、ボレアリスを「最大級」と呼ぶのは無理がある。当時の懸濁物食者は、時代を代表するような大きなからだをもってはいなかった。

一方、エーギロカシス・ベンモウラエの化石が確認されているフェゾウアタ層からは、ベンモウラエほどの大型種は他に確認されていない。少なくともこの地層が堆積した海域においては、エーギロカシスは最大種だった可能性が高いのだ。

ロイたちによると、この〝サイズ感〟の変化の背景には、オルドビス紀の生物大多様化事変（GOBE）が関係しているという。GOBEの影響は肉眼サイズの生物だけではなく、プランクトンのような顕微鏡サイズの生物にもおよび、その多様化、そして個体数の全体的な増加を招いたとされる。その結果、「大型の濾過食者」が出現したのではないか、というのである。

ちなみに、超大型の濾過食者である現生のヒゲクジラ類も、その誕生には新生代のある時期に起きたプランクトンの大発生が関係しているとみられている。エーギロカシスに関しても同様だったのではないか、というわけである。

上下2列のひれが意味すること

エーギロカシス・ベンモウラエはひれの配置が独特だ。

けっして大きいとは言えないサイズのひれが上下2列に並んでいたのである。

上下2列というひれの配置は、ラディオドンタ類だけではなく、古今東西の動物を見てもかなり珍しい。

ロイたちはこの2列のひれは、〝真の節足動物〟がもつ〝移動用付属肢の「原型」〟が残ったものである、と指摘している。

三葉虫類をはじめ、現生種にいたるまで、とくに水棲の節足動物は「二肢型付属肢」という移動用の付属肢をもつものが多い 4-35。この付属肢は文字通り根元で上下二つに分かれ、上側のあしにはえらがついており、下側のあしは移動用に用いられる。

ロイたちによると、かつて多くの動物がエーギロカシス・ベンモウラエと同じように上下2列のひれと背中のえらをもっており、背側のひれは胴体の背にあるえらと〝合体〟して二肢型付属肢の上側のあしとなり、そして腹側のひれが下側のあしとなったという。ベンモウラエには、この〝合体〟前の特徴が残っている、というわけだ。

〝真の節足動物〟登場前の特徴があるという点は、エーギロカシス・ベンモウラエだけではなく、この動物が属するラディオドンタ類に関しても言える。カンブリア紀には〝真の節足動物〟が登場しているので、その意味ではラディオドンタ類は、「原始的なグループ」とみられるのである。

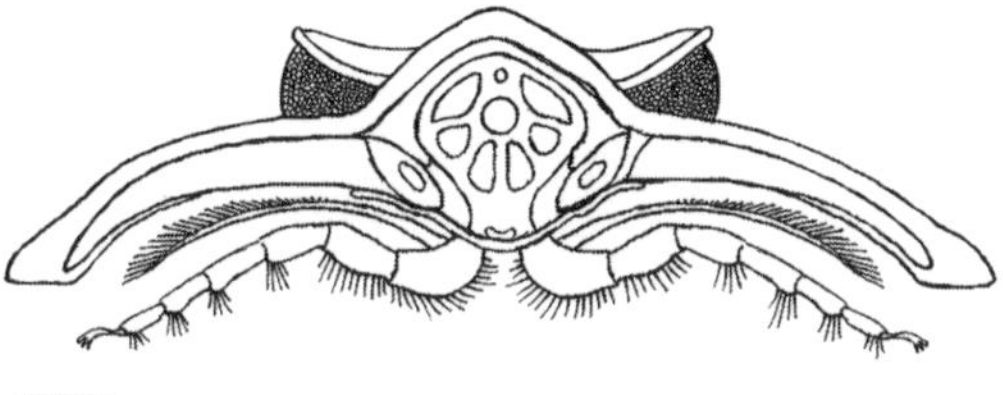

4-35 三葉虫の断面図
あしの付け根が上下に分かれていることが特徴。

言い換えれば、ラディオドンタ類は原始的ではあるが、カンブリア紀には多様化に成功し、生態系に君臨し、そして、エーギロカシス・ベンモウラエのような子孫を残すことにも成功したことになる。

なお、ロイたちの論文では、ペイトイア・ナトルストアイ（*Peytoia nathorsti*）とフルディア・ヴィクトリアにも「2列のひれ」があった可能性を指摘している。この指摘が正しいとなれば、第4部第1章で紹介した両種の復元図も遠からず変更されることになるかもしれない。

第3章

デボン紀に生きた末裔

第1節 変わる世界

〝主役〟は魚たちへ

古生代は六つの地質時代で構成されている。

一つ目は、アノマロカリス・カナデンシス（*Anomalocaris canadensis*）をはじめとするラディオドンタ類が覇を唱えていた「カンブリア紀」。

二つ目は、エーギロカシス・ベンモウラエ（*Aegirocassis benmoulae*）の登場に始まる「オルドビス紀」。ラディオドンタ類は〝時代の覇者〟ではなくなった。

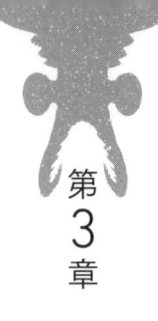

三つ目は、「シルル紀」。約4億4400万年前から約4億1900万年前まで続いた地質時代。古生代の六つの「紀」の中で最も短い時代。

四つ目は、「デボン紀」。約4億1900万年前から約3億5900万年前まで続いた地質時代。

五つ目は、「石炭紀」。約3億5900万年前から約2億9900万年前まで続いた地質時代。世界中に大森林が形成され、その樹木の化石がのちに石炭となり、人類の産業革命を支えることになる。

六つ目は、「ペルム紀」。約2億9900万年前から約2億5200万年前まで続いた地質時代。この時代の末に発生した大量絶滅事件は、史上最大・空前絶後。この大量絶滅事件によって、古生代約2億8900万年にわたって築かれてきた生態系は、事実上、リセットされることになる。

さて、第4部では、これまでカンブリア紀のラディオドンタ類（第1章）、オルドビス紀のラディオドンタ類（第2章）を紹介してきた。

地質時代の順序通りであれば、次に紹介すべきはシルル紀のラディオドンタ類である。しかし、本書執筆時点までに、シルル紀の地層からラディオドンタ類の化石は報告されていない。

では、ラディオドンタ類はオルドビス紀に滅んだのかと言えば、どうやらそうではないらしい。シルル紀の次の時代であるデボン紀の地層からもラディオドンタ類の化石が報告されているからだ。

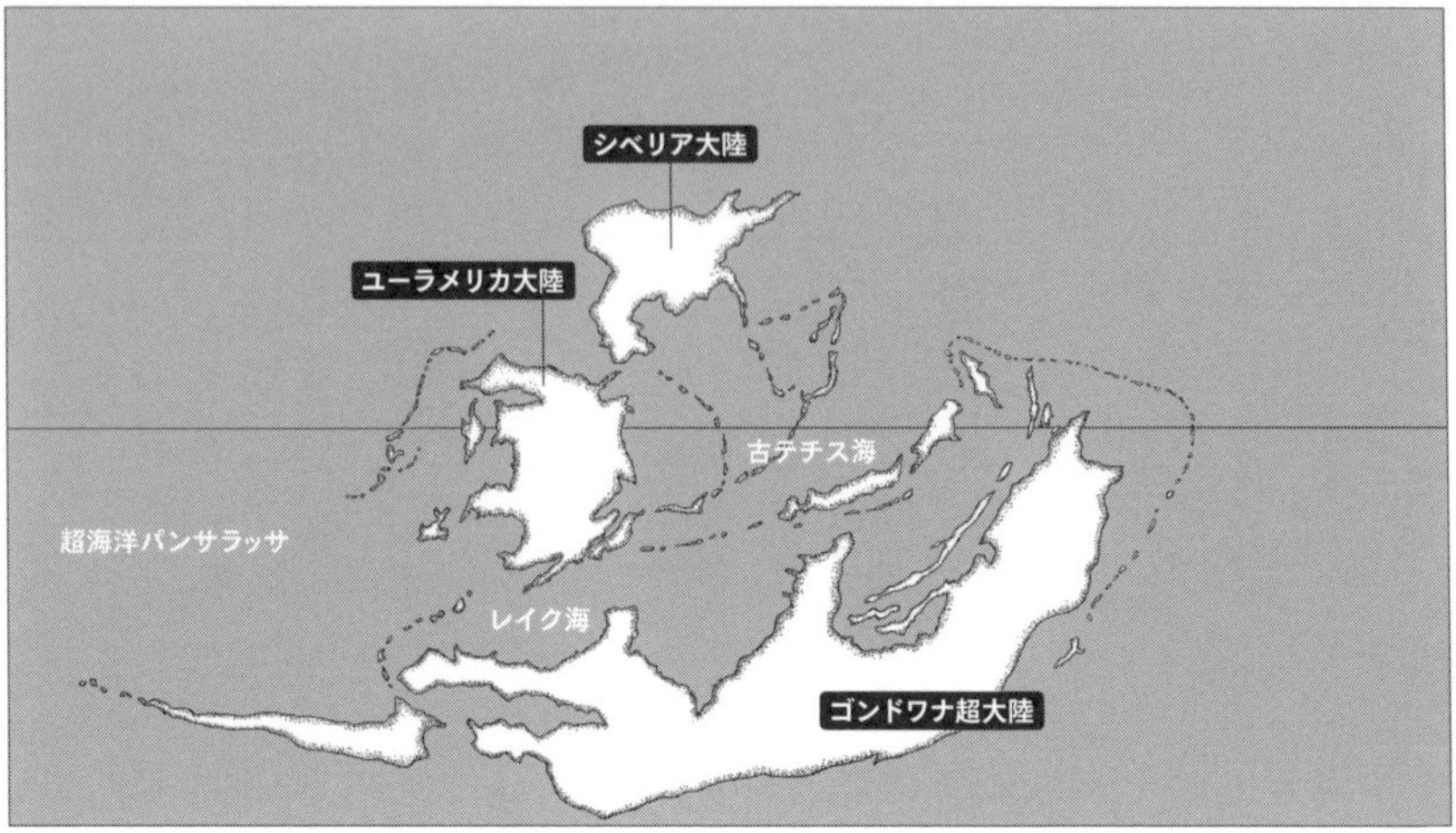

4-36 デボン紀の世界地図

つまり、シルル紀のラディオドンタ類は未発見なだけで、今後、新たに発見される可能性がある。今後の発見と研究に期待したいところだ。

そして、デボン紀である。デボン紀のラディオドンタ類を紹介する前に、まずは、デボン紀の世界観を概観しておこう。

デボン紀の大陸配置は、オルドビス紀と比べると多少の変化がみられる 4-36。オルドビス紀までに確認されていた一つの超大陸（ゴンドワナ）と、三つの大陸（ローレンシア、シベリア、バルティカ）のうち、ローレンシア大陸とバルティカ大陸はシルル紀の間に合体して一つになっていた。この大陸の名はユーラメリカ大陸である。

ユーラメリカ大陸は、そのまま赤道域に位置していた。そして、ゴンドワナ超大陸も南半球にある。サイズが変わったとは言え、これらの大陸の位置はオルドビス紀から大きく変化していない。

位置が大きく変わったのはシベリア大陸で、北半球の高緯度に移動していた。つまり、この時代、北半球にはシベリア大陸、赤道域にユーラメリカ大陸、南半球にゴンドワナ超大陸があった。

オルドビス紀との大きな違いは、陸上の様子にもある。デボン紀には、各地に森林が築かれていた。「水と緑の惑星」が、ようやく〝らしく〟なってきた。

デボン紀が始まったときの地球の気候は温暖で、海域によっては海水温が30℃を超えていた、という指摘もある。ちょっとしたぬるま湯くらいの温度だった。この気候はデボン紀の半ばに向かって徐々に冷えていく。

そんな世界で、時代の〝支配権〟は、脊椎動物……魚の仲間が握るようになっていた。

顎という強力な武器をもつ魚たちが本格的に増えていたのだ。

顎は同種の魚を含むさまざまなものを噛み、そして、砕くことができる。これにより魚の仲間たちは海洋生態系の階段を昇り始め、デボン紀にはその頂点に君臨することになる。この時代に築かれた〝魚の王国〟は、その後、数度の大量絶滅事件を乗り越えて、なお、現在の海にも存続している。

甲冑魚たち

デボン紀を代表する2種の魚を紹介しておこう。

一つは、「ボスリオレピス・カナデンシス（*Bothriolepis canadensis*）」だ 4-37。頭部と胸部、そして胸びれを骨の鎧《よろい》で覆った魚で、全長は40センチメートル強。近縁種がやたらと多く、ボスリオレピス属だけでも100種以上が報告されている。一見して〝変わった魚〟に見えるけれども、この姿がいかに当時の環境に〝あっていた〟のかが、この種数からよくわかる。また、近縁の別属には体内受精を行っていたとみられるものも確認されている。

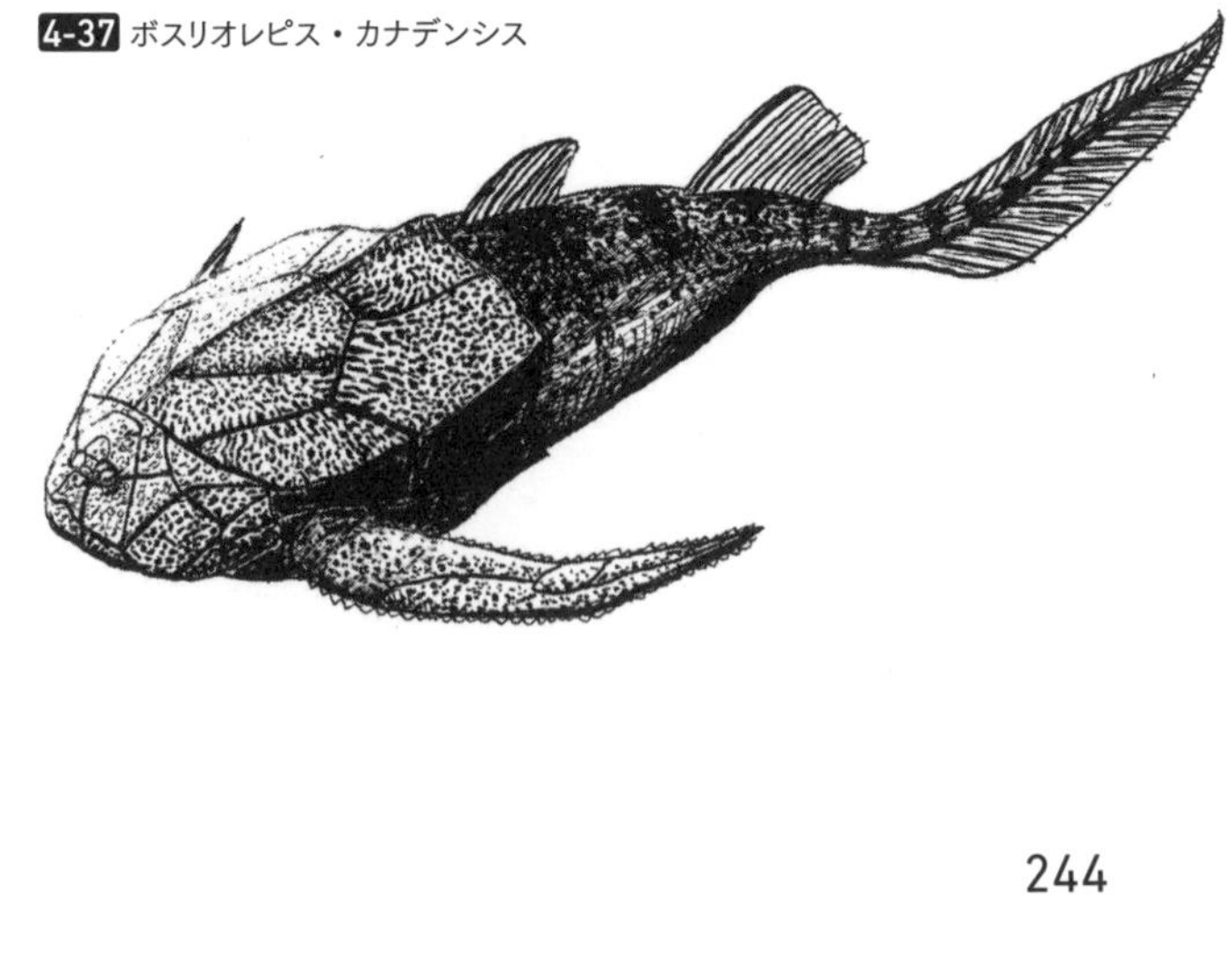
4-37 ボスリオレピス・カナデンシス

もう一つは、「ダンクルオステウス・テレルアイ（*Dunkleosteus terrelli*）」だ 4-38。ボスリオレピス・カナデンシスと同じく頭部と胸部を骨の鎧で覆っている。しかし、その姿はカナデンシスとはかなり異なる。頭部、胸部ともに高さも幅もあり、しかも吻部は寸詰まりをしていた。そして、口の先端には、歯のように鋭くとがった板があった。その造形美たるや、騎士の兜のようで

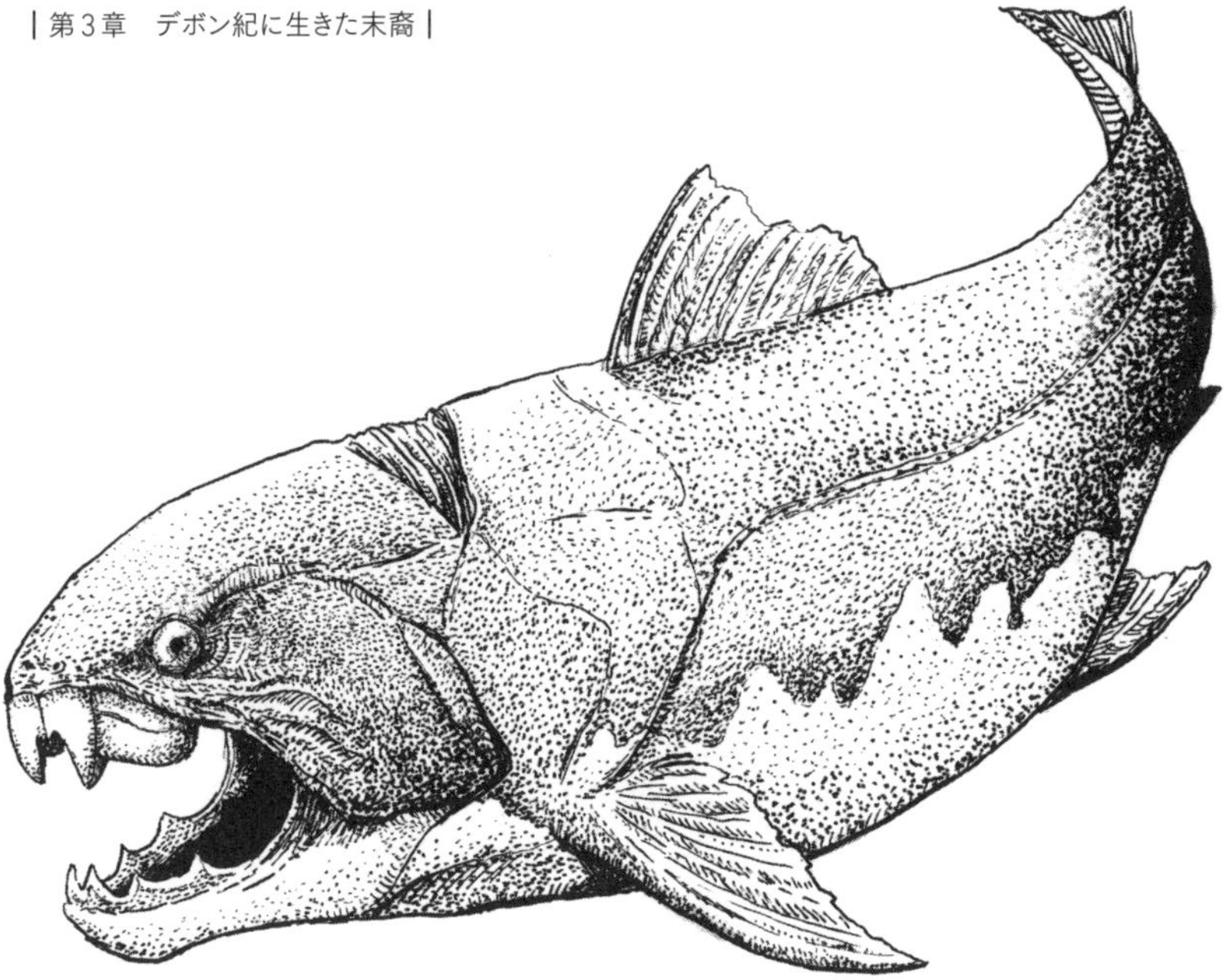

4-38 ダンクルオステウス

ある。

ダンクルオステウス・テレルアイは、この頭胸部だけで1メートルを超える大型種ではあるが、ボスリオレピス・カナデンシスとは違って尾部の情報がまったくない。そのため、全身像は謎に包まれており、全長は8メートルとも10メートルとも言われている。

ボスリオレピス・カナデンシスとダンクルオステウス・テレルアイは、ともに「板皮類《ばんぴるい》」と呼ばれる魚のグループに属している。板皮類は俗に「甲冑魚《かっちゅうぎょ》」と呼ばれる魚たちの一つだ。この俗称の名前の由来については、語るまでもないだろう。

板皮類自体は絶滅グループで、現在

にその直接の子孫を残していない。しかし、板皮類は、硬骨魚類（現在の魚の仲間の主流）や軟骨魚類（サメの仲間）の祖先に対する位置関係が議論されており、今後の研究の展開が待たれている。本件に関しては、また別の機会に触れることもあるだろう。

第2節　末裔　シンダーハンネス

黒い地層

ドイツ西部のフンスリュック丘陵では、「スレート」という岩石が良く採れる。

スレートは、薄く板状に割ける硬い岩石で、色は黒灰色をしたものが多い。屋根瓦や外壁などの建築材料として古くから重宝されてきた。日本語で「粘板岩《ねんばんがん》」と呼ばれる岩石だ。フンスリュックに分布する地層から産するスレートは、そのまま「フンスリュック・スレート」と呼ばれている。約4億800万年前（デボン紀前期）のものである。

フンスリュック・スレートには、海棲動物の化石が含まれている。その含まれ方は、本書で紹介してきたどの産地の岩石とも異なる。

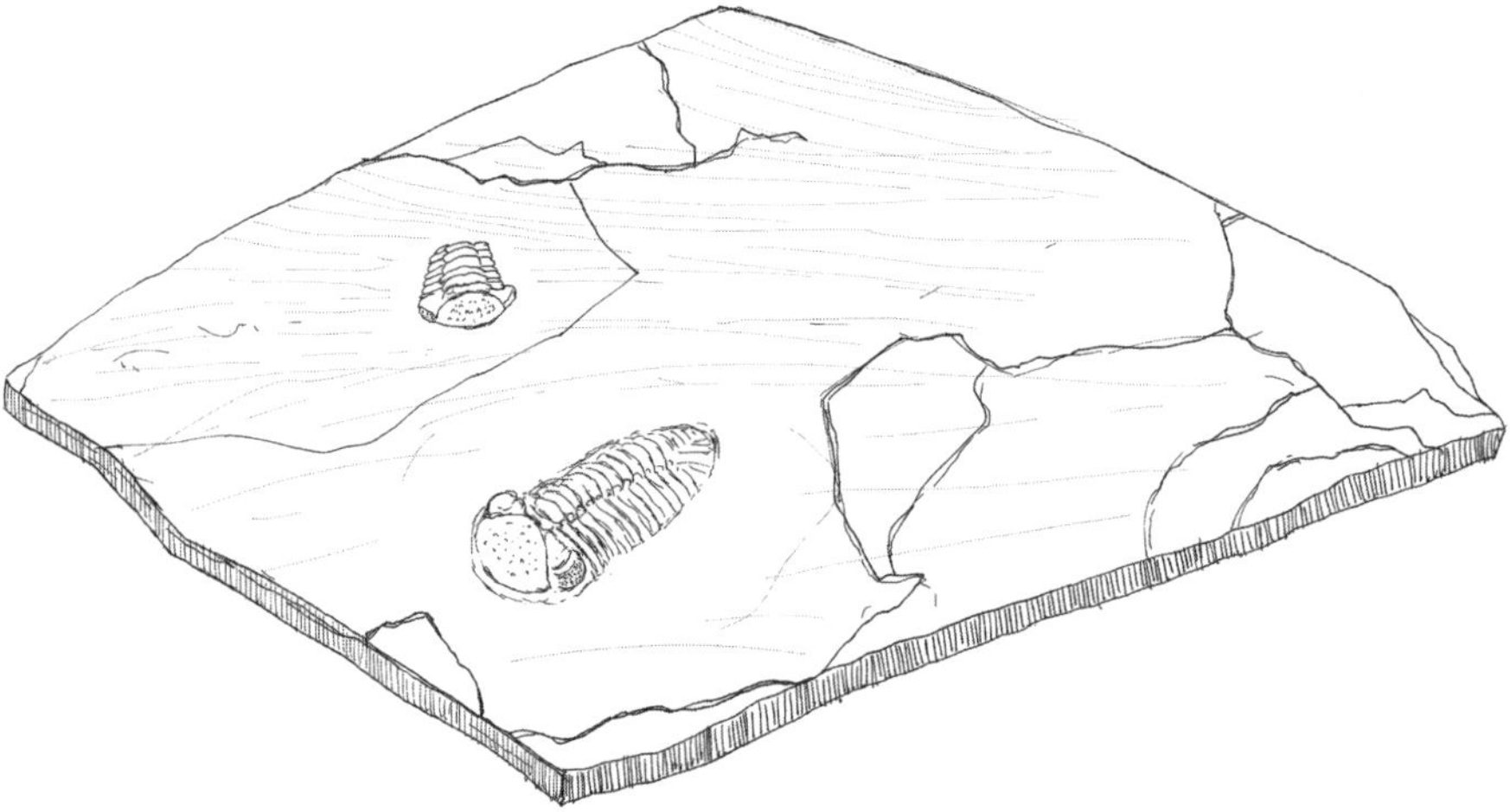

4-39 フンスリュック・スレートのイメージ　化石は埋め込まれたように含まれている。

イメージは、「壁に埋め込まれた生物」だ。『スター・ウォーズ　エピソード5／帝国の逆襲』におけるハン・ソロの「カーボンフリーズ（炭素冷凍）」が印象としては近いかもしれない（ただし、フンスリュック・スレートの生物は、炭素冷凍されているわけではない。……念のため）4-39。

ポイントは、レントゲンを使えば、軟組織が確認できる場合があることだ。また、化石の表層部分も黄鉄鉱と呼ばれる鉱物に置換している場合があり、こちらでも軟組織が保存されていることが多い。

そんなフンスリュック・スレートから、ラディオドンタ類の化石が報告されている。バージェス頁岩、澄江、フェゾウアタ……、ラディオドンタ類の化石は、こうした「軟組織が保存される地層」と〝相性〟が良い。フンスリュック・スレートから見つかっているその化石は、知られている限り最も新しいラディオドンタ類……つまり、〝最後の種〟である。

その名を「シンダーハンネス・バルテルスアイ（*Schinderhannes bartelsi*）」という。

小さな狩人　バルテルスアイ

シンダーハンネス・バルテルスアイ 4-40 は、ドイツのボン大学に所属するガブリエル・クーヘルたちによって2009年に報告された。その化石はほぼ全身が保存されており、サイズは全長9・8センチメートルと、ヒトの手のひらサイズ。本書で紹介した全身像がわかるラディオドンタ類としては、ライララパックス・ウングイスピナス（*Lyrarapax unguispinus*）ほどではないにしろ、かなりの小型種である。

ラディオドンタ類における分類の要である付属肢は、内側に〝ノコギリ状突起〟が並ぶ。つまり、フルディア類に共通する特徴をもっている。クーヘルたちが報告した段階ではまだラディオドンタ類内を分類するという〝概念〟はなかったものの、のちの研究者たちは、シンダーハンネス・バルテルスアイをフルディア類の一員と位置付ける。

ただし、シンダーハンネス・バルテルスアイの付属肢には独自の特徴もあり、左の付属肢の各節からは右へ向かって、右の付属肢の各節からは左へ向かって、鋭く長いトゲが伸びていた。眼は細かなレンズが確認できる複眼で、全長の割には眼のサイズが大きい。そして、その眼は短く太い柄の先についていた。口器は円形で、内部に向かって突起が並んでいるところまではわかっているが、細部の形状は不明である。

ひれは前後に2対4枚あるのみだ。これも、他のラディオドンタ類との大きな違いといえよう。前部のひれは頭部の付け根にあり、まるで翼のように鋭く伸びていた。後部のひれはからだの後端にあり、小さなオールのような形状である。前部のひれは遊泳に、後部のひれは舵として、それぞれ役割を果たしたとみられている。そして、からだの後端からは、長く

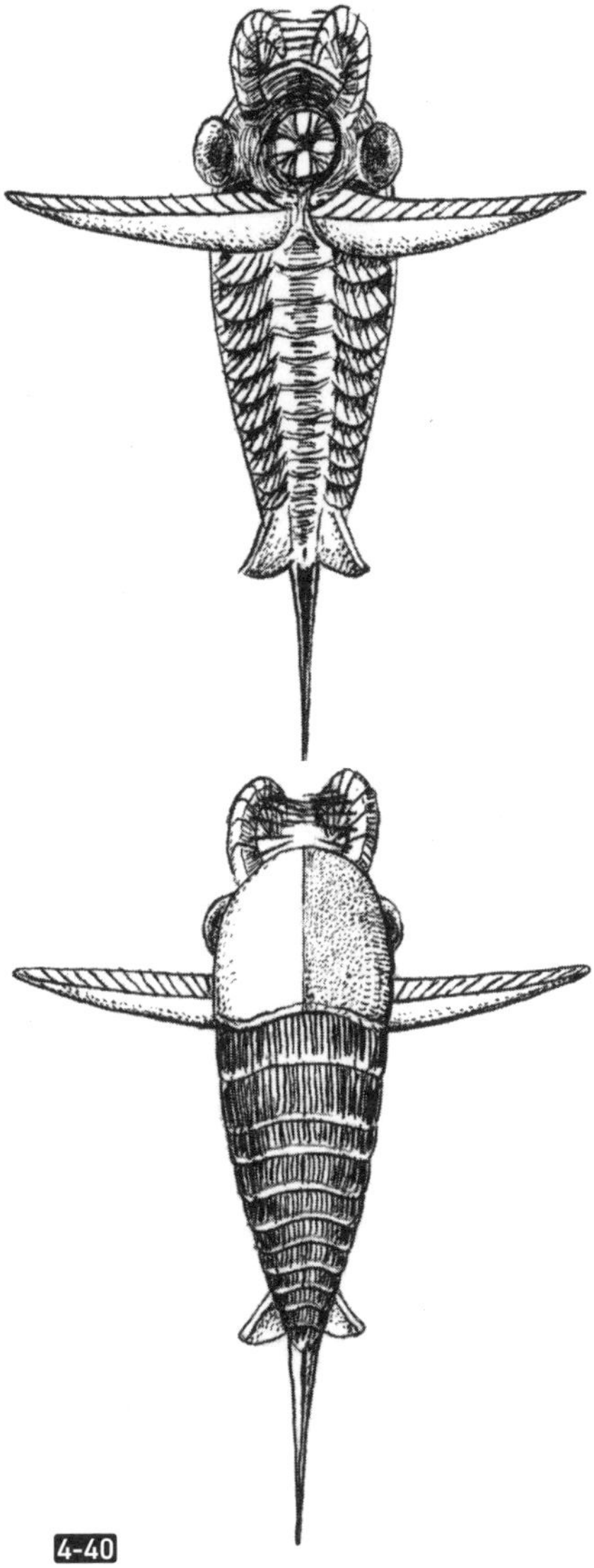

4-40
シンダーハンネス・バルテルスアイ
知られている限り最後のラディオドンタ類。

鋭いトゲが伸びていた。また、クーヘルたちによると、からだには明瞭な節構造が確認され、腹側にはえら状構造が2列になって連なっているという。こうしたつくりも他のラディオドンタ類にはない。

大きな眼、鋭いトゲのある付属肢、機能的なひれは、シンダーハンネス・バルテルスアイが視覚に頼り、泳ぎ回りながら狩りをするタイプの狩人だったことを物語っている。その意味では、アノマロカリス・カナデンシスと似たようなスタイルの狩りを行っていたのかもしれない。

ただし、アノマロカリス・カナデンシスとの決定的な違いもある。それはやはり、サイズだ。シンダーハンネスが泳いでいたのは、全長数メートル級の魚たちが泳ぐデボン紀の海である。ただでさえ、手のひらサイズという小さいシンダーハンネス・バルテルスアイは、そんな海ではもはや生態系の上位種にはなり得ない。また、エーギロカシス・ベンモウラエのような濾過食者（懸濁物食者）としての独自の地位を築いているわけでもなかった。

少なくとも現時点の化石記録からみると、デボン紀のラディオドンタ類は〝目立った存在〟ではなくなっていたのである。

そして、シンダーハンネス・バルテルスアイを最後に、ラディオドンタ類の記録は途絶えることになる。

ラディオドンタ類

第4部では、計15属18種のラディオドンタ類を紹介した。これに、第1部第1章で詳しく紹介したアノマロカリス・カナデンシス、第3部第2章で紹介したアノマロカリス・サロン（*Anomalocaris saron*）を加えると、計15属20種となる。2020年初頭において知られているラディオドンタ類の大部分は網羅したはずではあるが、これがすべてではないし、おそらく今後も続々と新種が報告されることだろう。

本書で紹介した15属20種は、大きく四つのグループと〝その他〟に分けられる。2018年にオーストラリアのニューイングランド大学に所属するルディ・レロセイ・アウブリルと、イギリスのスティーブン・ペイツが発表した論文では、「四つのグループ」は、「アノマロカリス類」「アムプレクトベルア類」「タミシオカリス類」「フルディア類」であり、〝その他〟には、カリョシントリプス属とパラノマロカリス属が分類されている 図4-D。なお、ラディオドンタ類内の分類に関しては、研究者ごとに多少の違いがある。

アノマロカリス類はアノマロカリス・カナデンシスだけが属している。レロセイ・アウブリルとペイツによると、他にもこのグループに分類されるアノマロカリス属は存在するが、まだ学名はついていない。

図4-D ラディオドンタ類の系統関係その4
Lerosey-Aubril and Pates（2018）を参考に、簡略化して作図。

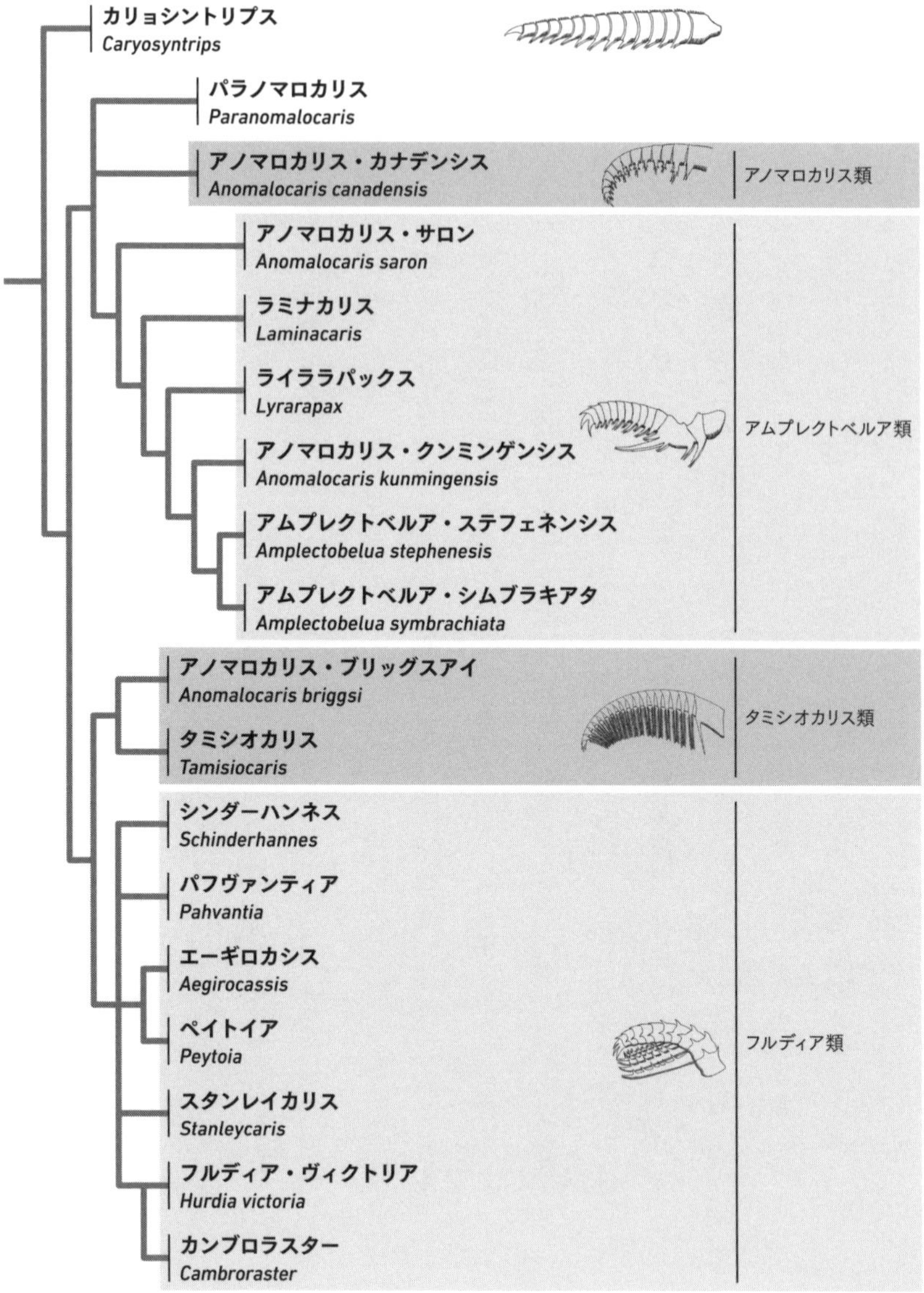

アムプレクトベルア類には、アノマロカリス属の2種をはじめ、アムプレクトベルア属など5属8種が属している。第1章第8節で紹介した〝珍妙すぎるラディオドンタ類〟のラミナカリス・キメラ（*Laminacaris chimera*）は、一応、このグループの所属とされる。

タミシオカリス類は2属2種だ。ともに懸濁物食である。

フルディア類は一番の大所帯で、フルディア属2種をはじめとする計9属11種が含まれている。このグループは、オルドビス紀以降の〝生き残り〟であるエーギロカシス・ベンモウラエとシンダーハンネス・バルテルスアイを擁している。他のグループには、オルドビス紀以降の〝生き残り〟はいない。

15属20種のうち、論文や専門家の手による書籍などで全身の復元がなされているラディオドンタ類は、9種である。その内訳は、アノマロカリス類1種、アムプレクトベルア類2種、フルディア類6種といったところ。タミシオカリス・ボレアリス（*Tamisiocaris borealis*）4-41とパフヴァンティア・ハスタータ（*Pahvantia hastata*）4-42は、記者発表用《プレスリリース》のイラストはあるけれども、実際の化石は、タミシオカリス・ボレアリスは付属肢だけ、パフヴァンティア・ハスタータは付属肢と甲皮だけしか発見されていない。そのため、これらのイラストは「復元画」というよりは「イメージイラスト」という表現が近いだろう。

全身の復元がなされている9種の推定全長に注目すると、エーギロカシス・ベンモウラエ

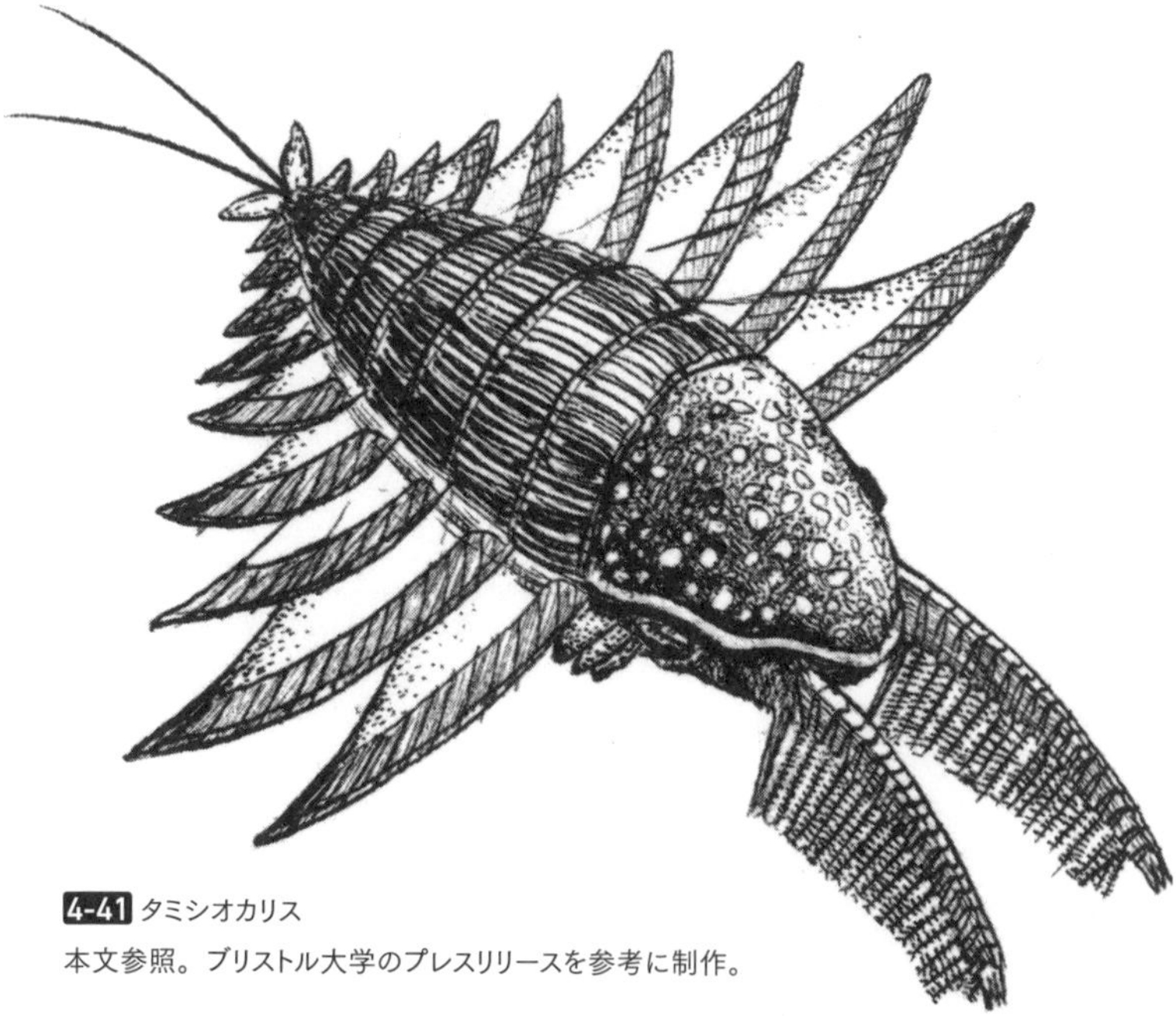

4-41 タミシオカリス

本文参照。ブリストル大学のプレスリリースを参考に制作。

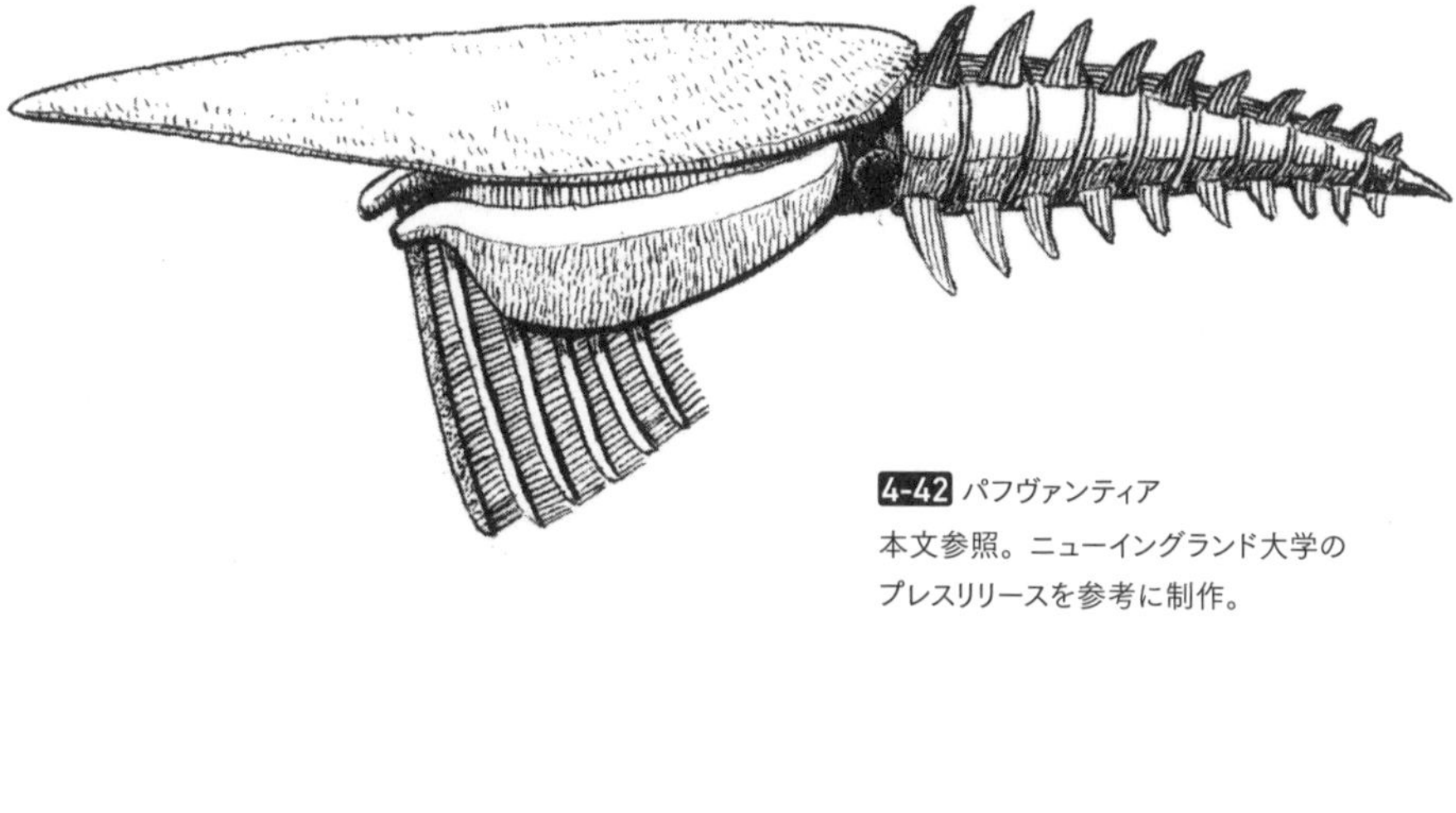

4-42 パフヴァンティア

本文参照。ニューイングランド大学のプレスリリースを参考に制作。

が全長2メートルと最も大きく、アノマロカリス・カナデンシスとアムプレクトベルア・シムブラキアタの1メートルが次点となる（ただし、シムブラキアタは〝尻尾〟を含めた値）。その次に大きな種は、ペイトイア・ナトルストアイ（*Peytoia nathorsti*）とフルディア・ヴィクトリア（*Hurdia victoria*）で全長50センチメートル。そして、カンブロラスター・ファルカトゥス（*Cambroraster falcatus*）の全長30センチメートル、アノマロカリス・サロンの全長20センチメートルと続く。ここまでが、いわゆる大型種である。

小型種として、シンダーハンネスとライララパックス・ウングイスピナスが挙げられる。ライララパックス・ウングイスピナスに関しては、その亜成体として1・8センチメートルの生態復元がなされている（成体の復元は論文レベルではなされていない）図4-E。

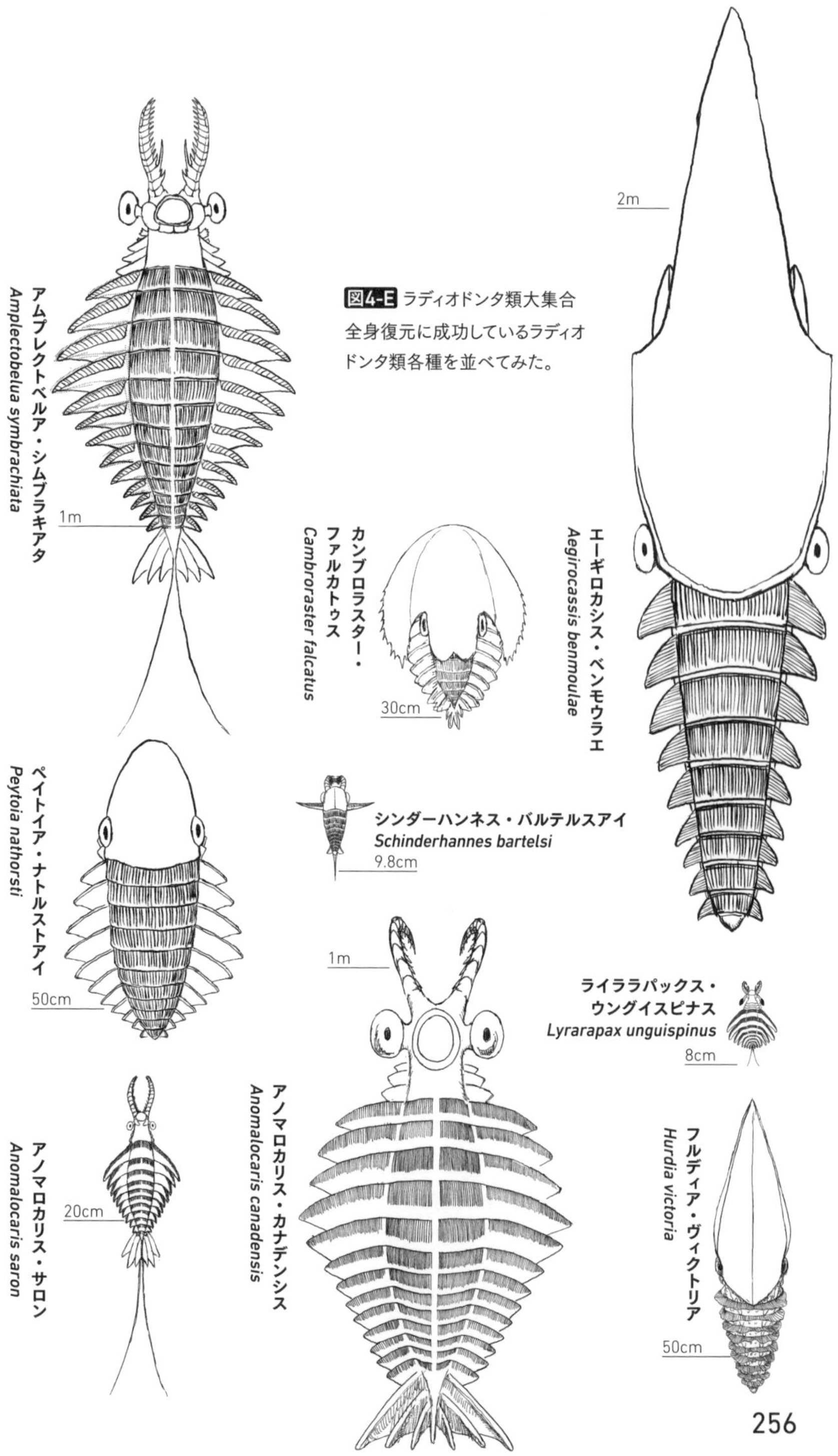

図4-E ラディオドンタ類大集合
全身復元に成功しているラディオドンタ類各種を並べてみた。

第5部

アノマロカリスとその仲間をめぐる悩ましい問題

第1章

オパビニアという〝親戚〟

五つ眼で一つノズル

「オパビニア（*Opabinia*）」をご記憶だろうか。

第3部第2章で紹介した全長10センチメートルほどの五つ眼の動物だ。アノマロカリス・カナデンシス（*Anomalocaris canadensis*）と同時代の同海域に暮らしていた海棲動物である 5-1。

正式な種名は、「オパビニア・レガリス(*Opabinia regalis*)」。

この動物は、ラディオドンタ類との類縁関係がしばしば議論されてきた。

オパビニアは、五つ眼、そして、1本のノズル状構造がトレードマークである。

カナダのロイヤル・オンタリオ博物館に所属するデスモンド・コリンズは、このノズル状の構造などに注目し、オパビニアとラディオドンタ類をまとめて「ダイノカリダ類」という

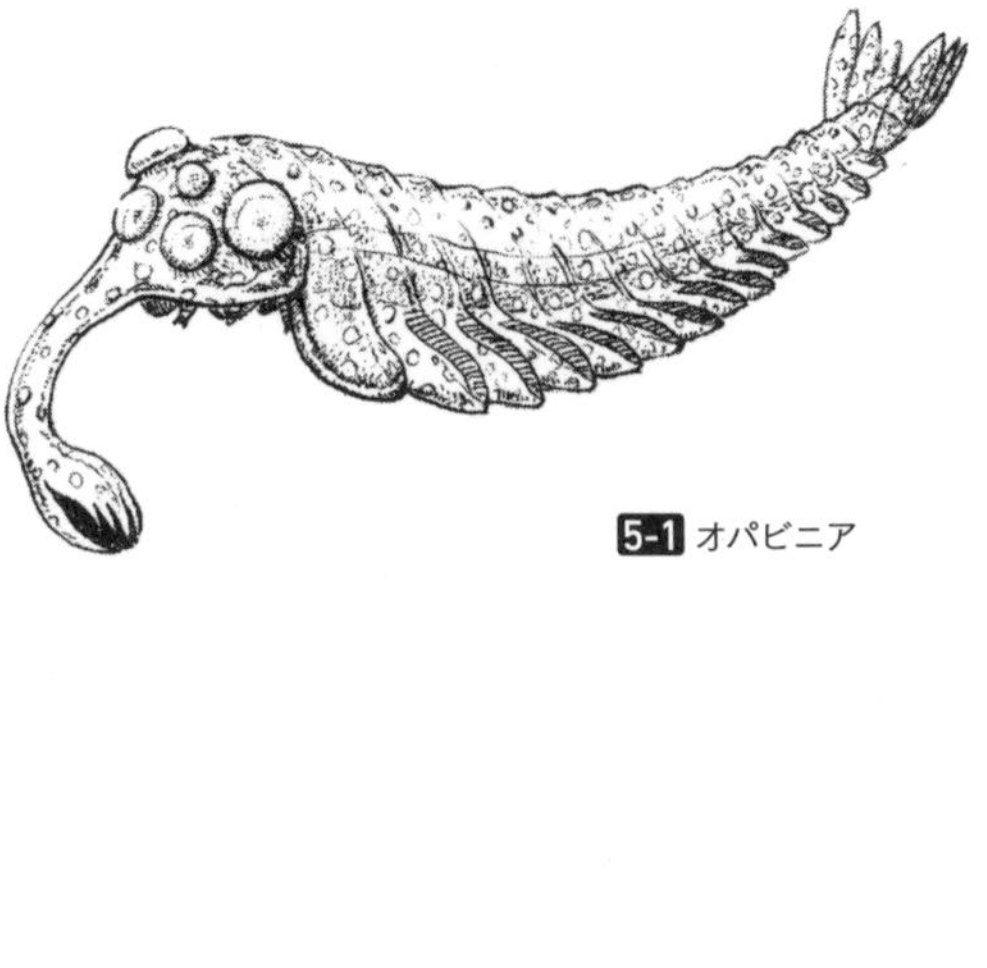

5-1 オパビニア

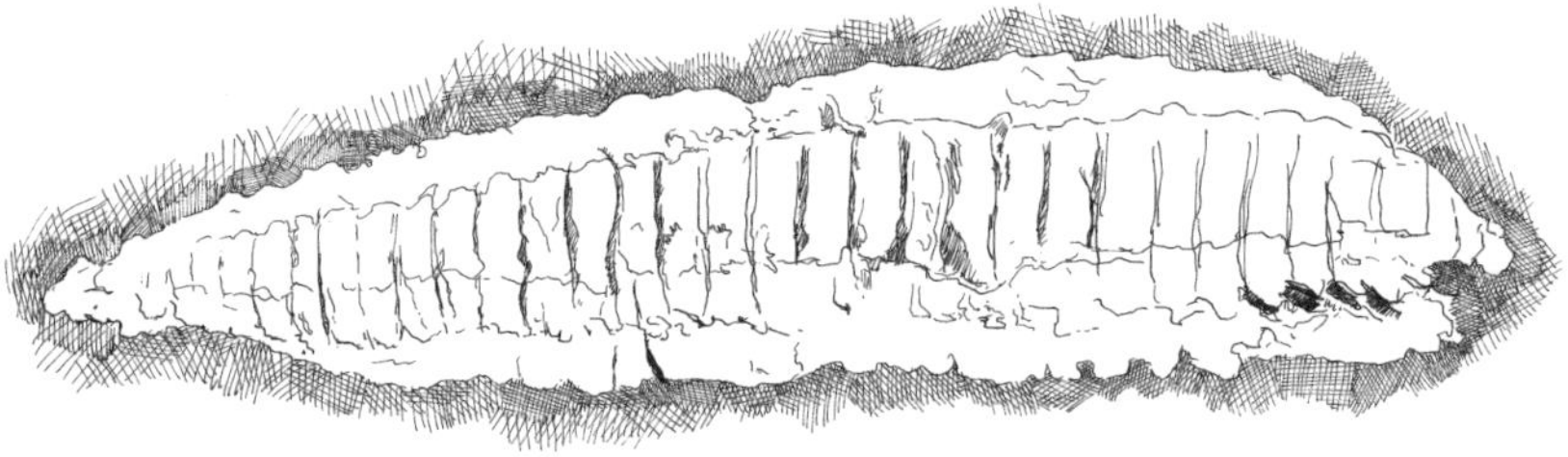

5-2 ミオスコレックス・アテレスの化石　Briggs and Nedin（1997）を参考に作図。

グループを1996年に創設している。

1996年といえば、「アノマロカリス」のイメージとして、アノマロカリス・カナデンシスの復元が〝定着〟しはじめた時期だ。そのころすでに、研究者たちは、オパビニアとラディオドンタ類の類縁関係に注目していたことになる。

オパビニア属はレガリスのみの存在で、同属別種は報告されていない。

ただし、オーストラリアからオパビニアと似たような姿をしていたかもしれない動物の化石が発見されている。

「ミオスコレックス・アテレス（*Myoscolex ateles*）」と名づけられたその化石はいささか不鮮明で、節状の構造は確認できるものの、今一つ全身の姿がわかりにくい 5-2。

しかし、イギリスのブリストル大学に所属していたデレック・E・G・ブリッグスとオーストラリアのアデレード大学に所属するクリストファー・ネディンによって、少なくとも三つの眼と1本のノズルが存在する可能性が、1997年に指摘されている

5-3。この指摘が正しいのであれば、孤高の存在であるオパビニアにも、よく似た姿の近縁種が、しかも異なる時期の異なる海域に生息していたことになる。

注目される「えら付きひれ」と「あし」

オパビニアを最もよく象徴する特徴は、やはり「五つ眼」と「一つのノズル」だ。しかし、研究者たちがかねてより注目してきたのは、実は他の部分だった。

それは「ひれ」と「あし」である。

オパビニアのひれには、先頭の一対をのぞくすべてに、えらとみられる構造が確認されている。「えら付きのひれ」は、アノマロカリス・カナデンシスやフルディア・ヴィクトリア（*Hurdia victoria*）などにも確認されている特徴だ 5-4。

また、オパビニアのからだの下には、先端に爪のつ

5-3 ミオスコレックス・アテレスの化石

前ページに描いたものとは別の標本。眼とノズルらしき構造が確認できる。Briggs and Nedin (1997) を参考に作図。

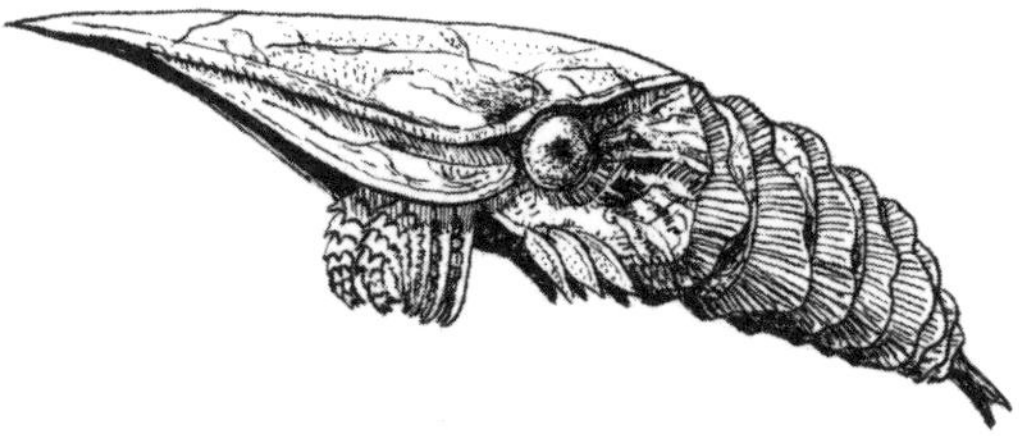

5-4 フルディア・ヴィクトリア
オパビニアと同じように「えら付きのひれ」がある。

いた逆三角錐のあしが並んでいた。これは、アイシェアイア・ペドゥンキュラータ（*Aysheaia pedunculata*）などの有爪動物に確認できる特徴である 5-5。

ラディオドンタ類とも有爪動物とも共通する特徴。これによって、オパビニアは両者を〝つなぐ存在〟と位置付けられている。

スウェーデンのウプサラ大学に所属するグラハム・E・バッドは、1996年……まだ、ラディオドンタ類のひれにえらがあると報告されていない時期に、オパビニアとラディオドンタ類、そして節足動物の関係に注目していた。バッドは、水棲の節足動物がもつ二肢型付属肢（第4部第2章で紹介した、根元で二つに分かれて上にはえらが付き、下は移動用となったあし）に注目し、オパビニアの「えら付きのひれ」は、二肢型付属肢の上側のあしの〝原型〟で、「円錐形のあし」は、二肢型付属肢の下側のあしの〝原型〟となった可能性を指摘していた。

5-5 アイシェアイア・ペドゥンキュラータ
オパビニアと同じような「逆三角錐のあし」をもつ。

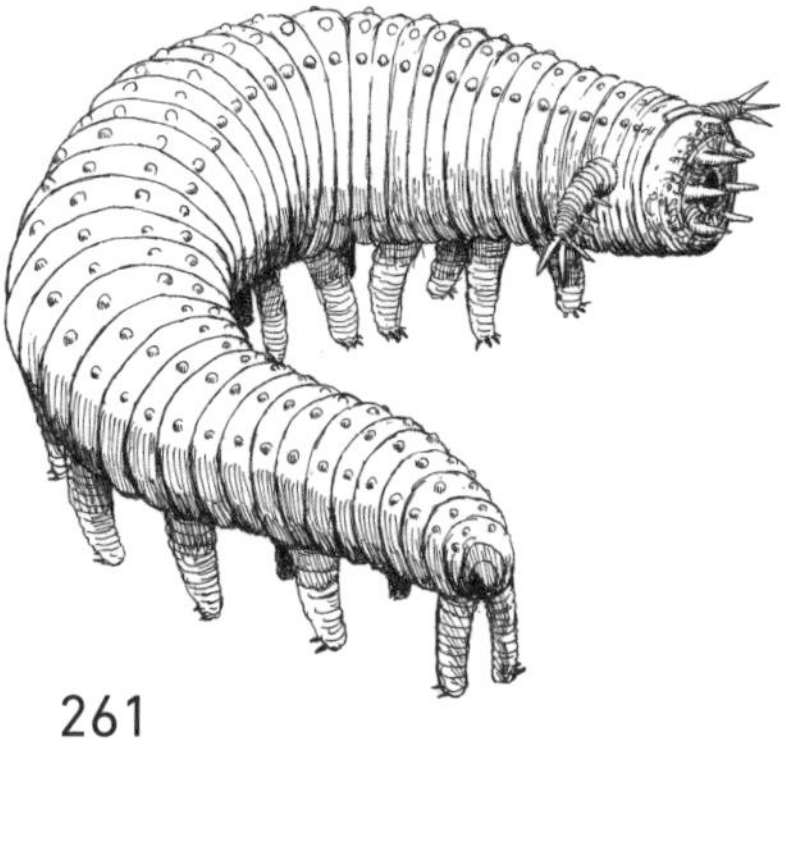

その後、「えら付きのひれ」がラディオドンタ類にもあることが確認されると、オパビニアとラディドンタ類の関係はより強固に考えられるようになっていった。たとえば、ウプサラ大学のアリソン・C・ダレイが2010年にこのことを指摘しているし、2011年にはバッドとダレイは新標本を分析し、従来の考えが正しいということを論文に書いている。

ひれとあしだけではない。異なる視点からも、オパビニアとラディオドンタ類の関係を示唆する研究が発表されている。

2014年、フランス、リヨン大学のジーン・ヴァニエたちは、オパビニアやアノマロカリス・カナデンシスなどの消化管の構造に注目した。

5-6 オパビニアとアノマロカリスの“体内構造”
消化管（中腸腺：いわゆる“カニみそ”）の配置を示したもの（白い線と丸）。
Vannier et al. (2014)を参考に作図。

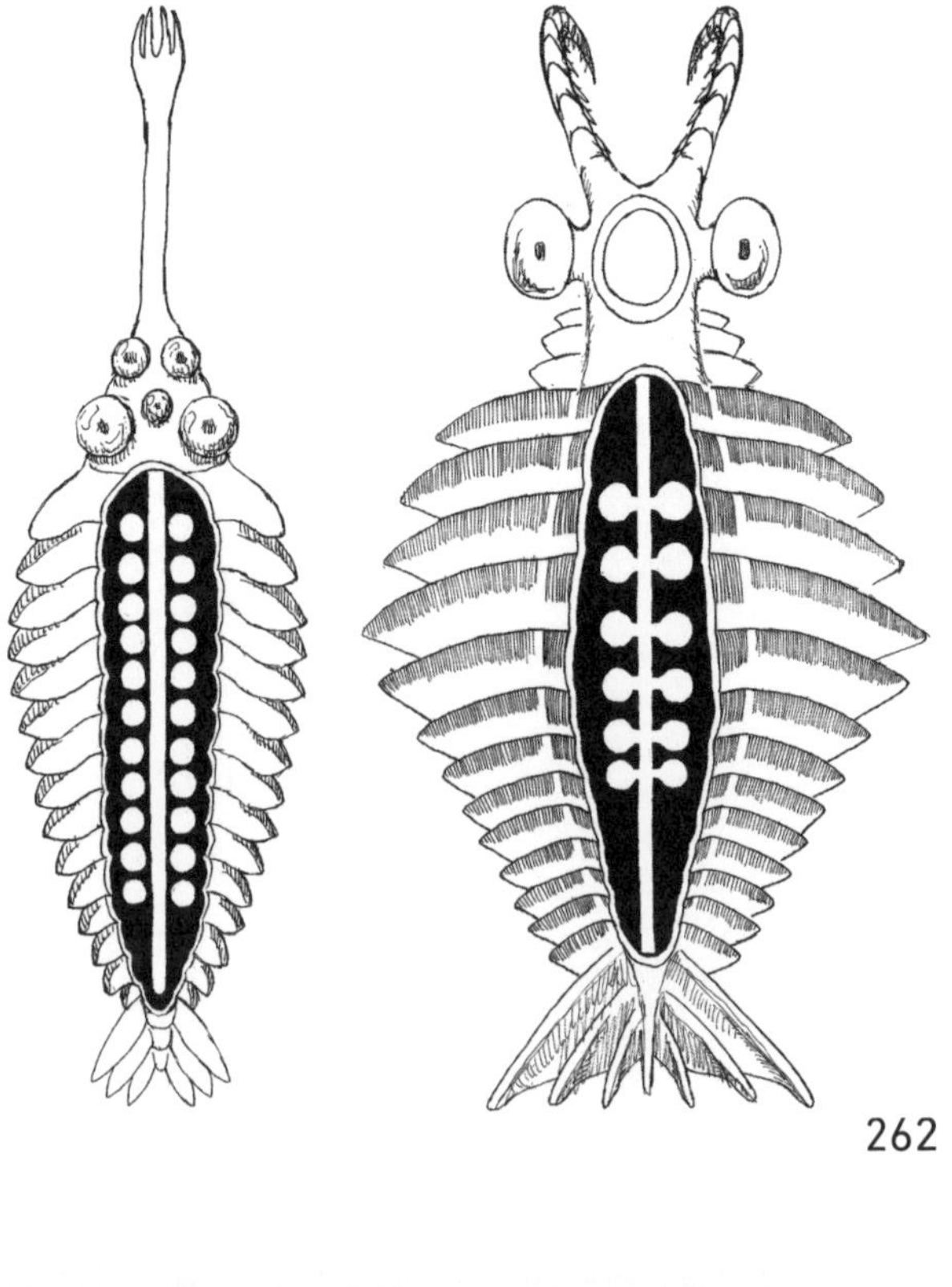

オパビニアやアノマロカリス・カナデンシスなどの化石産地であるバージェス頁岩では、しばしば消化管の構造のわかる化石が発見されている。それは、消化管に残った〝最後の晩餐〟が化石化したものだ。そうした化石を分析することで、オパビニアやカナデンシスがどのような内蔵構造をしていたのかを推測することができる 5-6。

そして、ヴァニエたちによると、オパビニアとアノマロカリス・カナデンシスの消化管のつくりはとてもよく似ているという。

節足動物誕生の鍵を握る……かもしれない

ブリッグスは、オパビニアをめぐる議論をまとめたレヴュー論文を2015年に発表している。

諸般の証拠を踏まえたブリッグスのまとめによれば、オパビニアはラディオドンタ類の〝直下〟の存在……つまり、ラディオドンタ類が誕生する「直前の姿」が残された動物であるという。そして、有爪動物とラディオドンタ類を〝つなぐ存在〟であり、その先にある節足動物の誕生の鍵を握るものと位置付けられた 図5-A。

このレヴュー論文で、ブリッグスは「The next step（次なる段階）」という項目を用意し、新たな標本の発見に期待するとともに、画像分析、系統解析といったさまざまな手法に注目していることを述べている。

そして、「One day（いつの日か）」という書き出しで、オパビニアとラディオドンタ類、節足動物の進化過程が、より完全に理解される日がくるだろう、と綴っている。

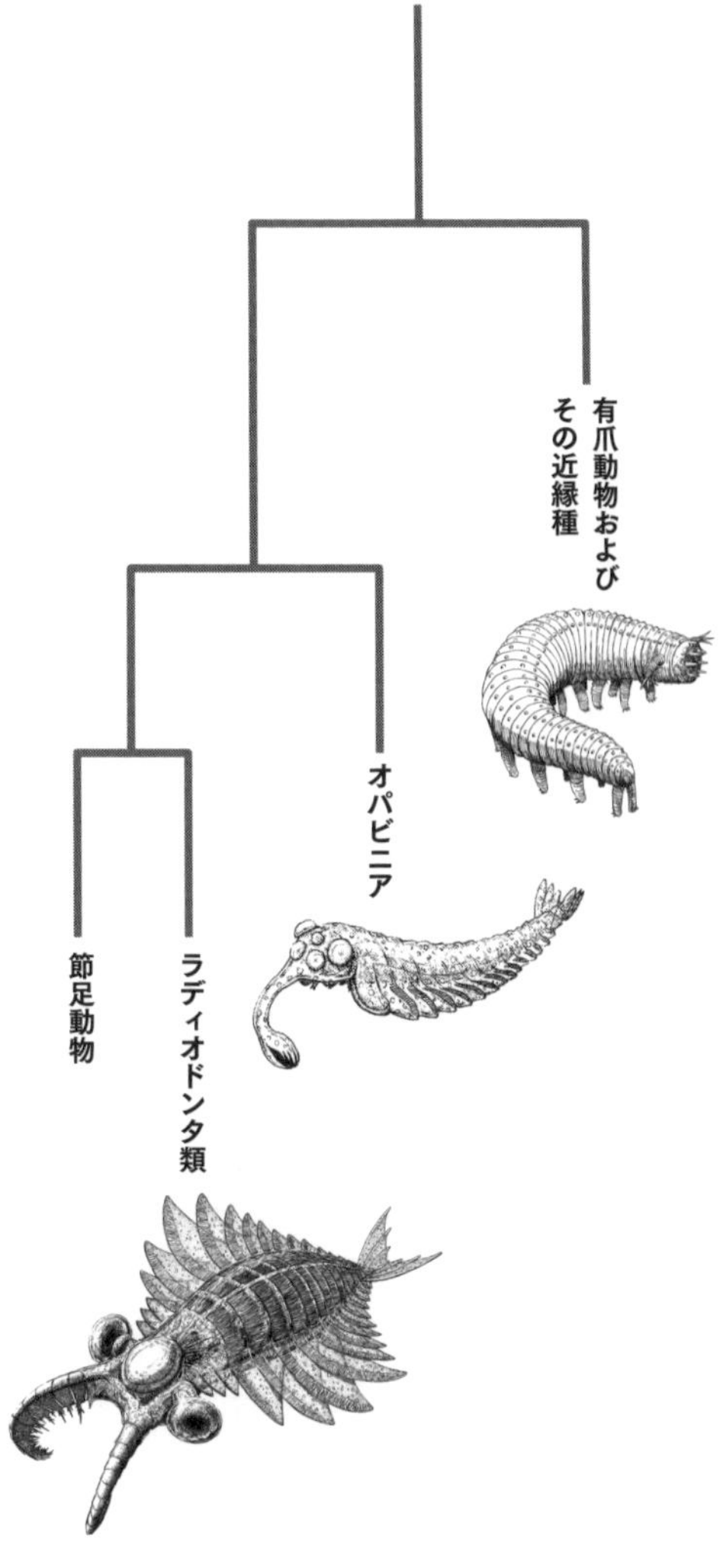

図5-A オパビニアとラディオドンタ類の関係
Briggs（2015）を参考に作図。なお、本文にあわせて一部簡略化している。

第2章 さらなる〝親戚〟たち

〝一つ前〟のパンブデルリオン

ラディオドンタ類の〝親戚〟は、オパビニア（*Opabinia*）だけじゃない。

たとえば、グリーンランドのシリウス・パセットから化石が発見されている「パンブデルリオン・ウィッティントンアイ（*Pambdelurion whittingtoni*）」もまた、ラディオドンタ類の〝親戚〟として知られる動物である 5-7。

パンブデルリオンは、軟体性の細長い胴体をもち、その両側には細かなひれが並び、ひれの下にはオパビニアと

5-7 パンブデルリオン・ウィッティントンアイ
詳細は本文参照。

同様に円錐形のあしが並んでいた。

頭部の先端からは1対2本の大きな〝触手〟が伸び、その様は、ラディオドンタ類の摂食用付属肢を彷彿させる。

もっとも、大きな触手にはラディオドンタ類にあるような節構造は確認されていないし、ラディオドンタ類各種がもつような目立つ突起もない（細かな突起はある）。また、オパビニアやラディオドンタ類がもつような眼もなかったようだ。

そして、パンブデルリオンは、ラディオドンタ類のものとよく似た円形の口器をもっていた。

イギリスのブリストル大学に所属するヤコブ・ヴィンターたちが2016年に発表した研究によって、その口器は外側から内側に向かって、次のような三重の構造になっていることがわかった。

まず、外縁部。そこには卵のような形をしたつくりが、円を描くようにいくつも並んでいた。外縁部の内側には、三角形のプレートが円をつくって並ぶ。そして、内縁部には鋭くとがった骨片が並んでいたのである。

複数の化石が発見されており、その中の最も大きな個体は全長46センチメートル。ただし、中国で別の動物群のものとして記載されていたある動物の口器が、前述の特徴をもっているとヴィンターたちは指摘しており、もしもこの口器がパンブデルリオンのものならば、そこから推測される全長は、55センチメートルとなる。なかなかの大型だ。

２０１７年、ブリストル大学のフレッチャー・J・ヨングとヴィンターは、パンブデルリオンの化石を詳細に分析した研究を発表している。この研究によって、パンブデルリオンの内部構造は、有爪動物と類似性があることが指摘された。

ヨングとヴィンターの分析によると、パンブデルリオンはからだの脇にひれを並べているものの、そのひれを動かすために必要な十分な筋肉を欠いているという。そのため、パンブデルリオンはアノマロカリス・カナデンシス（*Anomalocaris canadensis*）のような遊泳行動はできなかったとされ、海底を這い歩く生活スタイルだった可能性が指摘されている。

では、からだの脇に並ぶひれは何だったのか。

ヨングとヴィンターがこの研究を発表した論文では、もしもそこにえらがあったのならば、ひれを多少なりとも動かすことは呼吸に役立っていたのではないか、という可能性に言及している。ただし、アノマロカリス・カナデンシスやオパビニアにあるようなえら構造は、今のところ、パンブデルリオンのひれには確認されていない。

こうした特徴をもつパンブデルリオンは、オパビニアよりも原始的な動物に位置付けられている。

〝もう一つ前〟のケリグマケラ

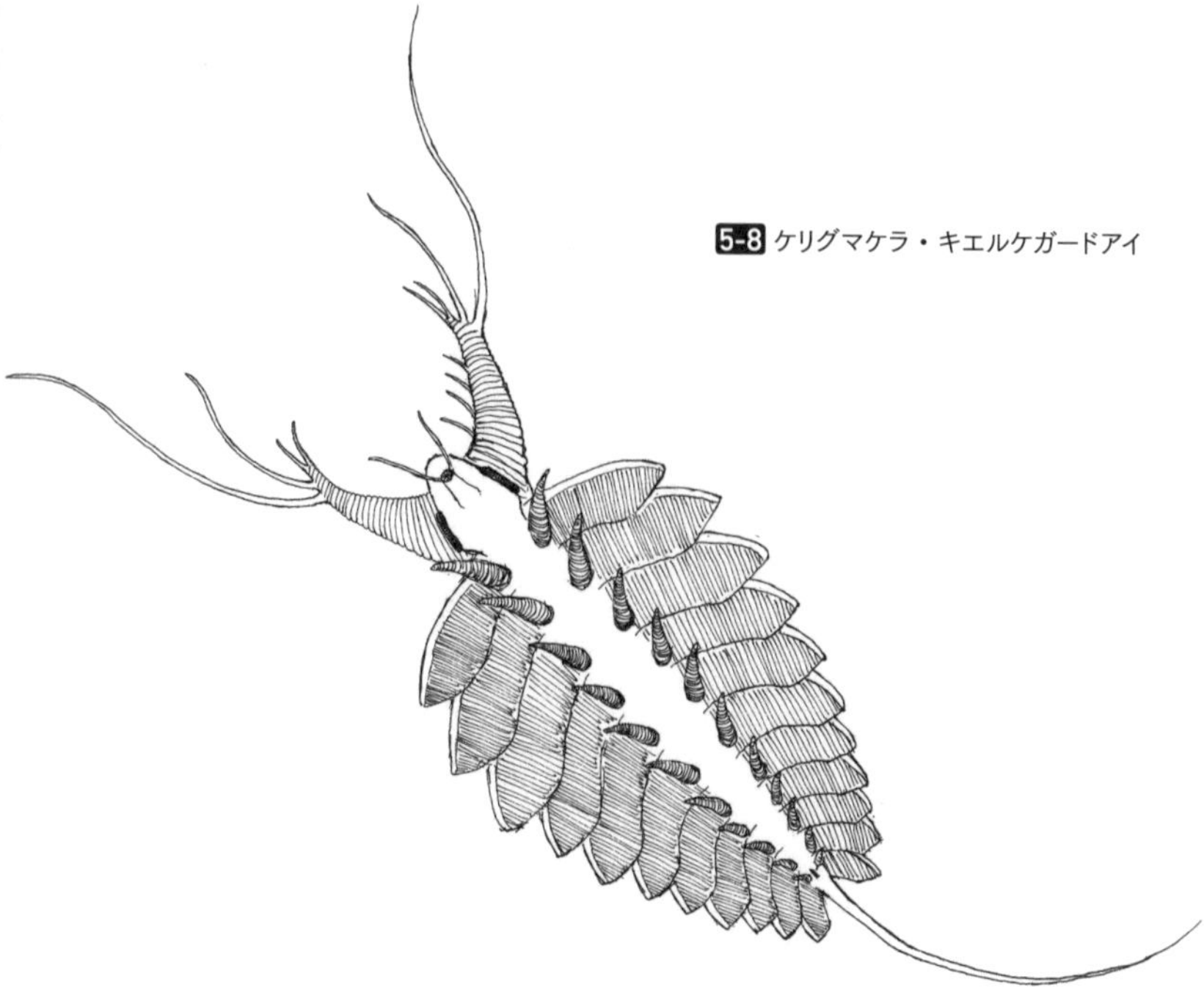
5-8 ケリグマケラ・キエルケガードアイ

パンブデルリオンに近縁で、パンブデルリオンよりもさらに一歩原始的とされる動物が、「ケリグマケラ・キエルケガードアイ（*Kerygmachela kierkegaardi*）」だ 5-8。パンブデルリオンと同じくシリウス・パセットからその化石は発見されている。

ケリグマケラはパンブデルリオンとよく似ている。細長いからだ。その脇に並ぶひれ。ひれの下にはあしがあり、頭部の先端には1対2本の節のない触手がある。

ただし、この触手はパンブデルリオンのそれとは異なり、先端が細く鋭く伸びている。また、ひれにはえらとみられる筋状の構造が確認されている（パンブデルリオンのひれの構造に関してはよくわかっていない）。全長はパンブデルリオンの半分ほどだ。

2018年に韓国極地研究所のタエ・ヨオン・S・パークたちが、ケリグマケラの良質な標本を分析した研究結果を発表している。この研究結果によって、ケリグマケラの尾部の先端に1本の長いトゲがあることが明らかになった。そのトゲは、ラディオドンタ類のシンダーハンネス・バルテルスアイ（*Schinderhannes bartelsi*）のものに似ているという。ちなみに、パークたちの研究が発表されるまで、尾部のトゲは2本あると解釈されていた。

パークたちの研究は、他にもケリグマケラのさまざまな特徴を明らかにしている。その一つは、ケリグマケラには複眼があったということだ。ただし、オパビニアやラディオドンタ類のような円形の複眼ではなく、帯状の複眼である。

また、口器の形状はパンブデルリオンやラディオドンタ類に確認されるようにプレートが円形に並ぶものではなかったことも確認されている。

ケリグマケラの脳構造は有爪動物とよく似たシンプルなものだったことも指摘されている。のちの節足動物は、「前大脳」「中大脳」「後大脳」と三つに分かれた脳構造をもつが、ケリグマケラの脳にはこうした分割構造は確認されなかったという。

ケリグマケラが示唆するのは、ラディオドンタ類の祖先の姿でもある。眼は球形ではなく帯状で、脳のつくりはシンプルなもの。そんな動物を祖先としていたのである。

〝一つ先？〟のディアニア

パンブデルリオンとケリグマケラはともにオパビニアよりも原始的な存在とされ、より有爪動物に近い存在とされる。研究者によっては、有爪動物に分類している場合もある。つまり、ラディオドンタ類の〝親戚〟の中でも、パンブデルリオンやケリグマケラはオパビニアよりも〝遠縁〟に位置付けられている。

一方、ラディオドンタ類に〝近縁〟で、より進化的……節足動物に近い存在とされる動物も報告されている。

中国の澄江から化石が見つかっている「ディアニア・カクティフォルミス（*Diania cactiformis*）」だ。

ディアニアは全長6センチメートルほどの動物で、オパビニアやパンブデルリオン、ケリグマケラとは異なり、その姿はラディオドンタ類とはほど遠い 5-9。ミミズのように細長いからだに節構造があり、各節はトゲのある部分とトゲのない部分で構成されている。そのトゲのない部分からは関節のある付属肢が左右に伸びていて、しかもこの付属肢もトゲで覆われていた。付属肢の数は10対20本。前半の4対はものをつかむためのもので、後半の6対は歩行用と解釈された。

ディアニアはラディオドンタ類とは似ても似つかない。

しかし、この化石を2011年に報告した中国、西北大学のジェンニー・リウたちは、ディアニアのからだは有爪動物に近く、そして付属肢は節足動物的であるとしている。

リウたちによると、ディアニアは節足動物誕生の〝一歩前〟の存在で、節足動物の進化がからだではなくあしから始まったことを示しているという。ラディオドンタ類は、歩行用の付属肢をもたないとみられているので、その意味では確かにラディオドンタ類よりも「進化的」と言えるのかもしれない。

ただし、リウたちの見解がすべての研

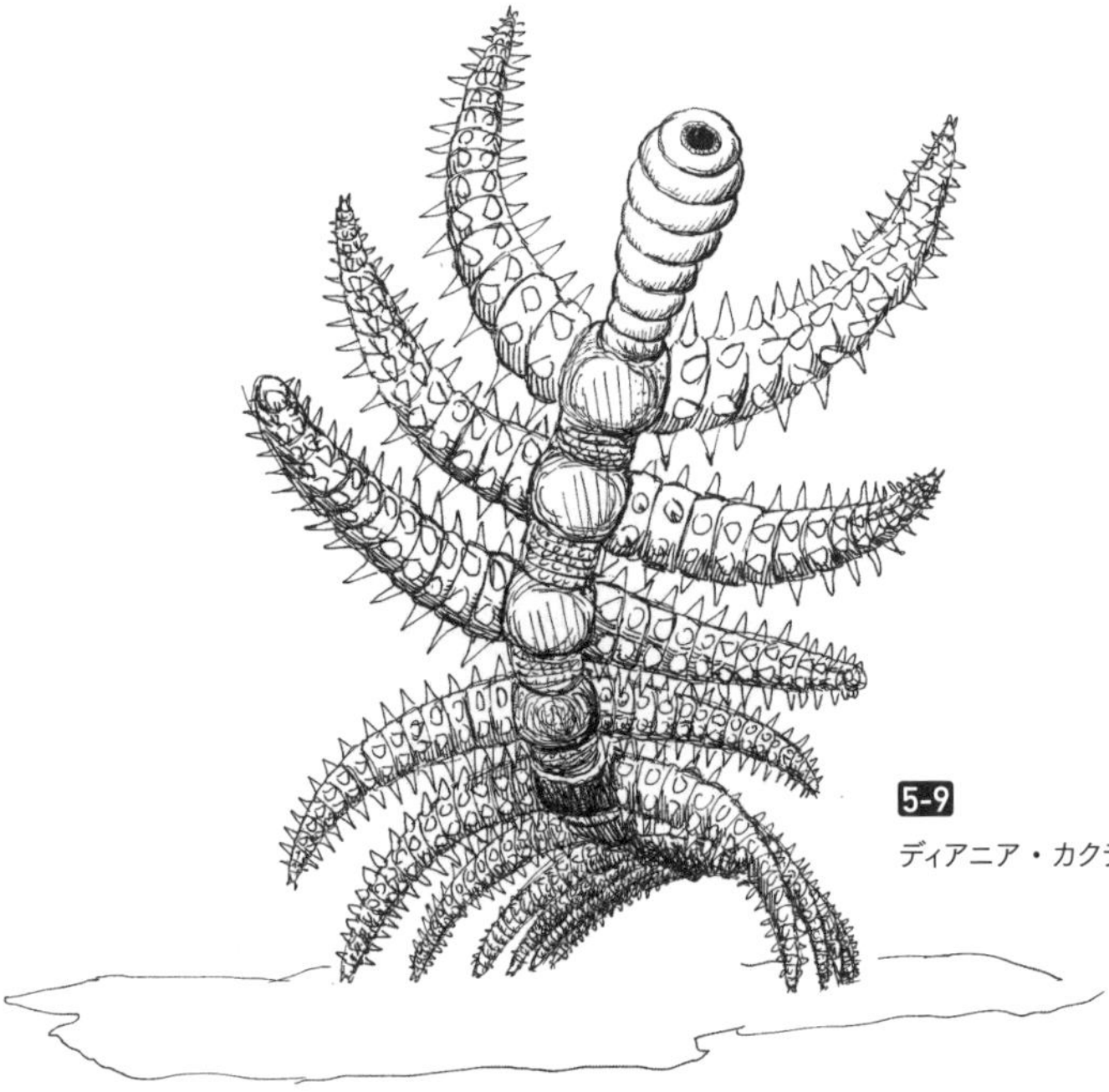

5-9
ディアニア・カクティフォルミス

究者に支持されているわけではない。

2013年、中国の雲南大学に所属するシャオヤ・マたちの研究によって、ディアニアの付属肢は節足動物と似ていないことが指摘されている。マたちがディアニアの新たな標本を調べたところ、そこには明瞭な節構造も関節も確認できなかったという。

つまり、リウたちが報告した標本は〝たまたまそのように見えた〟だけのものであるという可能性が指摘されたのだ。

マたちによれば、ディアニアは節足動物に近い存在ではなく、むしろかなり遠い存在であるという。有爪動物の一員であり、ケリグマケラからパンブデルリオン、オパビニア、そしてラディオドンタ類と続く節足動物誕生の系譜には乗らないというのである。

本書執筆時においては、マたちの分析の方が優勢であり、ディアニアに関しては節足動物の進化とは無縁の存在とされている。ディアニアは、節足動物の誕生にはまだ謎が多く、研究者の間でも議論が続いていることを示す一つの例といえるかもしれない。

第3章

高まるラディオドンタ類の「重要性」

シンダーハンネス問題

ラディオドンタ類で〝異端児〟を一つ挙げるならば、「シンダーハンネス・バルテルスアイ（*Schinderhannes bartelsi*）」だろう。第4部第3章第2節で紹介した〝最後のラディオドンタ類〟である 5-10。

第4部第1章第8節では、「フルディア類の異端児?!」として、ウルスリナカリス・グララエ（*Ursulinacaris grallae*）を紹介したが、シンダーハンネスはもっと大きな意味における異端児……ラディオドンタ類全体を見渡したときの〝変わり者〟だ。

全長10センチメートルほどのこのラディオドンタ類は、（全身復元が行われている）他の仲間

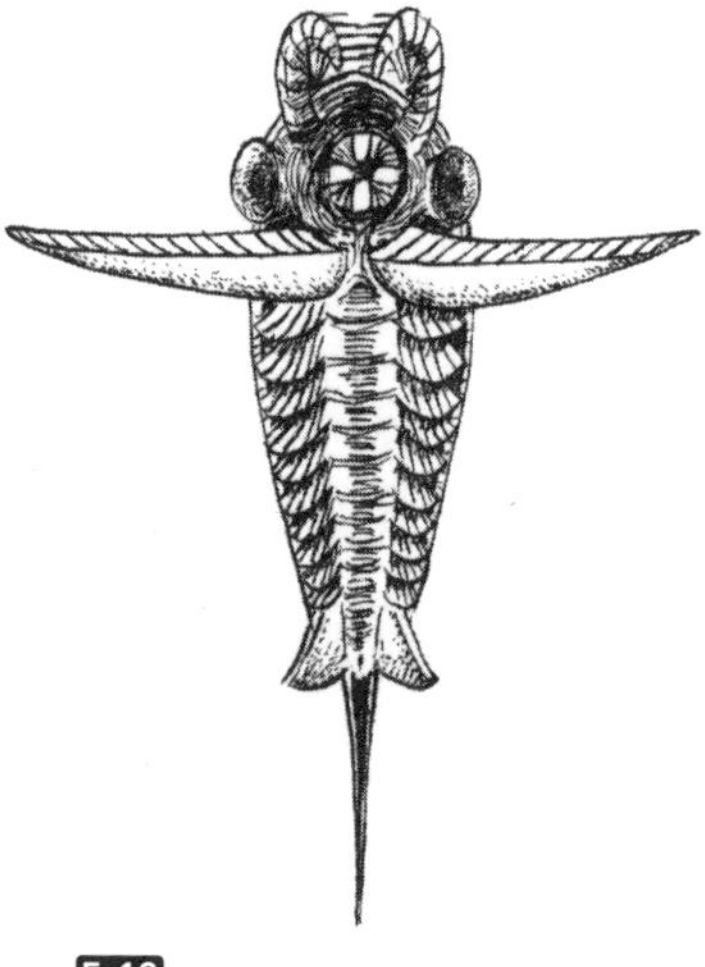

5-10
シンダーハンネス・バルテルスアイ

たちとは違って、ひれは2対しかない。

その一方で、よく見ると、シンダーハンネスの腹側にはえらのような構造が2列になって連なっており、また胴体部分には明瞭な節構造がある。こうした特徴も他のラディオドンタ類にはないものだ。

シンダーハンネスを報告したボン大学のガブリエル・クーヘルたちは、これらの特徴に注目し、シンダーハンネスは他のラディオドンタ類とは一線を画すものと考えた。腹側に連なるえら状構造は節足動物の二肢型付属肢に近いものとされ、胴体の節構造も、それが明瞭であるのならば、節足動物の特徴といえるという。

つまり、シンダーハンネスはラディオドンタ類でありながらも、節足動物に分類される存在とされたのである。ラディオドンタ類そのものは「節足動物の〝外側〟」に位置付けられているにもかかわらず、だ。

シンダーハンネスのこの悩ましい〝立ち位置〟について、節足動物の進化に関しての諸研究を2016年にまとめたイギリスのケンブリッジ大学に所属するジャヴィエール・オルテガ・エルナンデスは、「シンダーハンネス問題（The problem with Schinderhannes)」と呼んでいる。

その上で、オルテガ・エルナンデスは胴体部分の節構造は節足動物のものというよりは、オパビニア・レガリス（*Opabinia regalis*）のものと似ており、二肢型付属肢に近いとされたえら状構造に関しても、そうと断ずるほどではないとしている。

そして、むしろ他のラディオドンタ類と共通する諸々の特徴を重要視して、シンダーハンネスはあくまでもラディオドンタ類であり、節足動物には属さないと考えた。節足動物と共通するように見える特徴は、あくまでも〝見える特徴〟にすぎないというわけである。

現在では、シンダーハンネスはフルディア類の生き残りとして位置付けられている。

ただし、それでも、シンダーハンネスが〝変わり者〟であることにかわりはない。

なにしろ、ラディオドンタ類にはシルル紀という「歴史の空白期」が存在する。その後に唯一出現するラディオドンタ類がシンダーハンネスであり、そのシンダーハンネスが他のラディオドンタ類と比べて随分と姿が異なることは事実なのだ。

シンダーハンネス問題を完全に解決するためには、空白期から新たな化石が発見されるなどの〝ブレイクスルー〟が必要なのかもしれない。

❋ラディオドンタ類と節足動物の誕生

こうしたさまざまな論文が指摘するように、現在では、ラディオドンタ類は節足動物ではなく、その進化の前段階にある動物群であるという見方が優勢である。スオルテガ・エルナンデスの2016年の論文や、スイスのローザンヌ大学に所属するアリソン・C・ダレイたちによる2018年の論文では、節足動物の誕生に関してのラディオドンタ類とその近縁種の重要性がまとめられている。

こうした論文を参考に、本書で登場した各種動物とラディオドンタ類の情報を進化の観点からまとめておこう。

まず、節足動物は有爪動物およびその近縁なグループから進化したものと考えられている。これが基本となる考えである。

有爪動物のイメージは、アイシェアイア・ペドゥンキュラータ（*Aysheaia pedunculata*）が良いだろう 5-11。節足動物とも、ラディオドンタ類とも似ても似つかないこの動物たちこ

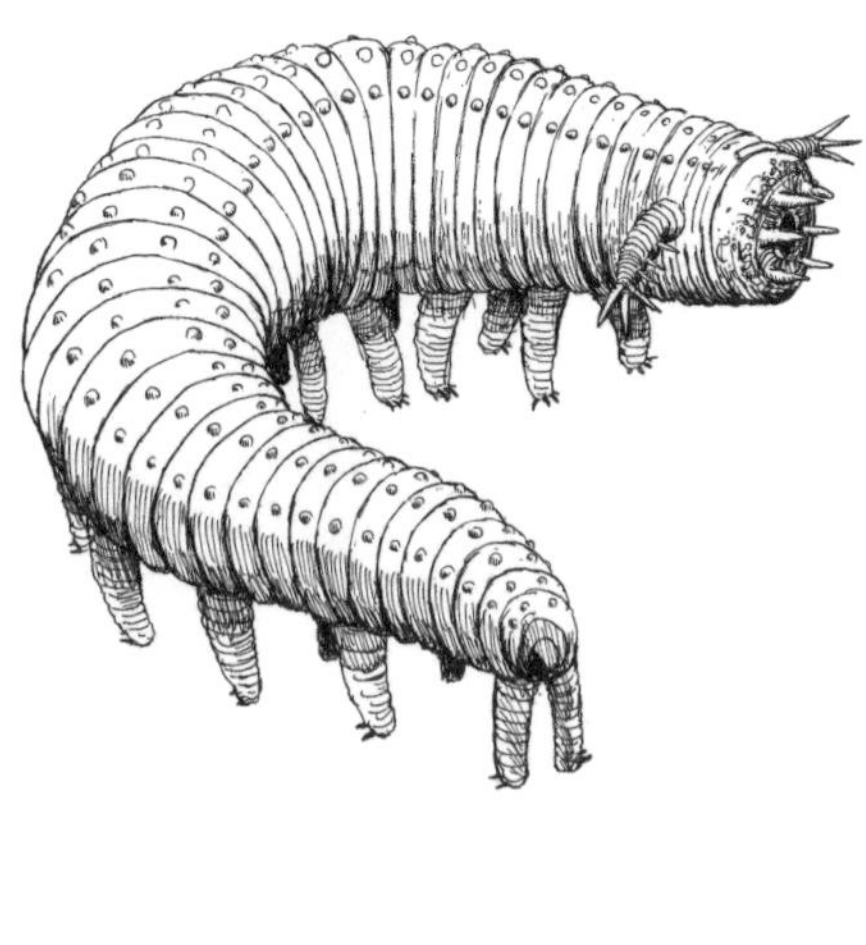

5-11 “はじまりの有爪動物” アイシェアイア

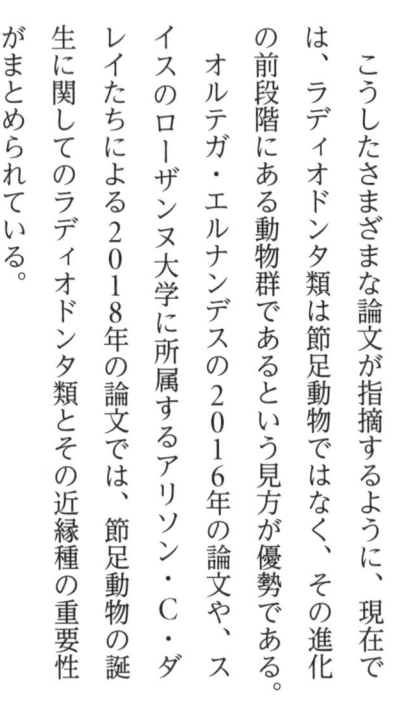

そが、彼らの〝祖先の姿〟だった。

アイシェアイアのような有爪動物の〝一歩先の姿〟は、シリウス・パセットから化石が見つかっているケリグマケラ・キエルケガードアイ（*Kerygmachela kierkegaardi*）5-12やパンブデルリオン・ウィッティントンアイ（*Pambdelurion whittingtoni*）5-13に残る。この2種は、有爪動物特有の逆三角錐のあしをもちながらも、からだの側方にひれを並べていた。頭部か

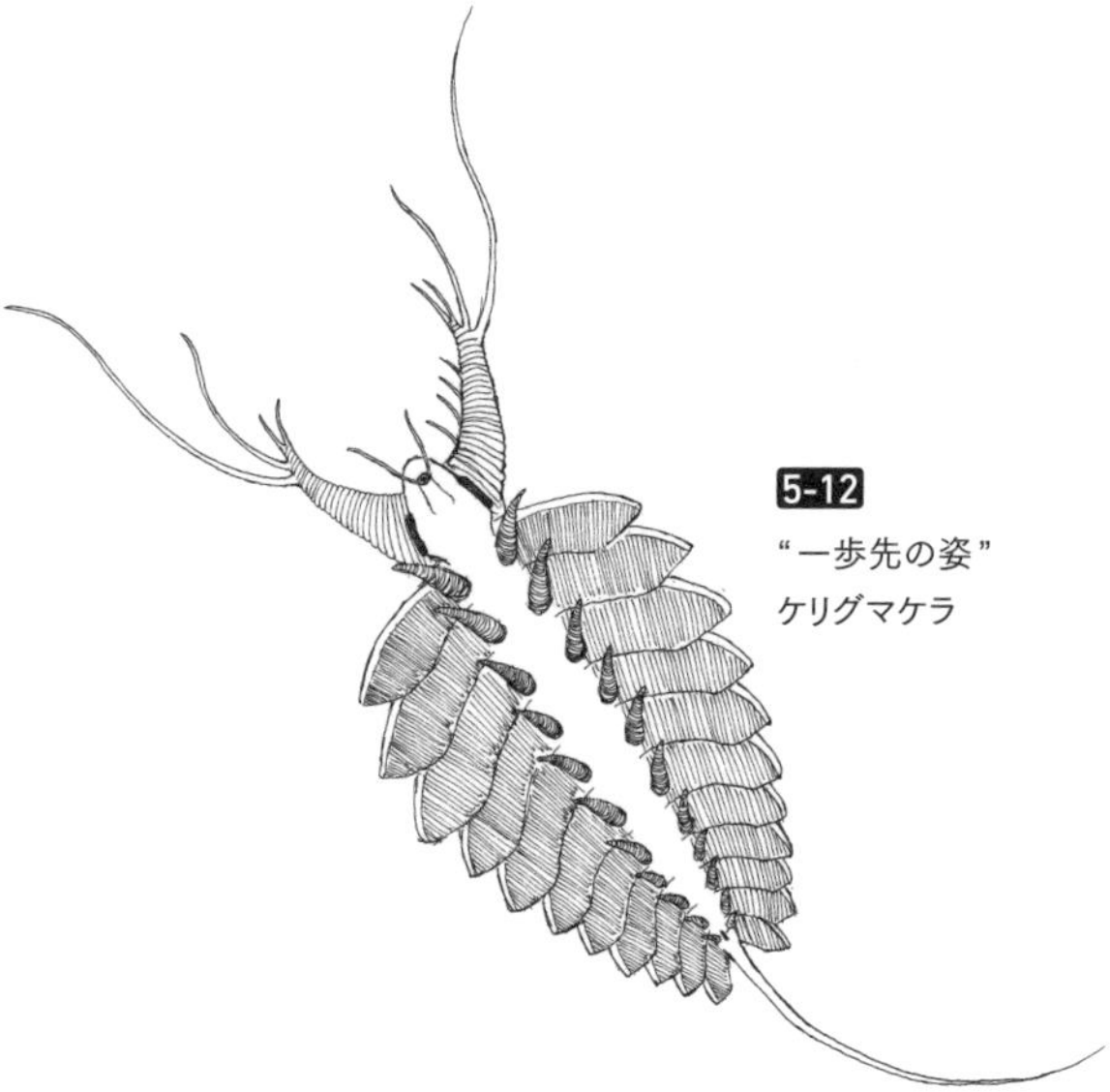

5-12
“一歩先の姿”
ケリグマケラ

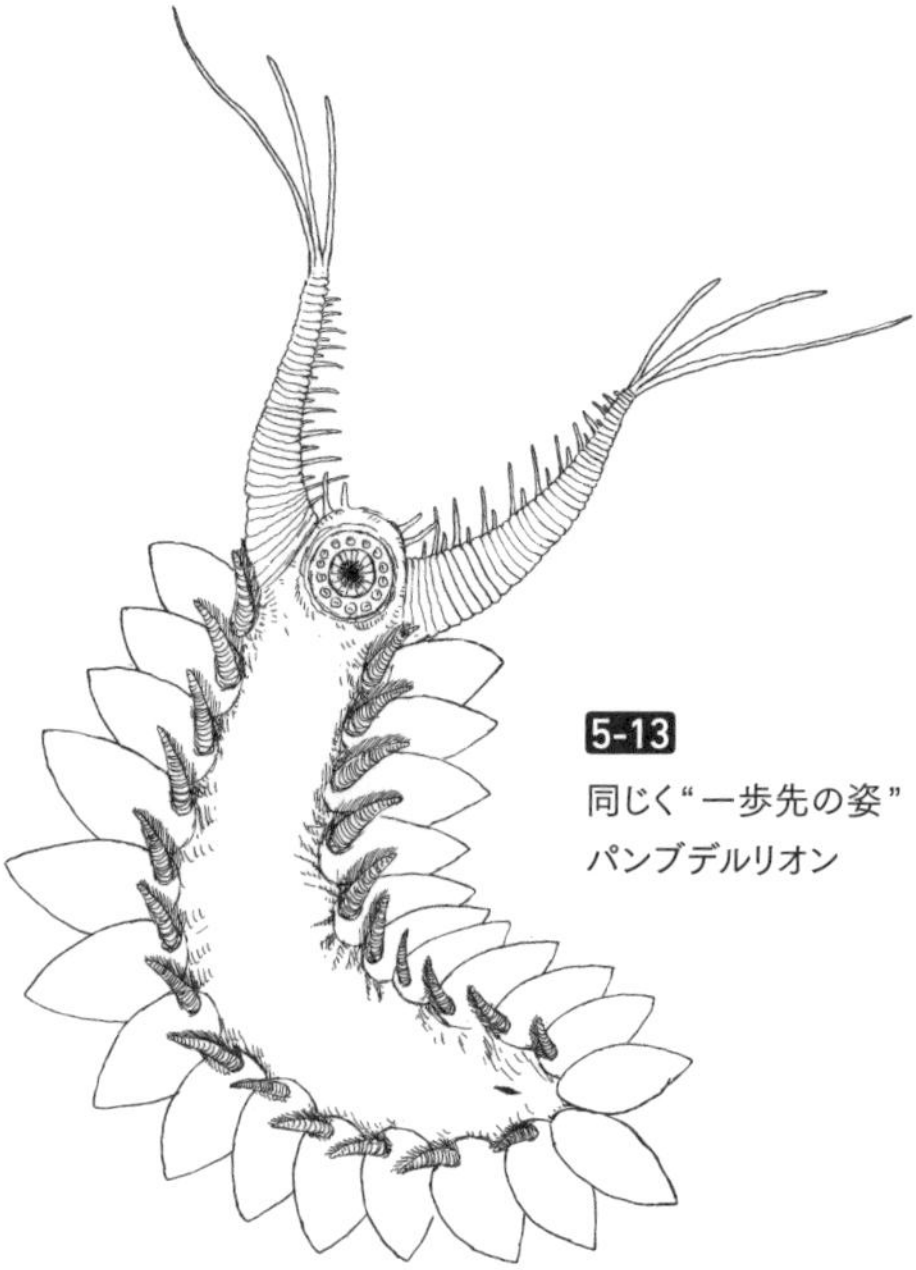

5-13
同じく“一歩先の姿”
パンブデルリオン

ら前方に1対2本の触手（付属肢か付属肢に近いもの）を伸ばし、そしてパンブデルリオンには、プレートを円形に並べた口があった。

その次に位置付けられるのはオパビニア・レガリス 5-14 で、三角錐のあし、えらのあるひ

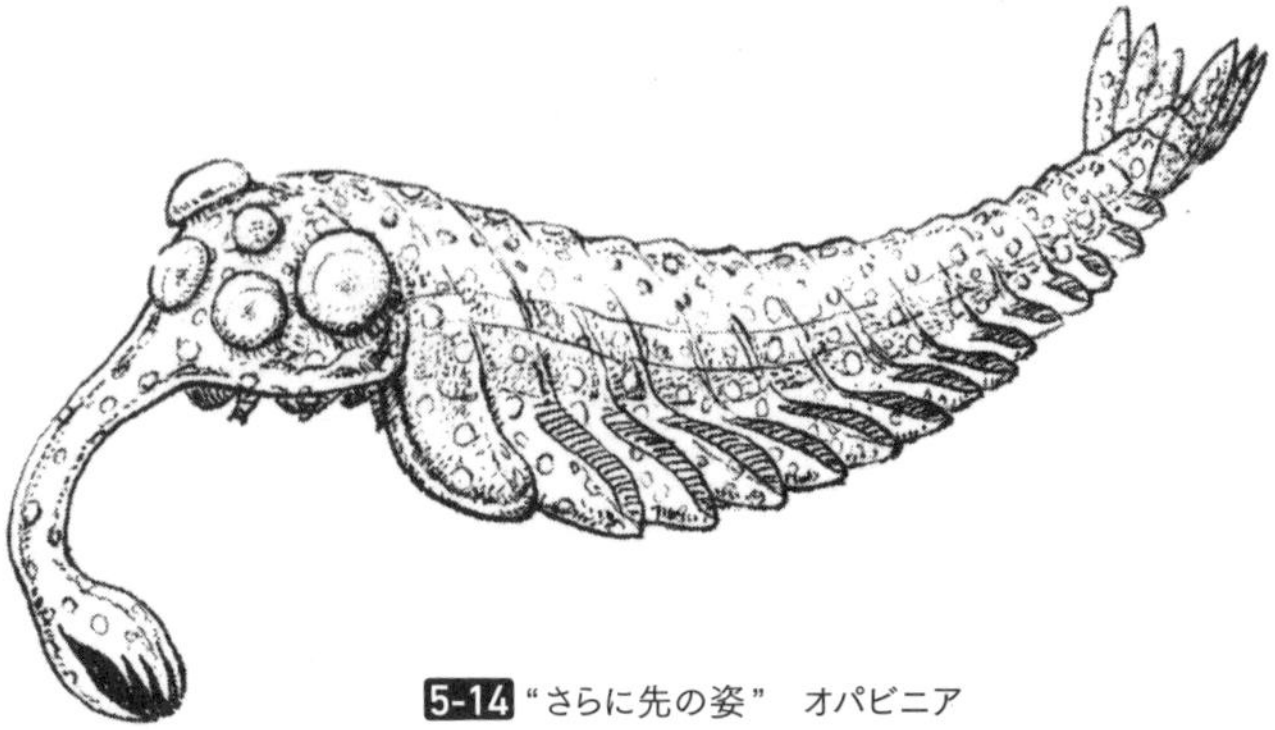

5-14 “さらに先の姿” オパビニア

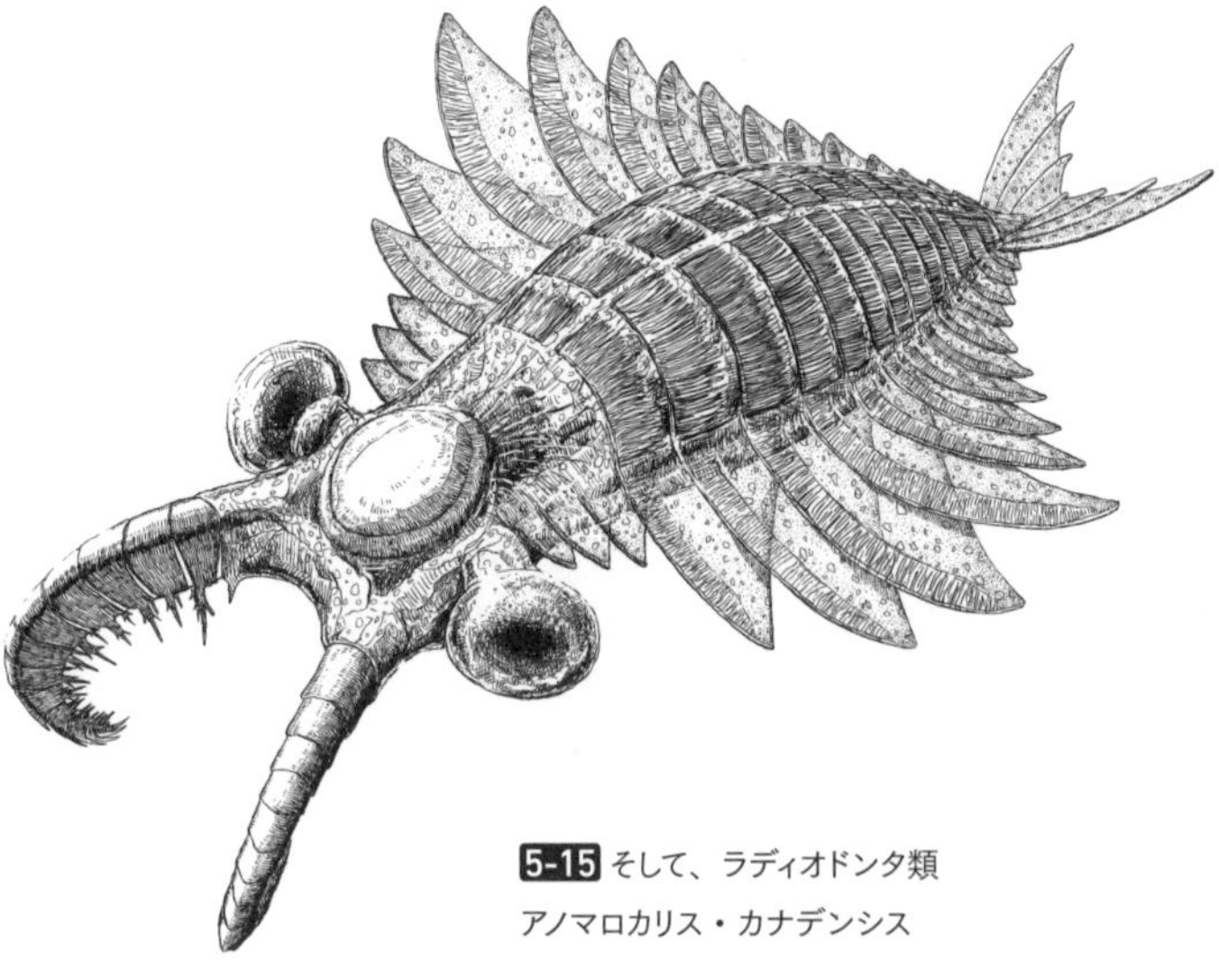

5-15 そして、ラディオドンタ類
アノマロカリス・カナデンシス

れ、摂食用付属肢、円形の口に加え、大きな複眼をもっていた。

そして、ラディオドンタ類は、オパビニアの〝一歩先〟に位置付けられる。カンブリア紀の海において彼らの姿はよほど〝具合が良かった〟ようで、多様化と大型化を遂げ、時代の覇者となった。

アノマロカリス・カナデンシス（*Anomalocaris canadensis*）5-15に代表されるように、彼らは2本の大きな摂食用付属肢をもち、移動はすべてひれに依存していた。大きな眼をもつ種が多く、しかもその眼には、びっしりと細かなレンズが並ぶ（とみられている）。

一方で、エーギロカシス・ベンモウラエ（*Aegirocassis benmoulae*）に代表されるように、節足動物の二肢型付属肢を連想させるような構造もラディオドンタ類には確認されている。ラディオドンタ類のその先は、背側の節構造が発達し、二肢型付属肢をもつようになり、頭部の構造も複雑化するなどの変化を経て、節足動物の誕生となる。

未だ、ラディオドンタ類と節足動物の間には、いくつものミッシングリンク……進化の〝不連続部分〟が存在する。たとえば、エーギロカシスの隣に、当時の代表的な節足動物である三葉虫類を並べてみると、そのギャップはかなり大きいように見える5-16。

ディアニア・カクティフォルミス（*Diania cactiformis*）やシンダーハンネスは、こうしたミッシングリンクとはなり得なかった（と考えられている）けれども、今後の発見と研究によっ

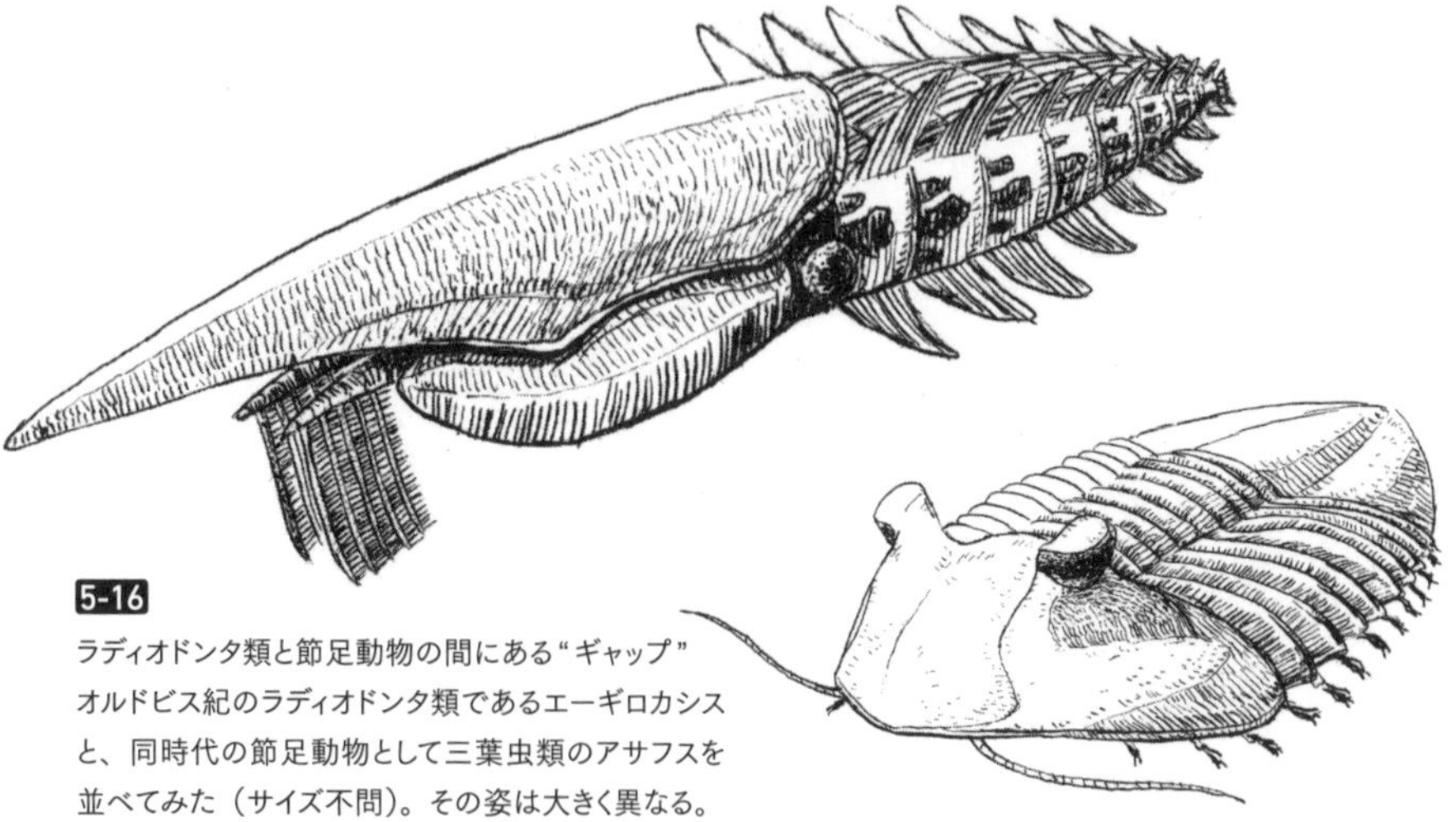

5-16
ラディオドンタ類と節足動物の間にある“ギャップ”
オルドビス紀のラディオドンタ類であるエーギロカシスと、同時代の節足動物として三葉虫類のアサフスを並べてみた（サイズ不問）。その姿は大きく異なる。

て、こうした〝隙き間〟は埋められていくことだろう。

　1990年代まで、研究者たちはラディオドンタ類を「未知の動物門に属するもの」と考えていた。その一方で、ラディオドンタ類のもつ重要性は多くの研究者が指摘してきた。20年を超える歳月を経て、今、その重要性はさらに増しているといえる。

　かつて、ラディオドンタ類の初期の研究で大活躍をしたケンブリッジ・プロジェクトのメンバーの一人、ケンブリッジ大学のサイモン・コンウェイ・モリスは、1997年に日本向けに書き下ろした著書『カンブリア紀の怪物たち』で、次のように触れている。

　アノマロカリスは何か奇怪な新しい門ではなく、節足動物が出現する初期の段階を理解する際に欠かせない化石であることに変わりはない。加えて、たとえそれが動物としては原始的であるにせよ、カンブリア紀の環境では非常に発達した肉食動物であったことも強調しておきたい。

このコンウェイ・モリスの言にこそ、ラディオドンタ類の魅力が濃集しているように筆者は思う。

原始的でありながらも発達した狩人。

そう、実に不思議な魅力をもった動物なのだ。

アノマロカリス、そして、ラディオドンタ類。

研究者のみならず、アマチュアの古生物ファン層もとり込み、注目を集める存在。

この愛すべき動物たちからは、今後も目を離せそうにない。

もっと詳しく知りたい読者のための参考資料

本書を執筆するにあたり、とくに参考にした主要な文献は以下の通り。本書に登場する年代値は、とくに断りのないかぎり、International Commission on Stratigraphy, 2019/05, INTERNATIONAL STRATIGRAPHIC CHART を使用している。

第1部　第1章

一般書籍

『エディアカラ紀・カンブリア紀の生物』監修：群馬県立自然史博物館，著：土屋 健，2013年刊行，技術評論社
『海洋生命5億年史』監修：田中源吾，冨田武照，小西卓哉，田中嘉寛，著：土屋 健，2018年刊行，文藝春秋
『カンブリア紀の怪物たち』著：サイモン・コンウェイ・モリス，1997年刊行，講談社現代新書
『小学館の図鑑 NEO 魚』監修：井田齊，松浦啓一，2003年刊行，小学館
『ワンダフル・ライフ』著：スティーヴン・ジェイ・グールド，1993年刊行，早川書房
『Wonderful Life』著：Stephen Jay Gould,1989年刊行,W W Norton & Co Inc

WEBサイト

The Burgess Shale, http://burgess-shale.rom.on.ca/

学術論文など

Allison C. Daley, 2013, Anomalocaridids, Current Biology, vol.23, no.19, R860-R861
Allison C. Daley, 2010, The morphology and evolutionary significance of the anomalocaridids. Acta Universitiatis Upsaliensis. Digital Comprehensive Summaries of Uppsala Dissertations from the Faculty of Science and Technology, 714, 40p.
Allison C. Daley, Gregory D. Edgecombe, 2014, Morphology of *Anomalocaris canadensis* from the Burgess Shale, Journal of Paleontology, 88(1), p68-91
Allison C. Daley, Jan Bergström, 2012, The oral cone of *Anomalocaris* is not a classic "peytoia", Naturwissenschaften, 99, p501–504
Allison C. Daley, John R. Paterson, Gregory D. Edgecombe, Diego C. García - Bellido, James B. Jago, 2013, New anatomical information on *Anomalocaris* from the Cambrian Emu Bay Shale of South Australia and a reassessment of its inferred predatory habits, Palaeontology, p1-20
Charles D. Walcott, 1911, Cambrian Geology and Paleontology II, No.2.-Middle Cambrian Merostomata, Smithonian Miscellaneous Collections, vol.57, no.2
Charles D. Walcott, 1911, Cambrian Geology and Paleontology II, No.3.-Middle Cambrian Holothurians and Medusa, Smithonian Miscellaneous Collections, vol.57, no.3
Charles D. Walcott, 1912, Cambrian Geology and Paleontology II, No.6.-Middle Cambrian Branchiopoda, Malacostraca, Trilobita, and Merostomata, Smithonian Miscellaneous Collections, vol.57, no.6
D. E. G. Briggs, 1979, *Anomalocaris*, the largest known Cambrian arthropod, Paleontology, vol.22, Part.3, p631-664
Desmond Collins, 1996, The "evolution" of *Anomalocaris* and its classification in the Arthropod class Dinocarida(nov.) and order Radiodonta(nov.) , J. Paleont, 70(2), p280-293
H. B. Whittington, F.R.S., D. E. G. Briggs, 1985, The largest Cambrian animal, *Anomalocaris*, Burgess shale, British Columbia, Phil. Trans. R. Soc. Lond., B 309, p569-609
J. F. Whiteaves, 1892, Description of a New Genus and Species of Phyllocarid Crustacea from the Middle Cambrian of Mount Stephen, B.C., THE CANADIAN RECORD OF SCIENCE, vol.5, no.4, p205-208
John R. Peterson, Diego C. García - Bellido,Michael S. Y. Lee,Glenn A. Brock,James B. Jago, Gregory D. Edgecombe,2011,Acute vision in the giant Cambrian predator *Anomalocaris* and the origin f compound eyes, Nature, vol. 480,p237-240
L. Størmer, 1944, On the relationships and phylogeny of fossil and recent Arachnomorpha. Norsk Videnskaps-Akademi Skrifter I. Matematisk-Naturvidenskaplig Klasse, 5: 1-158.

Paul A. Johnston, Stanley B. Keith, Kimberley J. Johnston, 2017, The *Ogygopsis* shale-Old rocks, new thoughts, Twenty-first Annual Symposium, Abstracts

第1部　第2章

一般書籍

『エディアカラ紀・カンブリア紀の生物』監修：群馬県立自然史博物館，著：土屋 健，2013年刊行，技術評論社

『生命40億年はるかな旅2 進化の不思議な大爆発 魚たちの上陸作戦』著：NHK取材班，1994年刊行，NHK出版

『世界サメ図鑑』著：スティーブ・パーカー，2010年刊行，ネコパブリッシング

『バージェス頁岩化石図譜』著：Derek E. G. Briggs, Douglas H. Erwin, Fredrick J. Collier, 2003年刊行，朝倉書店

『ワンダフル・ライフ』著：スティーヴン・ジェイ・グールド，1993年刊行，早川書房

WEBサイト

Cambrian's fiercest hunter defanged, Nature News, 7/Aug./2009, https://www.nature.com/news/2009/090807/full/news.2009.811.html

Earh's First Great Predator Wasn't: Carnivorous 'Shrimp' Not So Fierce, 3-D Model Shows,8/Nov./2010,ScienceDaily, http://www.sciencedaily.com/releases/2010/11/101101083148.htm

Giant Vicious-Looking Ancient Shrimp Was a Disappointing Wimp, 3/Nov./2010, WIRED, https://www.wired.com/2010/11/anomalocaris-trilobite-bite/

The Burgess Shale, http://burgess-shale.rom.on.ca/

学術論文など

Allison C. Daley, 2013, Anomalocaridids, Current Biology, vol.23, no.19, R860-R861

Allison C. Daley, Jan Bergström, 2012, The oral cone of *Anomalocaris* is not a classic "peytoia", Naturwissenschaften, 99, p501–504

Allison C. Daley, John Peel, 2010, A possible anomalocaridid from the Cambrian Sirius Passet Lagerstätte, North Greenland, J. Paleont, 84(2), p352-355

Charles D. Walcott, 1912, Cambrian Geology and Paleontology II, No.6.-Middle Cambrian Branchiopoda, Malacostraca, Trilobita, and Merostomata, Smithonian Miscellaneous Collections, vol.57, no.6

Christopher Nedin, 1999, *Anomalocaris* predation on non mineralized and mineralized trilobites, Geology, vol.27, no.11, p987-990

D. E. G. Briggs, 1979, *Anomalocaris*, the largest known Cambrian arthropod, Paleontology, vol.22, Part.3, p631-664

Desmond Collins, 1996, The "evolution" of *Anomalocaris* and its classification in the Arthropod class Dinocarida(nov.) and order Radiodonta(nov.)　, J. Paleont, 70(2), p280-293

H. B. Whittington, F.R.S., D. E. G. Briggs, 1985, The largest Cambrian animal, *Anomalocaris*, Burgess shale, British Columbia, Phil. Trans. R. Soc. Lond., B 309, p569-609

James W. Hagadorn, 2009, Taking a bite out of Anomalocarism, Abstract volume, International Conference on the Cambrian Explosion Walcott 2009, p33-34

J. F. Whiteaves, 1892, Description of a New Genus and Species of Phyllocarid Crustacea from the Middle Cambrian of Mount Stephen, B.C., THE CANADIAN RECORD OF SCIENCE, vol.5, no.4, p205-208

John R. Peterson, Diego C. García－Bellido,Michael S. Y. Lee,Glenn A. Brock,James B. Jago, Gregory D. Edgecombe,2011,Acute vision in the giant Cambrian predator *Anomalocaris* and the origin f compound eyes,Nature,vol. 480,p237-240

K. A. Sheppard, D. E. Rival, J.-B. Caron,2018, On the Hydrodynamics of *Anomalocaris* Tail Fins, Integrative and Comparative Biology, vol.58, no.4, p.703–711

Schottenfeld, Mariel T., 2009,Biomechanics of the mouth apparatus of anomalocaris: Could it have eaten trilobites?,Geological Society of America Abstracts with Programs, vol. 41, no.3, p16

第2部　第1章

一般書籍

『生命40億年はるかな旅2 進化の不思議な大爆発 魚たちの上陸作戦』著：NHK取材班，1994年刊行，NHK出版
『カンブリア紀の怪物たち』著：サイモン・コンウェイ・モリス，1997年刊行，講談社現代新書
『ワンダフル・ライフ』著：スティーヴン・ジェイ・グールド，1993年刊行，早川書房
『Wonderful Life』著：Stephen Jay Gould,1989年刊行,W W Norton & Co Inc

第2部　第2章

一般書籍

『エディアカラ紀・カンブリア紀の生物』監修：群馬県立自然史博物館，著：土屋 健，2013年刊行，技術評論社
『学研の図鑑LIVE　古生物』監修：加藤太一，2017年刊行，学研プラス
『古生物食堂』監修：松郷庵甚五郎二代目，古生物食堂研究者チーム，著：土屋 健，絵:黒丸，技術評論社
『小学館の図鑑NEO　大むかしの生物』監修：日本古生物学会，2004年刊行，小学館
『絶滅酒場1』著：黒丸，2017年刊行，少年画報社
『ドラえもん　もっと！　ふしぎのサイエンス　Vol.7』2015年刊行，小学館
『ポプラディア大図鑑WONDA　大昔の生きもの』監修：大橋智之，奥村よほ子，川辺文久，木村敏之，小林快次，高桑祐司，中島 礼，著：土屋 健，ポプラ社

雑誌記事

カンブリア紀の奇妙な動物たち，解説・写真:サイモン・コンウェイ・モリス，Newton，1991年4月号
カンブリア紀の知られざるモンスター，小畠郁生，Newton，1995年2月号
大特集 地球PART3 生命誕生，協力：濱田隆士，諏訪 元，冨田幸光，尾本恵市，Newton，1995年7月号
デジタル・ロストワールド計画が進行中，編集部，Newton，2004年6月号
Newton創刊200号記念特集 地球創造の150億年 PART2 地球史46億年，監修・執筆:松井孝典，協力：冨田幸光，Newton，1998年3月号
NEWTON SPECIAL 古生物盛衰のミステリー，Newton，1987年12月号
NEWTON SPECIAL 進化のビッグバン，協力：大野照文，宮田 隆，川上紳一，宇佐美義之，遠藤一佳，鈴木雄太郎，田中源吾，更科 功，アンドリュー・パーカー，舒徳干，Newton，2007年5月号

第2部　第3章

一般書籍

『広辞苑 第七版 ONEWING版』編：新村 出，2018年，岩波書店
『チョコラザウルス公式ファンブック ダイノテイルズシリーズ2』2001年刊行，NTT出版

WEBサイト

アノマロカリスなどのカンブリア紀古生物の柄の花札を作りたい!，Readyfor，https://readyfor.jp/projects/cambria_hanahuda
博物ふぇすてぃばる！　https://www.hakubutufes.info

第3部　第1章

一般書籍

『エディアカラ紀・カンブリア紀の生物』監修：群馬県立自然史博物館，著：土屋 健，2013年刊行，技術評論社
『古生物学事典 第2版』編集：日本古生物学会，2010年刊行，朝倉書店
『最新 地球史がよくわかる本［第2版］』著：川上紳一・東條文治，2009年刊行，秀和システム
『生命40億年全史』著：リチャード・フォーティ，2003年刊行，草思社
『生命と地球の進化アトラス1』著：リチャード・T・J・ムーディ，アンドレイ・ユウ・ジュラヴリョフ，2003年刊行，朝倉書店

『生命と地球の進化アトラス2』著：ドゥーガル・ディクソン，2003年刊行，朝倉書店
『はじめての地学・天文学史』編著：矢島道子，和田純夫，2004年刊行，ペレ出版

WEBサイト

The Burgess Shale, http://burgess-shale.rom.on.ca/

学術論文など

Carlton E. Brett, Sally E. Walker, 2002, Predators and predation in Paleozoic marine environments, PALEONTOLOGICAL SOCIETY PAPERS, vol.8, p93-118
David A. Legg, Stece Pates, 2016, A restudy of *Utahcaris orion* (Euarthropoda) from the Spence Shale (Middle Cambrian, Utah, USA), Geol. Mag., p1-6
Jennifer A. Dunne, Richard J. Williams, Neo D. Martinez, Rachel A. Wood, Douglas H. Erwin, 2008, Compilation and Network Analyses of Cambrian Food Webs, PLoS Biology, vol.6, Issue4, e102
Robert A. Berner, 2006, GEOCARBSULF: A combined model for Phanerozoic atmospheric O2 and CO2, Geochimica et Cosmochimica Acta, vol.70, p5653–5664
Robert R. Gainesa, Emma U. Hammarlundb, Xianguang Hou, Changshi Qi, Sarah E. Gabbott, Yuanlong Zhaog, Jin Pengg, Donald E. Canfield,2012,Mechanism for Burgess Shale-type preservation,PNAS,vol.109,no.14,p5180-5184
Shanan E. Peters, Robert R. Gains, 2012, Formation of the 'Great Unconformity' as a trigger for the Cambrian explosion, Nature, vol.484, p363-366

第3部　第2章

一般書籍

『エディアカラ紀・カンブリア紀の生物』監修：群馬県立自然史博物館，著：土屋 健，2013年刊行，技術評論社
『化石になりたい』監修：前田晴良，著：土屋 健，2018年刊行，技術評論社
『古生物たちの不思議な世界』協力：田中源吾，著：土屋 健，2017年刊行，講談社
『澄江生物群化石図譜』著：X・ホウ，R・J・アルドリッジ，J・ベルグストレーム，ディヴィッド・J・シヴェター，デレク・J・シヴェター，X・フェン，2008年刊行，朝倉書店
『The Cambrian Fossils of Chengjiang, China. 2nd Edition』著：Hou Xian-Guang, David J. Siveter, Derek J. Siveter Richard J. Aldridge, Cong Pei-Yun, Sarah E. Gabbott, Ma Xiao-Ya, Mark A. Purnell, Mark Williams, 2017年刊行, Wiley-Blackwell

WEBサイト

The Burgess Shale, http://burgess-shale.rom.on.ca/

学術論文など

Han Zeng, Fangchen Zhao, Zongjun Yin, Maoyan Zhu, 2017, Morphology of diverse radiodontan head sclerites from the early Cambrian Chengjiang Lagerstätte, southwest China, Journal of Systematic Palaeontology, DOI: 10.1080/14772019.2016.1263685
Hou Xian-Guang, Jan Bergström, 1995, *Anomalocaris* and other large animals in the Lower Cambrian Chengjiang fauna of southwest China, GFF, vol.117, p163-183
Jin Guo, Stephen Pates, Peiyun Cong, Allison C. Daley, Gregory D. Edgecombe, Taimin Chen, Xianguang Hou, 2018, A new radiodont (stem Euarthropoda) frontal appendage with a mosaic of characters from the Cambrian (Series 2 Stage 3) Chengjiang biota, Papers in Palaeontology, p1-12
Paul A. Johnston, Stanley B. Keith, Kimberley J. Johnston, 2017, The Ogygopsis shale-Old rocks, new thoughts, Twenty-first Annual Symposium, Abstracts

第4部　第0章

一般書籍

『Arthropod Biology and Evolution』編：Alessandro Minelli, Geoffrey Boxshall, Giuseppe Fusso,2013年刊行, Springer

学術論文など

Allison C. Daley, 2013, Anomalocaridids, Current Biology, vol.23, no.19, R860-R861

Allison C. Daley, Graham E. Budd, 2010, New anomalocaridid appendages from the Burgess Shale, Canada, Palaeontology, vol.53, Part4, p721–738

Allison C. Daley, John R. Paterson, Gregory D. Edgecombe, Diego C. García – Bellido, James B. Jago, 2013, New anatomical information on *Anomalocaris* from the Cambrian Emu Bay Shale of South Australia and a reassessment of its inferred predatory habits, Palaeontology, p1-20

Desmond Collins, 1996, The "evolution" of *Anomalocaris* and its classification in the Arthropod class Dinocarida(nov.) and order Radiodonta(nov.)　, J. Paleont, 70(2), p280-293

Jakob Vinther, Martin Stein, Nicholas R. Longrich, David A. T. Harper, 2014, 'A suspension-feeding anomalocarid from the Early Cambrian, Nature, vol.507, p496-499

Peter Van Roy, Allison C. Daley, Derek E. G. Briggs, 2015, Anomalocaridid trunk limb homology revealed by a giant filter-feeder with paired flaps, Nature, vol.522, p77-80

Rudy Lerosey-Aubril, Stephen Pates, 2018, New suspension-feeding radiodont suggests evolution of microplanktivory in Cambrian macronekton, Nature Communications, vol.9, Article no.3774

第4部　第1章　第1節

一般書籍

『The Cambrian Fossils of Chengjiang, China. 2nd Edition』著：Hou Xian-Guang, David J. Siveter, Derek J. Siveter Richard J. Aldridge, Cong Pei-Yun, Sarah E. Gabbott, Ma Xiao-Ya, Mark A. Purnell, Mark Williams, 2017年刊行,Wiley-Blackwell

『Cambrian Ocean World』著：John Foster, 2014年刊行,Indiana University Press

学術論文など

Allison C. Daley, 2010, The morphology and evolutionary significance of the anomalocaridids. Acta Universitiatis Upsaliensis. Digital Comprehensive Summaries of Uppsala Dissertations from the Faculty of Science and Technology, 714, 40p.

Jakob Vinther, Martin Stein, Nicholas R. Longrich, David A. T. Harper, 2014, 'A suspension-feeding anomalocarid from the Early Cambrian, Nature, vol.507, p496-499

Jin Guo, Stephen Pates, Peiyun Cong, Allison C. Daley, Gregory D. Edgecombe, Taimin Chen, Xianguang Hou, 2018, A new radiodont (stem Euarthropoda) frontal appendage with a mosaic of characters from the Cambrian (Series 2 Stage 3) Chengjiang biota, Papers in Palaeontology, p1-12

Peiyun Cong, Allison C. Daley, Gregory D. Edgecombe, Xianguang Hou, 2017, The functional head of the Cambrian radiodontan (stem-group Euarthropoda) *Amplectobelua symbrachiata*, Evolutionary Biology, 17:208

Rudy Lerosey-Aubril, Stephen Pates, 2018, New suspension-feeding radiodont suggests evolution of microplanktivory in Cambrian macronekton, Nature Communications, vol.9, Article no.3774

第4部　第1章　第2節

一般書籍

『生命史図譜』監修：群馬県立自然史博物館，著：土屋 健，2017年刊行，技術評論社

『The Cambrian Fossils of Chengjiang, China. 2nd Edition』著：Hou Xian-Guang, David J. Siveter, Derek J. Siveter Richard J. Aldridge, Cong Pei-Yun, Sarah E. Gabbott, Ma Xiao-Ya, Mark A. Purnell, Mark Williams, 2017年刊行,Wiley-Blackwell

学術論文など

Jianni Liu, Rudy Lerosey-Aubril, Michael Steiner, Jason A. Dunlop, Degan Shu, John R. Paterson, 2018, Origin of raptorial feeding in juvenile euarthropods revealed by a Cambrian radiodontan, National Science Review, vol.5, p863–869

Peiyun Cong, Allison C. Daley, Gregory D. Edgecombe, Xianguang Hou, and Ailin Chen, 2016, Morphology of the Radiodontan *Lyrarapax* from the Early Cambrian Chengjiang Biota,Journal of Paleontology, vol.90, no.4, p663-671

Peiyun Cong,Xiaoya Ma,Xianguang Hou, Gregory D. Edgecombe, Nicholas J. Strausfeld,2014,Brain structure resolves the segmental affinity of anomalocaridid appendages,Nature,vol.513,p538-542

第4部　第1章　第3節

学術論文など

Allison C. Daley, John S. Peel, 2015, A possible anomalocaridid from the Cambrian Sirius Passet Lagerstätte, North Greenland, Journal of Paleontology, vol.84, no.4, p663-671

Jakob Vinther, Martin Stein, Nicholas R. Longrich, David A. T. Harper,2014,A suspension-feeding anomalocarid from the Early Cambrian,Nature,vol.507,p496-499

第4部　第1章　第4節

一般書籍

『エディアカラ紀・カンブリア紀の生物』監修：群馬県立自然史博物館，著：土屋 健，2013年刊行，技術評論社

『Cambrian Ocean World』著：John Foster, 2014年刊行, Indiana University Press

WEBサイト

The Burgess Shale, http://burgess-shale.rom.on.ca/

学術論文など

Allison C. Daley, Graham E. Budd,Jean-Bernard Caron,Gregory D. Edgcombe,Desmond Collins,2009,The Burgess Shale Anomalocaridid *Hurdia* and Its Significance for Early Euarthropod Evolution-Science,vol. 323,no. 5921,p1597-1600

Allison C. Daley, Graham E. Budd, Jean-Bernard Caron, 2013, Morphology and systematics of the anomalocaridid arthropod *Hurdia* from the Middle Cambrian of British Columbia and Utah, Journal of Systematic Palaeontology, vol.11, p643-787

Allison C. Daley, Jan Bergström, 2012, The oral cone of *Anomalocaris* is not a classic ''peytoia'', Naturwissenschaften, 99, p501–504

Stephen Pates, Allison C. Daley, Bruce Lieberman, 2017, Hurdiid radiodontans from the middle Cambrian 1 (Series 3) of Utah, Journal of Paleontology, vol.92, Special Issue1, p99-113

第4部　第1章　第5節

一般書籍

『Cambrian Ocean World』著：John Foster, 2014年刊行, Indiana University Press

WEBサイト

The Burgess Shale, http://burgess-shale.rom.on.ca/

第4部　第1章　第6節

一般書籍

『エディアカラ紀・カンブリア紀の生物』監修：群馬県立自然史博物館，著：土屋 健，2013年刊行，技術評論社

『古生物学事典 第2版』編集：日本古生物学会，2010年刊行，朝倉書店

WEBサイト

The Burgess Shale, http://burgess-shale.rom.on.ca/

学術論文など

Jean-Bernard Caron , Robert R. Gaines, M. Gabriela Mángano, Michael Streng, Allison C. Daley, 2010, A new Burgess Shale–type assemblage from the "thin" Stephen Formation of the southern Canadian Rockies, Geology, vol.38, no.9, p811-814

José A. Gámez Vintaned, Andrey Y. Zhuravlev, 2018, Comment on "*Aysheaia prolata* from the Utah Wheeler Formation (Drumian, Cambrian) is a frontal appendage of the radiodontan Stanleycaris" by Stephen Pates, Allison C. Daley, and Javier Ortega-Hernández, Acta Palaeontologica Polonica, 63 (1), 103–104

Stephen Pates, Allison C. Daley, Javier Ortega-Hernández, 2017, *Aysheaia prolata* from the Utah Wheeler Formation (Drumian, Cambrian) is a frontal appendage of the radiodontan *Stanleycaris*, Acta Palaeontologica Polonica, 62 (3), 619–625.

Stephen Pates, Allison C. Daley, Javier Ortega-Hernández, 2018, Reply to Comment on "*Aysheaia prolata* from the Utah Wheeler Formation (Drumian, Cambrian) is a frontal appendage of the radiodontan Stanleycaris" with the formal description of *Stanleycaris*, Acta Palaeontologica Polonica, 63 (1), 105–110

第4部　第1章　第7節

一般書籍

『Cambrian Ocean World』著：John Foster, 2014年刊行, Indiana University Press

WEBサイト

The Burgess Shale, http://burgess-shale.rom.on.ca/

学術論文など

Peter Van Roy, Allison C. Daley, Derek E. G. Briggs, 2015, Anomalocaridid trunk limb homology revealed by a giant filter-feeder with paired flaps, Nature, vol.522, p77-80

Rudy Lerosey-Aubril, Stephen Pates, 2018, New suspension-feeding radiodont suggests evolution of microplanktivory in Cambrian macronekton, Nature Communications, vol.9, Article no.3774

Stephen Pates, Allison C. Daley, 2017, *Caryosyntrips*: a radiodontan from the Cambrian of Spain, USA and Canada, Papers in Palaeontology, vol.3, Issue3, p461-470

第4部　第1章　第8節

WEBサイト

A voracious Cambrian predator, Cambroraster, is a new species from the Burgess Shale,31/July/2019,ScienceDaily, https://www.sciencedaily.com/releases/2019/07/190731155943.htm

This newfound predator may have terrorized the Cambrian seafloor, ScienceNews, 30/July/2019, https://www.sciencenews.org/article/newfound-predator-may-have-terrorized-cambrian-seafloor

学術論文など

J. Moysiuk, J.-B. Caron, 2019, A new hurdiid radiodont from the Burgess Shale evinces the exploitation of Cambrian infaunal food sources. Proc. R. Soc. B 286: 20191079

Jin Guo, Stephen Pates, Peiyun Cong, Allison C. Daley, Gregory D. Edgecombe, Taimin Chen, Xianguang Hou, 2018, A new radiodont (stem Euarthropoda) frontal appendage with a mosaic of characters from the Cambrian (Series 2 Stage 3) Chengjiang biota, Papers in Palaeontology, p1-12

Rudy Lerosey-Aubril, Stephen Pates, 2018, New suspension-feeding radiodont suggests evolution of microplanktivory in Cambrian macronekton, Nature Communications, vol.9, Article no.3774

Stephen Pates, Allison C. Daley, Nicholas J. Butterfield, 2017, First report of paired ventral endites in a hurdiid radiodont, Zoological Letters, 5:18, https://doi.org/10.1186/s40851-019-0132-4

Wang YuanYuan, Huang DiYing, Hu ShiXue, 2013, New anomalocaridid frontal appendages from the Guanshan biota, eastern Yunnan, Chin. Sci, Bull., vol.58, no.32, p3937-3942

第4部 第2章

一般書籍

『オルドビス紀・シルル紀の生物』監修：群馬県立自然史博物館，著：土屋 健,2013年刊行,技術評論社
『海洋生命5億年史』監修：田中源吾，冨田武照，小西卓哉，田中嘉寛，著：土屋 健，2018年刊行，文藝春秋
『古生物たちの不思議な世界』協力：田中源吾，著：土屋 健，2017年刊行，講談社
『生命と地球の進化アトラス1』著：リチャード・T・J・ムーディ，アンドレイ・ユウ・ジュラヴリョフ，2003年刊行，朝倉書店

学術論文など

James C. Lamsdell, Derek E. G. Briggs, Huaibao P. Liu, Brian J. Witzke, Robert M. McKay, 2015, The oldest described eurypterid: a giant Middle Ordovician (Darriwilian) megalograptid from the Winneshiek Lagerstätte of Iowa,BMC Evolutionary Biology, 15:169
Peter Van Roy, Allison C. Daley, Derek E. G. Briggs, 2015, Anomalocaridid trunk limb homology revealed by a giant filter-feeder with paired flaps, Nature, vol.522, p77-80

第4部 第3章

一般書籍

『デボン紀の生物』監修：群馬県立自然史博物館，著：土屋 健，2014年刊行，技術評論社
『海洋生命5億年史』監修：田中源吾，冨田武照，小西卓哉，田中嘉寛，著：土屋 健，2018年刊行，文藝春秋
『古生物たちの不思議な世界』協力：田中源吾，著：土屋 健，2017年刊行，講談社

WEBサイト

Ancient sea creatures filtered food like modern whales, 26/Mar/2014, University of BRISTOL NEWS, http://www.bristol.ac.uk/news/2014/march/ancient-sea-creatures.html
Extinct creature holds clues to marine diversity, 14/Sep/2018, University of New England Connect, https://www.une.edu.au/connect/news/2018/09/cambrian-clues-diversity

学術論文など

Gabriele Kühl, Derak E. G. Briggs, Jes Rust, 2009, A great-appendage arthropod with a radial mouth from the Lower Devonian Hunsrück Slate, Germany, Science, vol.323, p771-773
J. Moysiuk, J.-B. Caron, 2019, A new hurdiid radiodont from the Burgess Shale evinces the exploitation of Cambrian infaunal food sources. Proc. R. Soc. B 286: 20191079
Jes Rust, Alexandra Bergmann, Christoph Bartels, Brigitte Schoenemann, Stephanie Sedlmeyer, Gabriele Kühl, 2016, The Hunsrück Biota: A Unique Window into the Ecology of Lower Devonian Arthropods, Arthropod Structure and Development, doi: 10.1016/j.asd.2016.01.004
Rudy Lerosey-Aubril, Stephen Pates, 2018, New suspension-feeding radiodont suggests evolution of microplanktivory in Cambrian macronekton, Nature Communications, vol.9, Article no.3774

第5部 第1章

WEBサイト

The Burgess Shale, http://burgess-shale.rom.on.ca/

学術論文など

Allison C. Daley, 2010, The morphology and evolutionary significance of the anomalocaridids. Acta Universitiatis Upsaliensis. Digital Comprehensive Summaries of Uppsala Dissertations from the Faculty of Science and Technology, 714, 40p.

Derek E. G. Briggs, 2015, Extraordinary fossils reveal the nature of Cambrian life: a commentary on Whittington (1975) 'The enigmatic animal *Opabinia regalis*, Middle Cambrian, Burgess Shale, British Columbia'. Phil. Trans. R. Soc. B 370 : 20140313.

Derek E. G. Briggs, Christopher Nedin, 1997, The taphonomy and affinities of the problematic fossil *Myoscolex* from the Lower Cambrian Emu Bay Shale of South Australia, J. Paleont, 71(1), p22-32

Desmond Collins, 1996, The "evolution" of *Anomalocaris* and its classification in the Arthropod class Dinocarida(nov.) and order Radiodonta(nov.) , J. Paleont, 70(2), p280-293

Graham E. Budd, 1996,The morphology of *Opabinia regalis* and reconstruction of the arthropod stem-group,LETHAIA,vol. 29,1-14

Graham E. Budd, Allison C. Daley, 2012, The lobes and lobopods of *Opabinia regalis* from the middle Cambrian Burgess Shale. Lethaia, Vol. 45, pp. 83–95

Jean Vannier, Jianni Liu, Rudy Lerosey-Aubril, Jakob Vinther, Allison C. Daley, 2014, Sophisticated digestive systems in early arthropods, Nature Communications, vol.5, Article no.3641

第5部　第2章

一般書籍

『エディアカラ紀・カンブリア紀の生物』監修：群馬県立自然史博物館，著：土屋 健，2013年刊行，技術評論社

WEBサイト

5億年前の肉食動物，「意外な脳」が明らかに，2018年3月14日，NATIONAL GEOGRAPHIC News,https://natgeo.nikkeibp.co.jp/atcl/news/18/031300114/

学術論文など

Fletcher J. Young, Jakob Vinther, 2016, Onychophoran – like myoanatomy of the Cambrian gilled lobopodian *Pambdelurion whittingtoni*, Palaeontology, vol.60, Issue1, p27-54

Graham E. Budd,1993,A Cambrian gilled lobopod from Greenland,Nature, vol.364,p709-711

Jakob Vinther Luis Porras Fletcher J. Young Graham E. Budd Gregory D. Edgecombe, 2016, The mouth apparatus of the Cambrian gilled lobopodian *Pambdelurion whittingtoni*, vol.59, Issue6, p851-849

Jean Vannier, Jianni Liu, Rudy Lerosey-Aubril, Jakob Vinther, Allison C. Daley, 2014, Sophisticated digestive systems in early arthropods, Nature Communications, vol.5, Article no.3641

Jianni Liu,Michael Steiner,Jason A. Dunlop,Helmut Keupp,Degan Shu,Qiang Qu,Jian Han,Zhifei Zhang,Xingliang Zhang,2011,An armoured Cambrian lobopodian from China with arthropod-like appendages,Nature,vol. 470,p526-530

Tae-Yoon S. Park, Ji-Hoon Kihm, Jusun Woo, Changkun Park, Won Young Lee, M. Paul Smith, David A.T. Harper, Fletcher Young, Arne T. Nielsen, Jakob Vinther, 2018, Brain and eyes of *Kerygmachela reveal* protocerebral ancestry of the panarthropod head, Nature Communications, vol.9, Article number: 1019

Xiaoya Ma, Gregory D. Edgecombe, David A. Legg, Xianguang Hou, 2013, The morphology and phylogenetic position of the Cambrian lobopodian *Diania cactiformis*, Journal of Systematic Palaeontology, DOI: 10.1080/14772019.2013.770418

第5部　第3章

学術論文など

Gabriele Kühl, Derak E. G. Briggs, Jes Rust, 2009, A great-appendage arthropod with a radial mouth from the Lower Devonian Hunsrück Slate, Germany, Science, vol.323, p771-773

Javier Ortega-Hernández, 2016, Making sense of 'lower' and 'upper' stem-group Euarthropoda, with comments on the strict use of the name Arthropoda von Siebold, 1848, Biol. Rev., 91, pp. 255–273

索引

本書に登場する古生代の生物は以下の通り。過去に使用され、現在は無効になっている名前（学名）も含む。太数字は図版掲載ページ。アノマロカリス・カナデンシス（*Anomalocaris canadensis*）は全編にわたって解説しているため、とくに図版掲載ページのみを抜粋した。

ア		
アイシェアイア	*Aysheaia*	207
アイシェアイア・プロラータ	*Aysheaia prolata*	**210**
アイシェアイア・ペドゥンキュラータ	*Aysheaia pedunculata*	**208**, **261**, **276**
アノマロカリス・エッモンスアイ	*Anomalocaris emmonsi*	030
アノマロカリス・カナデンシス	*Anomalocaris canadensis*	**015**, **020**, **027**, **032**, **041**, **042**, **046**, **047**, **050**, **051**, **055**, **(062)**, **069**, **071**, **111**, **169**, **175**, **256**, **262**, **278**
アノマロカリス・ギガンティア	*Anomalocaris gigantea*	**026**, 056
アノマロカリス・クンミンゲンシス	*Anomalocaris kunmingensis*	**225**
アノマロカリス・クランブロッケンシス	*Anomalocaris cranbrookensis*	030
アノマロカリス・ココモエンシス	*Anomalocaris kokomoensis*	030
アノマロカリス・サロン	*Anomalocaris saron*	094, 098, 122, 157, **158**, **159**, 168, **175**, 255, **256**
アノマロカリス・ナトルストアイ	*Anomalocaris nathorsti*	**036**, 037, 040, 048, **055**, 060, 082, 084, 088, 202, 203
アノマロカリス・ファイティーブスアイ	*Anomalocaris whiteavesi*	030
アノマロカリス・ブリッグスアイ	*Anomalocaris briggsi*	174, **175**
アノマロカリス・ペンシルヴァニカ	*Anomalocaris pennsylvanica*	030, 057
アノマロカリス・リネアタ	*Anomalocaris lineata*	030
アムプレクトベルア	*Amplectobelua*	099, 104, 176, 251
アムプレクトベルア・シムブラキアタ	*Amplectobelua symbrachiata*	094, **169**, **184**, **185**, **186**, 255, **256**
アムプレクトベルア・ステフェネンシス	*Amplectobelua stephenensis*	187, **188**
ヴェトゥリコラ	*Vetulicola*	**163**
ウルスリナカリス・グララエ	*Ursulinacaris grallae*	219, **220**
エーギロカシス・ベンモウラエ	*Aegirocassis benmoulae*	102, **234**, 237, 253, **256**, 279, **280**
エルラシア・キングアイ	*Elrathia kingii*	067
オギゴプシス・クロツアイ	*Ogygopsis klotzi*	**018**
オットイア	*Ottoia*	143, **144**, 149
オパビニア（オパビニア・レガリス）	*Opabinia*（*Opabinia regalis*）	089, 150, **151**, 173, **258**, 260, **262**, 263, **278**
カ		
カメロケラス・トレントネッセ	*Cameroceras trentonese*	**232**
カリョシントリプス	*Caryosyntrips*	176 , 212, 253
カリョシントリプス・カムルス	*Caryosyntrips camurus*	**214**

カリョシントリプス・セッラタス	*Caryosyntrips serratus*	**169**, **213**
カリョシントリプス・ドゥルス	*Caryosyntrips durus*	214, **215**
カンブロラスター・ファルカトゥス	*Cambroraster falcatus*	221, **222**, 255, **256**
ケリグマケラ・キエルケガードアイ	*Kerygmachela kierkegaardi*	**268**, **277**
サ		
三葉虫		061, **062**, **238**, **280**
シドネイア （シドネイア・インエクスペクタンス）	*Sidneyia* (*Sidneyia inexpectans*)	022, **023**, **024**, 032, 142, 149, **150**, 201
シンダーハンネス （シンダーハンネス・バルテルスアイ）	*Schinderhannes* (*Schinderhannes bartelsi*)	099, 104, 248, **249**, 253, **256**, **273**, 279
スタンレイカリス	*Stanleycaris*	176, 207
スタンレイカリス・ヒルペクス	*Stanleycaris hirpex*	208, **209**
タ		
タミシオカリス	*Tamisiocaris*	102, 176, 251
タミシオカリス・ボレアリス	*Tamisiocaris borealis*	194, **195**, 253, **254**
ダンクルオステウス・テレルアイ	*Dunkleosteus terrelli*	244, **245**
ツゾイア	*Tuzoia*	**027**, 149, **150**
ディアニア・カクティフォルミス	*Diania cactiformis*	270, **271**, 279
ナ		
ナラオイア	*Naraoia*	063
ハ		
ハイコウイクチス	*Haikouichthys*	164
パフヴァンティア・ハスタータ	*Pahvantia hastata*	218, 221, 253, **254**, 255
パラノマロカリス		253
パラノマロカリス・マルチセグメンタリス	*Paranomalocaris multisegmentalis*	**226**
パラペイトイア・ユンナネンシス	*Parapeytoia yunnanensis*	094, 099, 104
ハルキゲニア	*Hallucigenia*	080, 090
ハルキゲニア・スパルサ	*Hallucigenia sparsa*	152, **153**, **154**, **155**
ハルキゲニア・フォルティス	*Hallucigenia fortis*	**162**
パンブデルリオン・ウィッティントンアイ	*Pambdelurion whittingtoni*	**265**, **277**
付属肢F		032, **033**, 034, 040, 054, 201
ブランキオカリス	*Branchiocaris*	142, **143**, 149
フルディア	*Hurdia*	099,104, 176, 201, 251
フルディア・ヴィクトリア	*Hurdia victoria*	**169**, **198**, **199**, **200**, 203, 239, 255, **256**, **261**
フルディア・トライアングラ	*Hurdia triangula*	198, 203
ペイトイア・ナトルストアイ	*Peytoia nathorsti*	024, **025**, 034, 040, **045**, **055**, 068, 082, 084, 089, 094, 098, 115, 122, 168, **169**, 178, 179, 181, 201, 203, **204**, **205**, **206**, 239, 255, **256**
ペンテコプテルス・デコラヘンシス	*Pentecopterus decorahensis*	229, **230**

ボスリオレピス・カナデンシス	*Bothriolepis canadensis*	**244**
マ		
マルレラ	*Marrella*	154, **155**
ミオスコレックス・アテレス	*Myoscolex ateles*	**259**, **260**
ミロクンミンギア	*Myllokunmingia*	164, **165**
ムレロポディア・アパエ	*Mureropodia apae*	**215**
ヤ		
ユタカリス	*Utahcaris*	142
ヨホイア	*Yohoia*	**142**, 149
ラ		
ライララパックス	*Lyrarapax*	176
ライララパックス・ウングイスピナス	*Lyrarapax unguispinus*	189, **190**, **191**, 255, **256**
ライララパックス・トリロボス	*Lyrarapax trilobus*	192, **193**
ラッガニア・カンブリア	*Laggania cambria*	**025**, 034, 040, 047, 068, 082, 094, 098, 099, 104, 168, **169**, 202
ラミナカリス・キメラ	*Laminacaris chimera*	216, **217**, 253

学名索引

A		
Aegirocassis benmoulae	エーギロカシス・ベンモウラエ	102, **234**, 237, 253, **256**, 279, **280**
Amplectobelua	アムプレクトベルア	099, 104, 176, 251
Amplectobelua stephenensis	アムプレクトベルア・ステフェネンシス	187, **188**
Amplectobelua symbrachiata	アムプレクトベルア・シムブラキアタ	094, **169**, **184**, **185**, **186**, 255, **256**
Anomalocaris briggsi	アノマロカリス・ブリッグスアイ	174, 175
Anomalocaris canadensis	アノマロカリス・カナデンシス	**015**, **020**, **027**, **032**, **041**, **042**, **046**, **047**, **050**, **051**, **055**, (**062**), **069**, **071**, **111**, **169**, **175**, **256**, **262**, **278**
Anomalocaris cranbrookensis	アノマロカリス・クランブロッケンシス	030
Anomalocaris emmonsi	アノマロカリス・エッモンスアイ	030
Anomalocaris gigantea	アノマロカリス・ギガンティア	**026**, 056
Anomalocaris kokomoensis	アノマロカリス・ココモエンシス	030
Anomalocaris kunmingensis	アノマロカリス・クンミンゲンシス	**225**
Anomalocaris lineata	アノマロカリス・リネアタ	030
Anomalocaris nathorsti	アノマロカリス・ナトルストアイ	**036**, 037, 040, 048, **055**, 060, 082, 084, 088, 202, 203
Anomalocaris pennsylvanica	アノマロカリス・ペンシルヴァニカ	030, 057
Anomalocaris saron	アノマロカリス・サロン	094, 098, 122, 157, **158**, **159**, 168, 175, 255, **256**

Anomalocaris whiteavesi	アノマロカリス・ファイティーブスアイ	030
Aysheaia	アイシェアイア	207
Aysheaia pedunculata	アイシェアイア・ペドゥンキュラータ	**208**, **261**, **276**
Aysheaia prolata	アイシェアイア・プロラータ	**210**
B		
Bothriolepis canadensis	ボスリオレピス・カナデンシス	**244**
Branchiocaris	ブランキオカリス	142, **143**, 149
C		
Cambroraster falcatus	カンブロラスター・ファルカトゥス	221, **222**, 255, **256**
Cameroceras trentonese	カメロケラス・トレントネッセ	**232**
Caryosyntrips	カリョシントリプス	176 , 212, 253
Caryosyntrips camurus	カリョシントリプス・カムルス	**214**
Caryosyntrips durus	カリョシントリプス・ドゥルス	214, **215**
Caryosyntrips serratus	カリョシントリプス・セッラタス	**169**, **213**
D		
Diania cactiformis	ディアニア・カクティフォルミス	270, **271**, 279
Dunkleosteus terrelli	ダンクルオステウス・テレルアイ	244, **245**
E		
Elrathia kingii	エルラシア・キングアイ	067
H		
Haikouichthys	ハイコウイクチス	164
Hallucigenia	ハルキゲニア	080, 090
Hallucigenia fortis	ハルキゲニア・フォルティス	**162**
Hallucigenia sparsa	ハルキゲニア・スパルサ	152, **153**, 1**54**, **155**
Hurdia	フルディア	099,104, 176, 201, 251
Hurdia triangula	フルディア・トライアングラ	198, 203
Hurdia victoria	フルディア・ヴィクトリア	**169**, **198**, **199**, **200**, 203, 239, 255, **256**, **261**
K		
Kerygmachela kierkegaardi	ケリグマケラ・キエルケガードアイ	**268**, **277**
L		
Laggania cambria	ラッガニア・カンブリア	**025**, 034, 040, 047, 068, 082, 094, 098, 099, 104, 168, **169**, 202
Laminacaris chimera	ラミナカリス・キメラ	216, **217**, 253
Lyrarapax	ライララパックス	176
Lyrarapax trilobus	ライララパックス・トリロボス	192, **193**
Lyrarapax unguispinus	ライララパックス・ウングイスピナス	189, **190**, **191**, 255, **256**
M		
Marrella	マルレラ	154, **155**
Mureropodia apae	ムレロポディア・アパエ	**215**

Myllokunmingia	**ミロクンミンギア**	164, **165**
Myoscolex ateles	**ミオスコレックス・アテレス**	**259**, **260**
N		
Naraoia	**ナラオイア**	063
O		
Ogygopsis klotzi	**オギゴプシス・クロツアイ**	**018**
Opabinia（*Opabinia regalis*）	**オパビニア（オパビニア・レガリス）**	089, 150, **151**, 173, **258**, 260, **262**, 263, **278**
Ottoia	**オットイア**	143, **144**, 149
P		
Pahvantia hastata	**パフヴァンティア・ハスタータ**	218, 221, 253, **254**, 255
Pambdelurion whittingtoni	**パンブデルリオン・ウィッティントンアイ**	**265**, **277**
Paranomalocaris	**パラノマロカリス**	253
Paranomalocaris multisegmentalis	**パラノマロカリス・マルチセグメンタリス**	**226**
Parapeytoia yunnanensis	**パラペイトイア・ユンナネンシス**	094, 099, 104
Pentecopterus decorahensis	**ペンテコプテルス・デコラヘンシス**	229, **230**
Peytoia nathorsti	**ペイトイア・ナトルストアイ**	024, **025**, 034, 040, **045**, 054, 068, 082, 084, 089, 094, 098, 115, 122, 168, **169**, 178, 179, 181, 201, 203, **204**, **205**, **206**, 239, 255, 256
S		
Schinderhannes（*Schinderhannes bartelsi*）	**シンダーハンネス（シンダーハンネス・バルテルスアイ）**	099, 104, 248, **249**, 253, **256**, **273**, 279
Sidneyia（*Sidneyia inexpectans*）	**シドネイア（シドネイア・インエクスペクタンス）**	022, **023**, **024**, 032, 142, 149, **150**, 201
Stanleycaris	**スタンレイカリス**	176, 207
Stanleycaris hirpex	**スタンレイカリス・ヒルペクス**	208, **209**
T		
Tamisiocaris	**タミシオカリス**	102, 176, 251
Tamisiocaris borealis	**タミシオカリス・ボレアリス**	194, **195**, 253, **254**
Tuzoia	**ツゾイア**	**027**, 149, **150**
U		
Ursulinacaris grallae	**ウルスリナカリス・グララエ**	219, **220**
Utahcaris	**ユタカリス**	142
V		
Vetulicola	**ヴェトゥリコラ**	**163**
Y		
Yohoia	**ヨホイア**	**142**, 149

土屋 健

Ken Tsuchiya

サイエンスライター。オフィス ジオパレオント代表。埼玉県出身。金沢大学大学院自然科学研究科で修士（理学）を取得。その後、科学雑誌『Newton』の編集記者、部長代理を経て独立し、現職。2019年にサイエンスライターとして初めて日本古生物学会貢献賞を受賞。近著に『日本の古生物たち』（笠倉出版社）、『古生物のしたたかな生き方』（幻冬舎）など。

アノマロカリス解体新書

2020年2月16日　初版第一刷発行

著者　土屋 健

監修　田中源吾
絵　かわさき しゅんいち
ブックデザイン　釜内由紀江（GRiD）
井上大輔（GRiD）
編集　藤本淳子
編集補助　黒澤麻子

AR制作　スターティアラボ株式会社
株式会社メルタ

印刷・製本　凸版印刷株式会社

発行者　田中幹男

発行所　株式会社ブックマン社
〒101-0065　千代田区西神田3-3-5
TEL 03-3237-7777　FAX 03-5226-9599
https://bookman.co.jp/

ISBN　978-4-89308-928-1